全国科学技术名词审定委员会

公　　布

科学技术名词·工程技术卷（全藏版）

20

航 海 科 技 名 词

CHINESE TERMS IN NAUTICAL SCIENCE AND TECHNOLOGY

航海科学名词审定委员会

国家自然科学基金资助项目

科 学 出 版 社

北 京

内 容 简 介

　　本书是全国科学技术名词审定委员会审定公布的第一批航海科技名词，包括总论、地文航海、天文航海、电子航海、军事航海、航海仪器、航海保证、船艺、船舶操纵与避碰、内河航行、客货运输、海上作业、航行管理与法规、水上通信、轮机管理等十五大类，共4 760条。这些名词是科研、教学、生产、经营以及新闻出版等部门使用的航海科技规范名词。

图书在版编目(CIP)数据

科学技术名词. 工程技术卷：全藏版 / 全国科学技术名词审定委员会审定.
—北京：科学出版社，2016.01
ISBN 978-7-03-046873-4

Ⅰ. ①科…　Ⅱ. ①全…　Ⅲ. ①科学技术–名词术语　②工程技术–名词术语
Ⅳ. ①N-61 ②TB-61

中国版本图书馆 CIP 数据核字(2015)第 307218 号

责任编辑：李玉英 / 责任校对：陈玉凤
责任印制：张　伟 / 封面设计：铭轩堂

斜 学 出 版 社 出版
北京东黄城根北街 16 号
邮政编码：100717
http://www.sciencep.com
北京厚诚则铭印刷科技有限公司印刷
科学出版社发行　各地新华书店经销
*
2016年1月第 一 版　　开本：787×1092 1/16
2016年1月第一次印刷　　印张：19
字数：548 000
定价：7800.00 元(全 44 册)
(如有印装质量问题，我社负责调换)

全国自然科学名词审定委员会
第三届委员会委员名单

特邀顾问： 吴阶平　　钱伟长　　朱光亚

主　　任： 卢嘉锡

副 主 任： 路甬祥　　章　综　　林　泉　　左铁镛　　马　阳

　　　　　 孙　枢　　许嘉璐　　于永湛　　丁其东　　汪继祥

　　　　　 潘书祥

委　　员 （以下按姓氏笔画为序）：

马大猷	王　夔	王大珩	王之烈	王亚辉
王树岐	王绵之	王筠骧	方鹤春	卢良恕
叶笃正	吉木彦	师昌绪	朱照宣	仲增墉
华茂昆	刘天泉	刘瑞玉	米吉提·扎克尔	
祁国荣	孙家栋	孙儒泳	李正理	李廷杰
李行健	李　竞	李星学	李焯芬	肖培根
杨　凯	吴凤鸣	吴传钧	吴希曾	吴钟灵
吴鸿适	沈国舫	宋大祥	张　伟	张光斗
张钦楠	陆建勋	陆燕荪	陈运泰	陈芳允
范维唐	周　昌	周明煜	周定国	罗钰如
季文美	郑光迪	赵凯华	侯祥麟	姚世全
姚贤良	姚福生	夏　铸	顾红雅	钱临照
徐　僖	徐士珩	徐乾清	翁心植	席泽宗
谈家桢	黄昭厚	康景利	章　申	梁晓天
董　琨	韩济生	程光胜	程裕淇	鲁绍曾
曾呈奎	蓝　天	褚善元	管连荣	薛永兴

航海科学名词审定委员会委员名单

序

科技名词术语是科学概念的语言符号。人类在推动科学技术向前发展的历史长河中,同时产生和发展了各种科技名词术语,作为思想和认识交流的工具,进而推动科学技术的发展。

我国是一个历史悠久的文明古国,在科技史上谱写过光辉篇章。中国科技名词术语,以汉语为主导,经过了几千年的演化和发展,在语言形式和结构上体现了我国语言文字的特点和规律,简明扼要,蓄意深切。我国古代的科学著作,如已被译为英、德、法、俄、日等文字的《本草纲目》、《天工开物》等,包含大量科技名词术语。从元、明以后,开始翻译西方科技著作,创译了大批科技名词术语,为传播科学知识,发展我国的科学技术起到了积极作用。

统一科技名词术语是一个国家发展科学技术所必须具备的基础条件之一。世界经济发达国家都十分关心和重视科技名词术语的统一。我国早在1909年就成立了科技名词编订馆,后又于1919年中国科学社成立了科学名词审定委员会,1928年大学院成立了译名统一委员会。1932年成立了国立编译馆,在当时教育部主持下先后拟订和审查了各学科的名词草案。

新中国成立后,国家决定在政务院文化教育委员会下,设立学术名词统一工作委员会,郭沫若任主任委员。委员会分设自然科学、社会科学、医药卫生、艺术科学和时事名词五大组,聘任了各专业著名科学家、专家,审定和出版了一批科学名词,为新中国成立后的科学技术的交流和发展起到了重要作用。后来,由于历史的原因,这一重要工作陷于停顿。

当今,世界科学技术迅速发展,新学科、新概念、新理论、新方法不断涌现,相应地出现了大批新的科技名词术语。统一科技名词术语,对科学知识的传播,新学科的开拓,新理论的建立,国内外科技交流,学科和行业之间的沟通,科技成果的推广、应用和生产技术的发展,科技图书文献的编纂、出版和检索,科技情报的传递等方面,都是不可缺少的。特别是计算机技术的推广使用,对统一科技名词术语提出了更紧迫的要求。

为适应这种新形势的需要,经国务院批准,1985年4月正式成立了全国自然科学名词审定委员会。委员会的任务是确定工作方针,拟定科技名词术语审定工作计划、实施方案和步骤,组织审定自然科学各学科名词术语,并予以公布。根据国务院授权,委员会审定公布的名词术语,科研、教学、生产、经营以及新闻出版等各部门,均应遵照使用。

全国自然科学名词审定委员会由中国科学院、国家科学技术委员会、国家教育委员会、中国科学技术协会、国家技术监督局、国家新闻出版署、国家自然科学基金委员会分别委派了正、副主任担任领导工作。在中国科协各专业学会密切配合下,逐步建立各专业审定分委员会,并已建立起一支由各学科著名专家、学者组成的近千人的审定队伍,负责审定本学科的名词术语。我国的名词审定工作进入了一个新的阶段。

这次名词术语审定工作是对科学概念进行汉语订名,同时附以相应的英文名称,既有我国语言特色,又方便国内外科技交流。通过实践,初步摸索了具有我国特色的科技名词术语审定的原则与方法,以及名词术语的学科分类、相关概念等问题,并开始探讨当代术语学的理论和方法,以期逐步建立起符合我国语言规律的自然科学名词术语体系。

统一我国的科技名词术语,是一项繁重的任务,它既是一项专业性很强的学术性工作,又涉及到亿万人使用习惯的问题。审定工作中我们要认真处理好科学性、系统性和通俗性之间的关系;主科与副科间的关系;学科间交叉名词术语的协调一致;专家集中审定与广泛听取意见等问题。

汉语是世界五分之一人口使用的语言,也是联合国的工作语言之一。除我国外,世界上还有一些国家和地区使用汉语,或使用与汉语关系密切的语言。做好我国的科技名词术语统一工作,为今后对外科技交流创造了更好的条件,使我炎黄子孙,在世界科技进步中发挥更大的作用,作出重要的贡献。

统一我国科技名词术语需要较长的时间和过程,随着科学技术的不断发展,科技名词术语的审定工作,需要不断地发展、补充和完善。我们将本着实事求是的原则,严谨的科学态度作好审定工作,成熟一批公布一批,提供各界使用。我们特别希望得到科技界、教育界、经济界、文化界、新闻出版界等各方面同志的关心、支持和帮助,共同为早日实现我国科技名词术语的统一和规范化而努力。

全国自然科学名词审定委员会主任

钱 三 强

1990 年 2 月

前　　言

航海科技是一门古老的学科，也是当代重要且发展迅速的一个科学技术领域。由于航海科技本身综合性强，因而分支学科和涉及的交叉学科较多。我国是航海事业发展最早的国家之一，中华民族在人类的航海技术方面曾取得引人注目的成就，在世界航海史上写下了光辉的一页。近代，航海事业在交通运输中占有更加重要的地位，因而促使人们更加重视对航海科学技术的研究。

随着科学技术的不断发展，航海事业日益发达。当代船舶不仅吨位较大，而且在动力装置、仪器设备、导航与通信技术等方面都广泛采用了电子设备、自动化技术等科学技术成果。航海技术的不断充实与更新，使船舶运输活动遍及世界海洋，成为国际贸易交往的纽带，显示出了其国际性极强的特点。为及时反映现代航海技术，促进世界性交流，保证航行安全，有利于我国航海事业的发展，中国航海学会于1983年就曾先后组织编写了《航海常用名词术语及其代（符）号》的国家标准与《教学用航海名词术语代（符）号统一方案》，这对推动我国航海名词统一和教学改革起到了积极作用。但是随着我国航海事业的迅速发展，航海科技的新专业名词不断涌现，数量不断增加，对航海科技名词术语的标准化、规范化提出了更迫切的要求。1990年中国航海学会受全国自然科学名词审定委员会的委托，成立了"航海科学名词审定委员会"，承担航海科技名词的审定工作。

1990年8月，在"航海科技名词审定委员会"的成立大会上，根据全国自然科学名词审定委员会制定的《自然科学名词审定原则和方法》，确定了《航海科学名词审定委员会工作条例》和《航海科技名词体系表（初稿）》，并组成了航海、轮机管理与法规三个专业组和名词审定办公室，分别着手收集第一批名词。1991年4月，我委员会将拟出的第一批"航海科技名词草案"发送全国航海院校和有关企事业单位，征求意见。我们同时派出专家、教授分赴北京、广州、武汉、上海、大连直接听取各方面的意见。在交通、海洋、海军、水产等单位的意见基础上，各专业组进行了多次讨论和修改，形成了一审稿，在1992年7月于大连召开的航海科技名词一审会议上对此稿进行了审定。继而在1992年12月于广州召开的第二次航海科技名词审定会议，对二审稿进行了审定。在此基础上，于1993年10月形成了三审稿。1994年1月在航海科技名词审定委员会主任扩大会议上进行了最后一次审定，1994年1月28日完成了第一批航海科技名词审定工作。

本批公布的航海科技名词参考了港、台地区航海界定名较科学的航海名词，并与造船、海洋、大气、测绘、电子、计算机、地质、石油、古生物、物理、核物理、数学和化工等学科名词进行了协调，基本上是按副科服从主科的原则定名的。航海科技名词按专业分为15类，收词

4 760 条。这批名词审定工作的突出特点是收词面广,基本词比较全,并借鉴了已公布的相关学科的名词审定成果。对长期有争议的名词,例如"纬度渐长率"、"渐长纬度"、"渐长纬度值"等同一概念的几个名词,经过反复审议后统一定名为"纬度渐长率";又如"航速"与"船速"容易在概念上混淆,决定对"船速"加上"无风流影响时船的航速"的注释。对内河船舶驾驶方面的地区性习惯用语,考虑到它们的地方性较强,不一定在所有的内河中都能适用,因此暂时只收集了一小部分。

在三年多的审定过程中,得到了航海界与有关专家们的大力支持。他们提出了许多有益的意见和建议,为完成这项工作作出了贡献,本委员会在此对他们表示衷心的感谢。我们欢迎各界人士在使用过程中提出宝贵意见,以便今后进行补充、修订,使其更趋完善。

航海科学名词审定委员会

1995 年 1 月 28 日

编 排 说 明

一、本批公布的是航海科技的基本名词。

二、全书按专业共分十五部分。

三、正文中的汉文名词按学科的相关概念排列,并附与该词概念对应的英文名。

四、一个汉文名词如对应几个英文同义词时,一般只取最常用的一个或两个英文,并用","分开。

五、凡英文词的首字母大、小写均可时,一律小写。

六、对某些新词及概念易混淆的词给出简明的定义性注释。

七、主要异名列在注释栏内。"又称"为不推荐用名;"曾用名"为被淘汰的旧名。

八、名词中[ ]部分的内容表示可以省略。

九、书末所附的英汉索引,按英文字母顺序排列;汉英索引,按汉语拼音顺序排列。所示号码为该词在正文中的序号。索引中带"＊"者为在注释栏内的条目。

目　　录

01. 总 论

序 码	汉 文 名	英 文 名	注 释
01.0001	航海科学	nautical science	
01.0002	航海学	marine navigation	
01.0003	地文航海	geo-navigation	
01.0004	天文航海	celestial navigation	
01.0005	电子航海	electronic navigation	
01.0006	军事航海	military navigation	
01.0007	航海仪器	nautical instrument	
01.0008	航海保证	nautical service	
01.0009	航海气象	nautical meteorology	
01.0010	海洋水文	marine hydrology	
01.0011	助航标志	aids to navigation	
01.0012	航海图书资料	nautical charts and publications	
01.0013	船艺	seamanship	
01.0014	船舶操纵	shiphandling, manoeuvring	
01.0015	船舶避碰	ship collision prevention	
01.0016	水上运输	marine transportation, transportation by sea	
01.0017	水上作业	operation at sea	
01.0018	海难救助[打捞]	marine salvage	
01.0019	海上搜救	marine search and rescue	
01.0020	海道测量	hydrography, hydrographic survey	又称"水道测量"。
01.0021	海洋工程	oceaneering, marine engineering	
01.0022	海洋渔业	marine fishery	
01.0023	航行管理	navigation management	
01.0024	航海法规	maritime rules and regulations	
01.0025	航运业务	shipping business	
01.0026	海商法	maritime law, maritime code	
01.0027	船舶登记	ship registration	
01.0028	船舶检验	ship survey	
01.0029	海上安全监督	marine safety supervision	
01.0030	海上保险	marine insurance	
01.0031	船舶交通工程	vessel traffic engineering	
01.0032	水上通信	marine communication	

序 码	汉 文 名	英 文 名	注 释
01.0033	轮机管理	marine engineering management	
01.0034	船舶动力装置	marine power plant	
01.0035	船舶电气设备	marine electric installation	
01.0036	港口管理	port management	
01.0037	船舶安全学	vessel safety engineering	
01.0038	航海心理学	marine psychology	
01.0039	航海医学	marine medicine	
01.0040	水运经济学	shipping economics	
01.0041	航海史	history of marine navigation, nautical history	
01.0042	海洋环境保护	marine environmental protection	

02. 地 文 航 海

序 码	汉 文 名	英 文 名	注 释
02.0001	地球	Earth	
02.0002	地球形状	earth shape, figure of the earth	
02.0003	参考椭球体	reference ellipsoid	
02.0004	北京坐标系	Beijing coordinate system	
02.0005	大地水准面	geoid	
02.0006	地球圆球体	terrestrial sphere	
02.0007	地球椭圆体	earth ellipsoid	
02.0008	地球椭球体	spheroid of earth	
02.0009	地球扁率	flattening of earth	
02.0010	地球偏心率	eccentricity of earth	符号"e"。
02.0011	地轴	earth axis	
02.0012	地极	terrestrial pole, earth pole	
02.0013	赤道	equator	
02.0014	格林[尼治]子午线	Greenwich meridian	
02.0015	子午线	meridian	又称"经线"。
02.0016	纬线	parallel of latitude	又称"纬[度]圈"。
02.0017	地理坐标	geographic coordinate	
02.0018	[地理]纬度	[geographic] latitude, Lat	符号"φ"。
02.0019	[地理]经度	[geographic] longitude, Long	符号"λ"。
02.0020	纬差	difference of latitude	符号"$D\varphi$"。

序　码	汉　文　名	英　文　名	注　　释
02.0021	经差	difference of longitude	符号"Dλ"。
02.0022	天文坐标	astronomical coordinate	
02.0023	天文纬度	astronomical latitude	
02.0024	天文经度	astronomical longitude	
02.0025	地心纬度	geocentric latitude	
02.0026	地心纬度改正量	correction of geocentric latitude	
02.0027	地磁极	geomagnetic pole	
02.0028	磁赤道	magnetic equator	
02.0029	磁子午线	magnetic meridian	
02.0030	真北	true north	符号"N_T"。
02.0031	磁北	magnetic north	符号"N_M"。
02.0032	罗北	compass north	符号"N_C"。
02.0033	陀罗北	gyrocompass north	符号"N_G"。
02.0034	磁差	[magnetic] variation, Var	
02.0035	年差	magnetic annual change	
02.0036	异常磁区	magnetic anomaly, local magnetic disturbance	
02.0037	磁倾角	magnetic dip	
02.0038	磁偏角	magnetic deflection	
02.0039	磁暴	magnetic storm	
02.0040	[磁]罗差	compass error	符号"△C"。
02.0041	陀罗差	gyrocompass error	符号"△G"。
02.0042	航向	course	符号"C"。
02.0043	航向线	course line, CL	
02.0044	艏向	heading, Hdg	
02.0045	真航向	true course, TC	
02.0046	磁航向	magnetic course, MC	
02.0047	罗航向	compass course, CC	
02.0048	陀罗航向	gyrocompass course, GC	
02.0049	标准罗航向	standard compass course	
02.0050	操舵罗航向	steering compass course	
02.0051	大圆航向	great circle course, GCC	
02.0052	始航向	initial course	
02.0053	终航向	final course	
02.0054	转向	alter course	符号"a/c"。
02.0055	航迹	track, TK	
02.0056	计划航迹向	course of advance, CA, intended	

序　码	汉　文　名	英　文　名	注　释
		track	
02.0057	推算航迹向	estimated course	
02.0058	实际航迹向	actual track, course over ground	
02.0059	方位	bearing	符号"B"。
02.0060	方位线	bearing line, BL	
02.0061	真方位	true bearing, TB	
02.0062	磁方位	magnetic bearing, MB	
02.0063	罗方位	compass bearing, CB	
02.0064	陀罗方位	gyrocompass bearing, GB	
02.0065	大圆方位	great circle bearing, GCB	
02.0066	恒向线方位	rhumb line bearing, RLB	
02.0067	无线电真方位	radio true bearing, RTB	
02.0068	舷角	relative bearing	符号"Q"。
02.0069	无线电舷角	relative bearing of radio	符号"Q_r"。
02.0070	正横	abeam	
02.0071	向位换算	conversion of directions	
02.0072	圆周法	three-figure method	
02.0073	半圆法	semicircular method	
02.0074	罗经点	compass point	
02.0075	罗经基点	cardinal point	
02.0076	隅点	intercardinal point	
02.0077	三字点	intermediate point, false point	
02.0078	偏点	by point	
02.0079	航程	distance run	符号"S"。
02.0080	海里	nautical mile, n mile	
02.0081	链	cable, cab	
02.0082	推算航程	distance made good	符号"S_s"。
02.0083	计程仪读数	log reading	符号"L"。
02.0084	计程仪改正率	percentage of log correction	符号"ΔL%"。
02.0085	计程仪航程	distance by log	符号"S_L"。
02.0086	主机航程	distance by engine's RPM	符号"S_E"。
02.0087	赤道里	equatorial mile	
02.0088	航速	speed	
02.0089	计划航速	speed of advance	
02.0090	推算航速	speed made good	
02.0091	实际航速	speed over ground	
02.0092	经济航速	economic speed	

序　码	汉　文　名	英　文　名	注　释
02.0093	船速	ship speed	无风流影响时船的航速。
02.0094	主机航速	speed by RPM, engine speed	
02.0095	计程仪航速	speed by log	
02.0096	节	knot, kn	
02.0097	滑失	slip	
02.0098	地平	horizon	
02.0099	真地平	true horizon	
02.0100	地面真地平	sensible horizon	
02.0101	能见地平	visible horizon	
02.0102	测者能见地平距离	visible range, distance to the horizon from height of eye	符号"D_e"。
02.0103	物标能见地平距离	range of object, distance to the horizon from object	符号"D_h"。
02.0104	物标地理能见距离	geographical range of an object	符号"D_o"。
02.0105	正横距离	distance abeam	
02.0106	最近距离	minimum distance	
02.0107	航行计划	navigational plan, sailing plan	
02.0108	航线设计	passage planning	
02.0109	推荐航线	recommended route	
02.0110	最佳航线	optimum route	
02.0111	始发港	port of sailing, port of origin	
02.0112	出发港	port of departure	
02.0113	挂靠港	port of call	
02.0114	到达港	port of arrival	
02.0115	目的港	port of destination	
02.0116	大圆航线算法	great circle sailing	
02.0117	大圆分点	intermediate point of great circle	
02.0118	大圆顶点	vertex	
02.0119	大圆距离	great circle distance	
02.0120	大圆改正量	half-convergency	
02.0121	恒向线	rhumb line	
02.0122	恒向线航线算法	rhumb line sailing	
02.0123	混合航线算法	composite sailing	
02.0124	中分纬度算法	mid-latitude sailing	
02.0125	墨卡托算法	Mercator sailing	

序　码	汉　文　名	英　文　名	注　释
02.0126	限制纬度	limiting latitude	
02.0127	协定航线	[shipping] route	
02.0128	气候航线	climate routing	
02.0129	气象定线	weather routing	
02.0130	转向点	turning point	
02.0131	大洋航路	ocean passage	
02.0132	航路点	way point	
02.0133	航次	voyage	
02.0134	航迹推算	track made good	
02.0135	航迹绘算	track plotting, chart work	又称"海图作业"。
02.0136	航迹计算	track calculating	
02.0137	推算始点	departure point	
02.0138	推算终点	arrival point	
02.0139	积算船位	dead reckoning position, DR	
02.0140	推算船位	estimated position, EP	
02.0141	风压差	leeway angle	符号"α"。
02.0142	流压差	drift angle	符号"β"。
02.0143	风流压差	leeway and drift angle	符号"γ"。
02.0144	风压差系数	leeway coefficient	
02.0145	偏航	crabbing, off course, off way	
02.0146	东西距	departure, Dep	
02.0147	中分纬度	middle latitude	符号"φ_n"。
02.0148	平均纬度	mean latitude	符号"φ_m"。
02.0149	推算纬度	estimated latitude	符号"φ_c"。
02.0150	推算经度	estimated longitude	符号"λ_c"。
02.0151	观测船位	observed position, OP	
02.0152	观测纬度	observed latitude	符号"φ_o"。
02.0153	观测经度	observed longitude	符号"λ_o"。
02.0154	纬度改正量	latitude correction	符号"Δ_φ"。
02.0155	经度改正量	longitude correction	符号"Δ_λ"。
02.0156	陆标	landmark, terrestrial object	
02.0157	位置线	line of position, LOP	
02.0158	方位位置线	position line by bearing	
02.0159	恒位线	line of equal bearing	
02.0160	距离位置线	position line by distance	
02.0161	水平夹角位置线	position line by horizontal angle	
02.0162	垂直角位置线	position line by vertical angle	

序 码	汉 文 名	英 文 名	注 释
02.0163	距离差位置线	position line by distance difference	
02.0164	转移位置线	position line transferred	
02.0165	定位	fixing, positioning	
02.0166	陆标定位	fixing by landmark	
02.0167	方位定位	fixing by cross bearings	
02.0168	距离定位	fixing by distances	
02.0169	方位距离定位	fixing by bearing and distance	
02.0170	水平角定位	fixing by horizontal angle	
02.0171	垂直角定位	fixing by vertical angle	
02.0172	移线定位	running fixing	
02.0173	天文定位	celestial fixing	
02.0174	船位	fix, [ship] position	
02.0175	陆标船位	terrestrial fix, TF	
02.0176	联合船位	combined fix, CF	
02.0177	天文船位	astronomical fix, AF, celestial fix	
02.0178	移线船位	running fix, RF	
02.0179	船位差	position difference	符号"Δ_P"。
02.0180	最概率船位	most probable position, MPP	
02.0181	概率航迹区	probable track area	
02.0182	船位精度	accuracy of position	
02.0183	位置线梯度	gradient of position line	
02.0184	位置线标准差	position line standard error	又称"位置线均方误差"。
02.0185	观测船位误差	error of observed position	
02.0186	[船位]误差椭圆	error ellipse of position	
02.0187	[船位]误差平行四边形	error parallelogram	
02.0188	[船位]误差圆	circle of uncertainty	
02.0189	[船位]误差三角形	cocked hat	
02.0190	位置线移线误差	error of transferring	
02.0191	误差理论	theory of errors	
02.0192	真误差	true error	
02.0193	随机误差	random error	又称"偶然误差"。
02.0194	标准[误]差	standard error	又称"均方误差"。
02.0195	平均误差	mean error	
02.0196	概率误差	probable error	

序　码	汉　文　名	英　文　名	注　释
02.0197	极限误差	limit error	
02.0198	容许误差	tolerance error, admissible error	
02.0199	系统误差	systematic error	
02.0200	粗差	gross error	
02.0201	船首倍角法	doubling angle on the bow	
02.0202	四点方位法	four point bearing	
02.0203	大洋航行	ocean navigation	
02.0204	近海航行	offshore navigation	
02.0205	沿岸航行	coastal navigation	
02.0206	狭水道航行	navigating in narrow channel	
02.0207	分段航行	sectional navigation	
02.0208	风暴中航行	navigating in heavy weather	
02.0209	雾中航行	navigating in fog	
02.0210	岛礁区航行	navigating in rocky water	
02.0211	水面航行	surface navigation	
02.0212	水下航行	underwater navigation, submarine navigation	
02.0213	极区航行	polar navigation	
02.0214	冰区航行	ice navigation	

03. 天 文 航 海

序　码	汉　文　名	英　文　名	注　释
03.0001	天体	celestial body	
03.0002	天文观测	celestial observation	
03.0003	航用行星	navigational planet	
03.0004	恒星	star	
03.0005	星等	magnitude	
03.0006	认星	star identification	
03.0007	星座	constellation	
03.0008	索星	star finding	
03.0009	星号	star number	
03.0010	天球	celestial sphere	
03.0011	天轴	celestial axis	
03.0012	天极	celestial pole	
03.0013	天赤道	celestial equator	符号"Q_Q"。

序　码	汉　文　名	英　文　名	注　释
03.0014	垂直线	vertical line	
03.0015	天顶	zenith	符号"Z"。
03.0016	天底	nadir	符号"z"。
03.0017	[测者]子午圈	celestial meridian	
03.0018	午圈	upper branch of meridian	
03.0019	子圈	lower branch of meridian	
03.0020	仰极	elevated pole	
03.0021	俯极	depressed pole	
03.0022	赤道坐标系	equinoctial coordinate system	
03.0023	时圈	hour circle	
03.0024	赤纬圈	parallel of declination, celestial parallel	
03.0025	时角	hour angle, HA	
03.0026	地方时角	local hour angle, LHA	符号"t"。
03.0027	格林[尼治]时角	Greenwich hour angle, GHA	
03.0028	赤纬	declination, Dec	符号"δ"。
03.0029	极距	polar distance	符号"p"。
03.0030	赤经	right ascension, RA	符号"α"。
03.0031	共轭赤经	sidereal hour angle, SHA	
03.0032	地平坐标系	horizontal coordinate system	
03.0033	真地平圈	celestial horizon	
03.0034	垂直圈	vertical circle	又称"地平经圈"。
03.0035	卯酉圈	prime vertical, PV	又称"东西圈"。
03.0036	高度圈	almucantar, altitude circle	又称"地平纬圈"。
03.0037	[天体]方位角	azimuth	符号"A"。
03.0038	[天体]高度	celestial altitude	符号"h"。
03.0039	天顶距	zenith distance	符号"z"。
03.0040	天文三角形	astronomical triangle	
03.0041	等高圈	circle of equal altitude	
03.0042	船位圆	circle of position	
03.0043	高度差法	altitude difference method, intercept method	
03.0044	高度差	altitude difference, intercept	
03.0045	天体视运动	celestial body apparent motion	
03.0046	周日视运动	diurnal [apparent] motion	
03.0047	中天	transit, meridian passage	
03.0048	上中天	upper transit, upper meridian pas-	

序 码	汉 文 名	英 文 名	注 释
		sage	
03.0049	下中天	lower transit, lower meridian passage	
03.0050	近中天	ex-meridian	
03.0051	中天高度	meridian altitude	符号"H"。
03.0052	天体出没	rise and set of celestial body	
03.0053	视出没	apparent rise and set	
03.0054	真出没	true rise and set	
03.0055	太阳周年视运动	solar annual [apparent] motion	
03.0056	黄道	ecliptic	
03.0057	近日点	perihelion	
03.0058	远日点	aphelion	
03.0059	春分点	vernal equinox	
03.0060	夏至点	summer solstice	
03.0061	秋分点	autumnal equinox	
03.0062	冬至点	winter solstice	
03.0063	黄极	ecliptic pole	
03.0064	黄赤交角	obliquity of the ecliptic	符号"ε"。
03.0065	白道	moon's path	
03.0066	黄白交角	obliquity of the moon path	符号"ω"。
03.0067	升交点	ascending node	
03.0068	降交点	descending node	
03.0069	岁差	precession	
03.0070	章动	nutation	
03.0071	视位置	apparent position	
03.0072	周年光行差	annual aberration	
03.0073	光行差常数	constant of aberration	
03.0074	[恒星]周年视差	annual parallax	
03.0075	月球视运动	moon's apparent motion	
03.0076	近地点	perigee	
03.0077	远地点	apogee	
03.0078	月相	lunar phases, phases of the moon	
03.0079	月龄	moon's age	
03.0080	新月	new moon	简称"朔"。
03.0081	上弦	first quarter	
03.0082	满月	full moon	简称"望"。
03.0083	下弦	last quarter	

序　码	汉 文 名	英 文 名	注 释
03.0084	恒星月	sidereal month	
03.0085	朔望月	synodical month, lunation, lunar month	
03.0086	行星视运动	planet apparent motion	
03.0087	恒星日	sidereal day	
03.0088	恒星时	sidereal time, ST	
03.0089	太阳日	solar day	
03.0090	视[太阳]时	apparent [solar] time	
03.0091	真太阳	true sun	
03.0092	视太阳	apparent sun	
03.0093	平太阳	mean sun	
03.0094	平时	mean time	符号"T"。
03.0095	时差	equation of time, ET	符号"η"。
03.0096	原子时	atomic time, AT	
03.0097	协调世界时	coordinated universal time, UTC	
03.0098	地方[平]时	local mean time, LMT	
03.0099	地方恒星时	local sidereal time, LST	
03 0100	格林恒星时	Greenwich sidereal time, GST	符号"S_G"。
03.0101	世界时	universal time, GMT	符号"T_G"。
03.0102	区时	zone time, ZT	
03.0103	时区号	zone description, ZD	
03.0104	时区图	time zone chart	
03.0105	标准时	standard time	
03.0106	法定时	legal time	
03.0107	夏令时	summer time, daylight saving time	
03.0108	日界线	date line, calendar line	
03.0109	天文钟误差	chronometer error, CE	
03.0110	无线电时号	radio time signal	
03.0111	日差	daily rate, chronometer rate	
03.0112	积差	accumulated rate	
03.0113	航海天文历	nautical almanac	
03.0114	天象纪要	phenomena	
03.0115	超差	excess of hour angle increment	符号"Δ"。
03.0116	晨光始	beginning of morning twilight	
03.0117	昏影终	end of evening twilight	
03.0118	日出	sun rise	
03.0119	月出	moon rise	

序　码	汉　文　名	英　文　名	注　　释
03.0120	日没	sun set	
03.0121	月没	moon set	
03.0122	民用晨昏朦影	civil twilight	
03.0123	航海晨昏朦影	nautical twilight	
03.0124	恒星视位置	star apparent place	
03.0125	恒星图	star chart, star atlas	
03.0126	星表	star catalogue	
03.0127	计算方位	computed azimuth, calculated azimuth	
03.0128	计算高度	computed altitude, calculated altitude	符号"h_c"。
03.0129	六分仪高度	sextant altitude	符号"h_s"。
03.0130	观测高度	observed altitude	符号"h_o"。
03.0131	特大高度	very high altitude	
03.0132	观测高度改正	observed altitude correction	
03.0133	视高度	apparent altitude	
03.0134	真高度	true altitude	
03.0135	指标差	index error	符号"i"。
03.0136	[六分仪]器差	instrument error	符号"s"。
03.0137	蒙气差	refraction	又称"折光差"。符号"ρ"。
03.0138	眼高	height of eye	符号"e"。
03.0139	眼高差	dip	又称"海地平俯角"。符号"d"。
03.0140	视差	parallax	
03.0141	高度视差	parallax in altitude	
03.0142	地平视差	horizontal parallax	符号"H_P"。
03.0143	半径差	semidiameter, SD	
03.0144	异顶差	altitude correction of zenith difference	
03.0145	太阳方位表	sun's azimuth table	
03.0146	北极星高度改正量	polaris correction	
03.0147	选择船位	assumed position	
03.0148	选择纬度	assumed latitude	符号"φ_a"。
03.0149	选择经度	assumed longitude	符号"λ_a"。

04. 电子航海

序 码	汉文名	英文名	注 释
04.0001	无线电导航	radionavigation	
04.0002	船舶无线电导航	marine radio navigation	
04.0003	导航设备	navigation aids	
04.0004	自主式导航设备	self-contained navigational aids	
04.0005	陆基导航系统	ground-based navigational system	
04.0006	星基导航系统	satellite based navigational system	
04.0007	导航参数	navigation parameter	
04.0008	测地线	geodesic	
04.0009	精度几何因子	geometry dilution of precision, GDOP	
04.0010	位置精度[几何]因子	position dilution of precision, PDOP	
04.0011	水平精度[几何]因子	horizontal dilution of precision, HDOP	
04.0012	垂直精度[几何]因子	vertical dilution of precision, VDOP	
04.0013	时间精度因子	time dilution of precision, TDOP	
04.0014	选择可用性	selective availability, SA	
04.0015	运载体	vehicle	
04.0016	时间分隔制	time division system	
04.0017	频率分隔制	frequency division system	
04.0018	码分隔制	code division system	
04.0019	多值性	ambiguity	
04.0020	无线电测向	radio direction finding	
04.0021	甚高频无线电测向仪	very high frequency radio direction finder, VHF RDF	
04.0022	自动测向仪	automatic direction finder, ADF	
04.0023	环形天线	loop antenna	
04.0024	旋转环形天线	rotary loop antenna	
04.0025	固定环形天线	fixed loop antenna	
04.0026	8字形[方向]特性	figure of eight polar diagram	
04.0027	心形[方向]特性	cardioid polar diagram	

序　码	汉文名	英　文　名	注　释
	图		
04.0028	天线效应	antenna effect	
04.0029	极化误差	polarization error	
04.0030	场地误差	site error	
04.0031	环形天线装调误差	loop alignment error	
04.0032	一次场	primary field	
04.0033	二次场	secondary field	
04.0034	二次辐射	re-radiation	
04.0035	自差补偿装置	deviation compensation device	
04.0036	测向灵敏度	direction finder sensitivity	

05. 军 事 航 海

序　码	汉文名	英　文　名	注　释
05.0001	舰艇机动	ship manoeuvre	
05.0002	机动舰	manoeuvring ship	
05.0003	距变率	rate of distance variation	
05.0004	横移率	rate of transverse motion	
05.0005	位变率	rate of bearing variation	
05.0006	接近相遇机动	closing to meeting manoeuvre	
05.0007	临界舷角	critical relative bearing	
05.0008	舰艇相遇圆	ship's meeting circle	
05.0009	极限舷角	limiting relative bearing	
05.0010	占领阵位机动	station-taking manoeuvre	
05.0011	变换阵位机动	station-changing manoeuvre	
05.0012	保持阵位机动	station-keeping manoeuvre	
05.0013	曲折机动	zigzag manoeuvre	
05.0014	施放烟幕机动	smoke screen laying manoeuvre	
05.0015	搜索机动	search manoeuvre	
05.0016	规避机动	evasion manoeuvre	
05.0017	舰艇编队运动	ship formation movement	
05.0018	舰艇编队运动规则	regulations for ship formation movement	
05.0019	舰艇编队队形	ship formation pattern	
05.0020	单纵队	single line ahead, single column	

序　码	汉　文　名	英　文　名	注　释
05.0021	单横队	single line abreast	
05.0022	梯队	echelon formation	
05.0023	方位队	bearing formation	
05.0024	人字队	v-shaped formation	又称"楔形队"。
05.0025	双纵队	double column	
05.0026	双横队	double line abreast	
05.0027	舰艇编队序列	order of ship formation	
05.0028	指挥舰	commanding ship	
05.0029	基准舰	datum ship	
05.0030	前导舰	leading ship	
05.0031	殿后舰	rear ship	
05.0032	前行舰	forward ship	
05.0033	后续舰	follow-up ship	
05.0034	左邻舰	next ship on the left	
05.0035	右邻舰	next ship on the right	
05.0036	左翼舰	left flank ship	
05.0037	右翼舰	right flank ship	
05.0038	舰艇编队队形要素	elements of ship formation pattern	
05.0039	队列线	formation line	
05.0040	队列方位	formation bearing	
05.0041	队列角	formation angle	
05.0042	看齐角	aligning angle	
05.0043	队形长度	length of formation	
05.0044	队形宽度	width of formation	
05.0045	舰间纵距	fore-and-aft distance between ships	
05.0046	舰间间隔	beam distance between ships	
05.0047	舰间斜距	oblique distance between ships	
05.0048	队形变换	changing formation	
05.0049	舰艇编队转向	ship formation course alteration	
05.0050	鱼贯转[向]法	method of altering course in single file	
05.0051	齐转法	method of altering course together	
05.0052	旋转法	method of altering course along tangents	
05.0053	两半角[转向]法	method of altering course by two half-angles	

序　码	汉　文　名	英　文　名	注　释
05.0054	同心圆[转向]法	method of altering course with a concentric circle	
05.0055	保持阵位[转向]法	method of altering course with-station-kept	
05.0056	战斗航海勤务	combating navigation service	
05.0057	布雷航海勤务	mine-laying navigation service	
05.0058	扫雷航海勤务	mine-sweeping navigation service	
05.0059	遥控扫雷航海勤务	remote control mine-sweeping navigation service	
05.0060	登陆航海勤务	navigation service for landing	
05.0061	扫雷队形	mine-sweeping formation	
05.0062	护航	convoy	
05.0063	潜艇操纵	submarine handling	
05.0064	潜艇均衡	submarine trimming	
05.0065	潜艇浮起	submarine surfacing	
05.0066	潜艇速浮	submarine quick surfacing	又称"紧急浮起"。
05.0067	潜艇下潜	submarine diving	
05.0068	潜艇速潜	submarine quick diving	又称"紧急下潜"。
05.0069	水下抛锚	submerged anchor dropping	
05.0070	水下起锚	submerged anchor weighing	
05.0071	水下倒车	submerged running astern	
05.0072	潜坐海底	resting on seabed	
05.0073	潜坐液体海底	resting on liquid seabed	
05.0074	潜越	passing underneath	
05.0075	水下悬浮	underwater hovering	
05.0076	水下旋回	underwater turning	
05.0077	潜艇操纵强度	submarine's maneuvring strength	
05.0078	潜艇操纵性	submarine's maneuverability	
05.0079	潜艇反操纵性	submarine's adverse maneuverability	
05.0080	潜艇航行状态	submarine's proceeding state	
05.0081	潜艇水面航行状态	submarine's surface proceeding state	
05.0082	潜艇半潜航行状态	submarine's awash proceeding state	
05.0083	潜艇巡航状态	submarine's cruising state	
05.0084	潜艇潜望深度航	submarine's proceeding state at	

序　码	汉　文　名	英　文　名	注　释
	行状态	periscope depth	
05.0085	潜艇通气管航行状态	submarine's proceeding state with snorkel	
05.0086	潜艇水下航行状态	submarine's proceeding state underwater	
05.0087	潜艇相对上浮	submarine's relative surfacing	
05.0088	潜艇相对下潜	submarine's relative diving	
05.0089	潜艇平行上浮	submarine's trimmed surfacing	
05.0090	潜艇平行下潜	submarine's trimmed diving	

06. 航 海 仪 器

序　码	汉　文　名	英　文　名	注　释
06.0001	罗经	compass	
06.0002	磁罗经	magnetic compass	
06.0003	标准罗经	standard compass	
06.0004	反射罗经	reflector compass	
06.0005	操舵罗经	steering compass	
06.0006	磁通门罗经	flux gate compass	
06.0007	复示磁罗经	transmitting compass	
06.0008	陀螺磁罗经	gyro-magnetic compass	曾用名"电磁罗经"。
06.0009	应急罗经	emergency compass	
06.0010	救生艇罗经	lifeboat compass	
06.0011	液体罗经	liquid compass	
06.0012	干罗经	dry compass	
06.0013	哑罗经	pelorus, dumb card compass	
06.0014	罗经盆	compass bowl	
06.0015	罗经盘	compass card	
06.0016	罗经柜	compass binnacle	
06.0017	罗经液体	compass liquid	
06.0018	纵向磁棒	fore-and-aft magnet	
06.0019	横向磁棒	athwartships magnet	
06.0020	垂直磁棒	vertical magnet	
06.0021	软铁球	soft-iron sphere	
06.0022	佛氏铁	Flinders' bar	
06.0023	船磁	ship magnetism	

序　码	汉　文　名	英　文　名	注　释
06.0024	永久船磁	ship permanent magnetism	
06.0025	感应船磁	ship induced magnetism	
06.0026	自差	deviation	
06.0027	自差系数	coefficient of deviation	
06.0028	固定自差	constant deviation	
06.0029	半圆自差	semicircular deviation	
06.0030	象限自差	quadrantal deviation	
06.0031	倾斜自差	heeling error, heeling deviation	
06.0032	电磁自差	electromagnetic deviation	
06.0033	剩余自差	residual deviation, remaining deviation	
06.0034	磁罗经校正	magnetic compass adjustment	
06.0035	偏转仪	deflector	
06.0036	倾差仪	heeling error instrument, heeling adjustor	
06.0037	自差表	deviation table	
06.0038	自差曲线	deviation curve	
06.0039	指向力	directive force	
06.0040	磁罗经指向误差	directive error of magnetic compass	
06.0041	方位圈	azimuth circle	
06.0042	望远镜方位仪	telescopic alidade	
06.0043	双筒望远镜	binoculars	
06.0044	六分仪	sextant	
06.0045	气泡六分仪	bubble sextant	
06.0046	陀螺六分仪	gyro sextant	
06.0047	夜视六分仪	night vision sextant	
06.0048	射电六分仪	radio sextant	又称"无线电六分仪"。
06.0049	潜望六分仪	periscope sextant	
06.0050	六分仪误差	sextant error	
06.0051	动镜差	perpendicular error	又称"垂直差"。
06.0052	定镜差	side error	又称"边差"。
06.0053	六分仪校正	sextant adjustment	
06.0054	测距仪	distance meter, range finder	
06.0055	电磁波测距仪	electromagnetic wave distance measuring instrument	

序　码	汉　文　名	英　文　名	注　释
06.0056	光学经纬仪	optical theodolite	
06.0057	无线电经纬仪	radio theodolite	
06.0058	三杆分度器	station pointer, three-arm protractor	
06.0059	天文钟	chronometer	
06.0060	子母钟	primary-secondary clocks	
06.0061	星球仪	star globe	
06.0062	索星卡	star finder, star identifier	
06.0063	海图作业工具	chart work tools	
06.0064	气压计	barograph	
06.0065	气压表	barometer	
06.0066	湿度计	hygrograph	
06.0067	湿度表	hygrometer	
06.0068	干湿计	psychrograph	
06.0069	干湿表	psychrometer	
06.0070	风向标	wind vane, weather vane	
06.0071	风速计	anemograph	
06.0072	风速表	anemometer	
06.0073	风向风速计	anemorumbograph	
06.0074	风向风速表	anemorumbometer	
06.0075	陀螺罗经	gyrocompass	曾用名"电罗经"。
06.0076	摆式罗经	pendulous gyrocompass	
06.0077	单转子摆式罗经	singlegyro pendulous gyrocompass	
06.0078	双转子摆式罗经	twin gyro pendulous gyrocompass	
06.0079	非周期罗经	aperiodic compass	
06.0080	电磁控制式罗经	electromagnetically controlled gyrocompass	
06.0081	方位[陀螺]仪	directional gyroscope	
06.0082	双态罗经	double-state compass	
06.0083	挠性罗经	flexibility gyrocompass	
06.0084	灵敏部分	sensitive element	
06.0085	陀螺球	gyrosphere	
06.0086	随动部分	phantom element	
06.0087	贮液缸	liquid container	
06.0088	支承液体	supporting liquid	
06.0089	导电液体	conducting liquid	
06.0090	航向记录器	course recorder	

序 码	汉 文 名	英 文 名	注 释
06.0091	分罗经	compass repeater	
06.0092	随动系统	follow-up system	
06.0093	传向系统	transmission system	
06.0094	温控系统	temperature controlling system	
06.0095	快速稳定装置	fast settling device, rapid settling device	
06.0096	自动校平装置	autolevelling assembly	
06.0097	陀螺仪	gyroscope, gyro	
06.0098	二自由度陀螺仪	two-degree of freedom gyroscope	
06.0099	自由陀螺仪	free gyroscope	
06.0100	平衡陀螺仪	balanced gyroscope	
06.0101	液浮陀螺仪	liquid floated gyroscope	
06.0102	挠性陀螺仪	flexibility gyroscope	
06.0103	定轴性	gyroscopic inertia	
06.0104	旋进性	gyroscopic precession	又称"进动性"。
06.0105	电磁摆	electromagnetic pendulum	
06.0106	设计纬度	designed latitude	
06.0107	非周期过渡条件	aperiodic transitional condition	
06.0108	水平轴阻尼法	damped method of horizontal axis	
06.0109	液体阻尼器	liquid damping vessel	
06.0110	垂直轴阻尼法	damped method of vertical axis	
06.0111	阻尼重物	damping weight	
06.0112	阻尼系数	damping factor	
06.0113	稳定位置	settling position	
06.0114	纬度误差	latitude error	
06.0115	速度误差	speed error	
06.0116	冲击误差	ballistic error	
06.0117	摇摆误差	rolling error	
06.0118	框架误差	gimballing error	
06.0119	基线误差	lubber line error	
06.0120	外补偿法	method of outer compensation	
06.0121	纬度误差校正器	latitudeerror corrector	
06.0122	速度误差校正器	speed error corrector	
06.0123	速度误差表	speed error table	
06.0124	内补偿法	method of internal compensation	
06.0125	指向力矩	meridian-seeking moment, meridian-seeking torque	

序　码	汉　文　名	英　文　名	注　释
06.0126	稳定时间	settling time	
06.0127	随动系统灵敏度	sensitivity of follow-up system	
06.0128	随动速度	follow-up speed	
06.0129	适用纬度	operating latitude	
06.0130	适用航速	operating ship speed	
06.0131	平台罗经	stabilized gyrocompass, heading and attitude unit	
06.0132	积分陀螺仪	integrating gyroscope	
06.0133	输入轴	input axis	
06.0134	输出轴	output axis	
06.0135	角度传感器	pickoff, angular position sensor	
06.0136	力矩器	torquer	
06.0137	加速度计	accelerometer	
06.0138	方位陀螺	azimuth gyro, directional gyro	
06.0139	北向陀螺	north gyro	
06.0140	主陀螺	meridian gyro	又称"子午陀螺"。
06.0141	副陀螺	auxiliary gyro	
06.0142	坐标变换器	coordinate conversion device	
06.0143	姿态角	attitude angle	
06.0144	稳定回路	stabilized loop	
06.0145	修正回路	corrective loop	
06.0146	测深锤	sounding lead	又称"水砣"。
06.0147	多波束测深系统	multi-beam sounding system	
06.0148	回声测深仪	echo sounder, acoustic depth finder	
06.0149	激光测探仪	laser sounder	
06.0150	深度指示器	depth indicator	
06.0151	深度记录器	depth recorder	
06.0152	换能器	transducer	
06.0153	磁致伸缩效应	magnetostrictive effect	
06.0154	压电效应	piezoelectric effect	
06.0155	电致伸缩效应	electrostrictive effect	
06.0156	换能器充磁	magnetization of transducer	
06.0157	换能器指向性	transducer directivity	
06.0158	最大测量深度	maximum measuring depth	
06.0159	最小测量深度	minimum measuring depth	
06.0160	测深仪误差	echo sounder error	

序　码	汉　文　名	英　文　名	注　释
06.0161	声速误差	sound velocity error	
06.0162	电机转速误差	motor revolution error	
06.0163	零点误差	zero error	
06.0164	回声测冰仪	ice fathometer	
06.0165	鱼探仪	fish finder	
06.0166	网位仪	net monitor	
06.0167	计程仪	log	
06.0168	相对计程仪	relative log	
06.0169	绝对计程仪	absolute log	
06.0170	水压计程仪	pitometer log	
06.0171	电磁计程仪	electromagnetic log, EM log	
06.0172	平面传感器	flat-surface sensor, flat-surface probe	
06.0173	多普勒计程仪	Doppler log	
06.0174	声相关计程仪	acoustic correlation log	
06.0175	水层跟踪	water track	
06.0176	海底跟踪	bottom track	
06.0177	声速校准	sound velocity calibration	
06.0178	声呐	sonar	
06.0179	导航声呐	navigation sonar	
06.0180	侧扫声呐	side scan sonar	
06.0181	水下声标	underwater sound projector	
06.0182	自动操舵仪	autopilot, gyropilot	
06.0183	航向自动操舵仪	course autopilot	
06.0184	深度自动操舵仪	depth autopilot	
06.0185	自适应操舵仪	adaptive autopilot	
06.0186	船舶靠泊系统	docking system	
06.0187	靠泊表	parking meter	
06.0188	剖面测量仪	bottom profiler	
06.0189	惯性导航系统	inertial navigation system, INS	
06.0190	解析式惯性导航系统	analytic inertial navigation system	
06.0191	半解析式惯性导航系统	semianalytic inertial navigation system	
06.0192	几何式惯性导航系统	geometric inertial navigation system	
06.0193	捷联式惯性导航	strapdown inertial navigation sys-	

序 码	汉 文 名	英 文 名	注 释
	系统	tem	
06.0194	陀螺漂移	gyro drift	
06.0195	初始对准	initial alignment	
06.0196	粗对准	coarse alignment	
06.0197	精对准	fine alignment	
06.0198	无线电方位位置线	radio bearing position line	
06.0199	无线电测向仪自差	radio direction finder deviation	
06.0200	定边	sense determination	
06.0201	哑点	null point	
06.0202	夜间效应	night effect	
06.0203	海岸效应	coastal effect, land effect	又称"陆地效应"。
06.0204	无线电大圆方位	radio great circle bearing	
06.0205	无线电信标	radio beacon	
06.0206	全向无线电信标	omnidirectional radio beacon	
06.0207	定向无线电信标	directional radio beacon	
06.0208	康索尔	Consol	又称"扇区无线电指向标"。
06.0209	康索兰	Consolan	
06.0210	双曲线导航系统	hyperbolic navigation system	
06.0211	罗兰 A	Loran-A	
06.0212	罗兰 A 接收机	Loran-A receiver	
06.0213	罗兰 C	Loran-C	
06.0214	罗兰 C 接收机	Loran-C receiver	
06.0215	台卡	Decca	
06.0216	台卡导航仪	Decca navigator	
06.0217	奥米伽	Omega	
06.0218	奥米伽导航仪	Omega navigator	
06.0219	台链	chain	
06.0220	台对	station pair	
06.0221	主台	master station	
06.0222	副台	slave station, secondary station	
06.0223	基线	baseline	
06.0224	基线延长线	baseline extension	
06.0225	中心线	center line	
06.0226	基线延迟	baseline delay	

序 码	汉 文 名	英 文 名	注 释
06.0227	绝对延迟	absolute delay	
06.0228	编码延迟	coding delay	
06.0229	基本重复频率	basic repetition frequency	
06.0230	特殊重复频率	specific repetition frequency	
06.0231	组重复周期	group repetition interval, GRI	
06.0232	时间差	time difference, TD	
06.0233	相位差	phase difference	
06.0234	比相	phase comparison	
06.0235	相位编码	phase coding	
06.0236	导出包络	derived envelope	
06.0237	包周差	envelope to cycle difference, ECD	
06.0238	采样点	sampling point	
06.0239	周波重合	cycle matching	
06.0240	罗兰 C 告警	Loran-C alarm	
06.0241	差转罗兰 C	differential Loran-C	
06.0242	二次相位因子	secondary phase factor, SPF	
06.0243	附加二次相位因子	additional secondary phase factor, ASPF	
06.0244	大地导电率误差	warp	
06.0245	主台信号	master signal	
06.0246	副台信号	slave signal	
06.0247	主台座	master pedestal	
06.0248	副台座	slave pedestal	
06.0249	地波	ground wave	
06.0250	天波	sky wave	
06.0251	天波延迟	sky wave delay	
06.0252	天波改正量	sky wave correction	
06.0253	地天波改正量	ground wave to skywave correction	
06.0254	天波延迟曲线	sky wave delay curves	
06.0255	传播误差	propagation error	
06.0256	双曲线位置线	hyperbolic position line	
06.0257	罗兰位置线	Loran position line	
06.0258	罗兰表	Loran table	
06.0259	罗兰船位	Loran fix	
06.0260	罗兰天地波识别	identification of Loran ground and sky waves	
06.0261	[天波]分裂	splitting	

序　码	汉　文　名	英　文　名	注　释
06.0262	假信号	ghost signal	
06.0263	交会信号	spill-over signal	
06.0264	故障信号	fault signal	
06.0265	V 型链	V-mode chain	
06.0266	MP 型链	multi-pulse mode chain, MP mode chain	
06.0267	巷识别计	lane identification meter	
06.0268	台卡计	decometer	
06.0269	巷识别	lane identification, LI	
06.0270	巷	lane	
06.0271	巷宽	lanewidth	
06.0272	区号	zone letter	
06.0273	巷号	lane letter	
06.0274	分巷	lane fraction, centi-lane	
06.0275	台卡链	Decca chain	
06.0276	台卡位置线	Decca position line	
06.0277	台卡船位	Decca fix	
06.0278	台卡活页资料	Decca data sheet	
06.0279	台卡定位精度图表	Decca period diagram	
06.0280	奥米伽信号格式	Omega signal format	
06.0281	地球－电离层波导	earth-ionospheric waveguide	
06.0282	段信号	segment signal	
06.0283	长短大圆信号干扰	interference between longer and shorter circle path signal	
06.0284	相位日变化	diurnal phase change	
06.0285	相位突然异常	sudden phase anomaly, SPA	
06.0286	极冠吸收	polar cap absorption, PCA	
06.0287	方向效应	direction effect	
06.0288	纬度效应	latitude effect	
06.0289	差奥米伽	differential Omega	
06.0290	奥米伽船位	Omega fix	
06.0291	奥米伽表	Omega table	
06.0292	奥米伽传播改正量	Omega propagation correction, OPC	
06.0293	段同步	segment synchronization	

序　码	汉　文　名	英　文　名	注　释
06.0294	巷设定	lane set	
06.0295	滑巷	lane slip	
06.0296	圆－圆导航系统	rho-rho navigation system, range-range navigation system	
06.0297	导航雷达	navigation radar	
06.0298	真运动雷达	true motion radar, TM radar	
06.0299	相对运动雷达	relative motion radar, RM radar	
06.0300	气象雷达	meteorological radar	
06.0301	自动雷达标绘仪	automatic radar plotting aids, ARPA	
06.0302	平面位置显示器	plane position indicator, PPI	
06.0303	光栅扫描显示器	raster scan display	
06.0304	隙缝波导天线	slotted waveguide antenna	
06.0305	雷达性能监视器	radar performance monitor	
06.0306	雷达回波箱	radar echo-box	
06.0307	收发开关	T-R switch	
06.0308	海浪干扰抑制	anti-clutter sea	
06.0309	雨雪干扰抑制	anti-clutter rain	
06.0310	雷达最大作用距离	maximum radar range	
06.0311	雷达最小作用距离	minimum radar range	
06.0312	方位分辨力	bearing resolution	
06.0313	距离分辨力	range resolution	
06.0314	探测	detection	
06.0315	捕获	acquisition	
06.0316	跟踪	tracking	
06.0317	雷达导航	radar navigation	
06.0318	雷达模拟器	radar simulator	又称"雷达仿真器"。
06.0319	航海专家系统	marine navigation expert system	
06.0320	电子海图显示与信息系统	electronic chart display and information system, ECDIS	
06.0321	电子海图	electronic chart	
06.0322	电子海图数据库	electronic chart data base	
06.0323	欠折射	sub-refraction	
06.0324	超折射	super-refraction	
06.0325	艏标志	heading marker	

序　码	汉　文　名	英　文　名	注　释
06.0326	固定距标	fixed range rings, range marker	
06.0327	活动距标	variable range ring, variable range marker	
06.0328	电子方位线	electronic bearing line, EBL	
06.0329	相对[运动]显示	relative motion display	
06.0330	真[运动]显示	true motion display	
06.0331	偏心显示	off-centered display	
06.0332	中心扩大显示	center-expand display	
06.0333	矢量显示	vector display	
06.0334	盲区	blind zone	
06.0335	阴影扇形	shadow sector	
06.0336	假回波	false echo	
06.0337	海浪回波	sea echo	
06.0338	气象回波	meteorology echo	
06.0339	间接回波	indirect echo	
06.0340	多次反射回波	multiple reflection echo	
06.0341	旁瓣回波	side-lobe echo	
06.0342	二次行程回波	second-trace echo	
06.0343	水平波束宽度	horizontal beam width	
06.0344	垂直波束宽度	vertical beam width	
06.0345	显示方式	display mode	
06.0346	北向上	north up	
06.0347	艏向上	head up	
06.0348	航向向上	course up	
06.0349	雷达信标	radar beacon, racon	又称"雷康"。
06.0350	雷达应答器	radar transponder	
06.0351	搜救雷达应答器	search and rescue radar transponder	
06.0352	雷达指向标	ramark	
06.0353	港口雷达	harbor radar	
06.0354	卫星导航系统	satellite navigation system	
06.0355	导航卫星	navigational satellite	
06.0356	海军导航卫星系统	Navy Navigation Satellite System, NNSS, Transit system	又称"子午仪系统"。
06.0357	全球定位系统	global positioning system, GPS	
06.0358	卫星导航仪	satellite navigator	
06.0359	[卫星]历书	[satellite] almanac	

序　码	汉　文　名	英　文　名	注　释
06.0360	[卫星]星历	[satellite] ephemeris	
06.0361	卫星轨道	satellite orbit	
06.0362	卫星摄动轨道	satellite disturbed orbit	
06.0363	轨道预报	orbit prediction	
06.0364	卫星覆盖区	satellite coverage	
06.0365	卫星电文	satellite message	
06.0366	电离层折射改正	ionospheric refraction correction	
06.0367	对流层折射改正	tropospheric refraction correction	
06.0368	码相位	code phase	
06.0369	伪距	pseudo range	
06.0370	扩频信号	spread spectrum signal	
06.0371	解扩	de-spread	
06.0372	C/A 码	coarse/acquisition code, C/A code	
06.0373	P 码	precision code, P code	
06.0374	大地水准面高度图	geoidal height map	
06.0375	差分全球定位系统	differential GPS, DGPS	
06.0376	卫星多普勒定位	satellite Doppler positioning	
06.0377	多普勒计数	Doppler count	
06.0378	精密定位业务	precise positioning service, PPS	
06.0379	标准定位业务	standard positioning service, SPS	
06.0380	卫星船位	satellite fix	
06.0381	GPS 船位	GPS fix	又称"全球定位系统船位"。
06.0382	组合导航系统	integrated navigation system	
06.0383	混合导航系统	hybrid navigation system	
06.0384	组合模式	integrated mode	
06.0385	高精度定位系统	high precision positioning system	
06.0386	微波测距系统	microwave ranging system	
06.0387	哈－菲克斯系统	Hi-Fix system	
06.0388	脉 8 定位系统	pulse 8 positioning system	
06.0389	阿果定位系统	Argo positioning system	
06.0390	道朗定位系统	Toran positioning system	

07. 航 海 保 证

序 码	汉 文 名	英 文 名	注 释
07.0001	大气	atmosphere	
07.0002	对流层	troposphere	
07.0003	平流层	stratosphere	
07.0004	电离层	ionosphere	
07.0005	标准大气	standard atmosphere	
07.0006	气象要素	meteorological element	
07.0007	气温	air temperature	
07.0008	气压	atmospheric pressure	
07.0009	海平面气压	sea-level pressure	
07.0010	百帕	hectopascal	
07.0011	水汽压	water vapor pressure	
07.0012	相对湿度	relative humidity	
07.0013	绝对湿度	absolute humidity	
07.0014	露点[温度]	dew-point [temperature]	
07.0015	云量	cloud amount	
07.0016	云高	cloud height	
07.0017	云状	cloud form	
07.0018	云图	cloud atlas	
07.0019	风向	wind direction	
07.0020	风速	wind speed, wind velocity	
07.0021	风级	wind force scale	
07.0022	蒲福风级	Beaufort [wind] scale	
07.0023	风压	wind pressure	
07.0024	阵风	gust	
07.0025	天气现象	weather phenomena	
07.0026	雨量	rainfall	
07.0027	飑线	squall line	
07.0028	船舶辅助观测	auxiliary ship observation, ASO	
07.0029	卫星云图	satellite cloud picture	
07.0030	天空状况	sky condition	
07.0031	能见度	visibility	
07.0032	位势高度	geopotential height	
07.0033	位势米	geopotential meter	

序　码	汉　文　名	英　文　名	注　释
07.0034	辐合	convergence	
07.0035	辐散	divergence	
07.0036	暖平流	warm advection	
07.0037	冷平流	cold advection	
07.0038	引导气流	steering current	
07.0039	梯度风	gradient wind	
07.0040	地转风	geostrophic wind	
07.0041	大气环流	general atmospheric circulation	
07.0042	天气	weather	
07.0043	气候	climate	
07.0044	气压系统	pressure system	
07.0045	气旋	cyclone	
07.0046	低压	low [pressure], depression	
07.0047	温带气旋	extratropical cyclone	
07.0048	低压槽	trough	
07.0049	反气旋	anticyclone	
07.0050	高压	high [pressure]	
07.0051	冷高压	cold high	
07.0052	副热带高压	subtropical high	
07.0053	高压脊	ridge	
07.0054	锋	front	
07.0055	暖锋	warm front	
07.0056	冷锋	cold front	
07.0057	静止锋	stationary front	
07.0058	锢囚锋	occluded front	
07.0059	气团	air mass	
07.0060	暖气团	warm air mass	
07.0061	冷气团	cold air mass	
07.0062	天气形势	synoptic situation	
07.0063	天气过程	synoptic process	
07.0064	天气符号	weather symbol	
07.0065	天气图	synoptic chart	
07.0066	高空[天气]图	upper-level [weather] chart	
07.0067	地面[天气]图	surface [weather] chart	
07.0068	传真天气图	facsimile weather chart	
07.0069	槽线	trough line	
07.0070	脊线	ridge line	

序　码	汉　文　名	英　文　名	注　释
07.0071	等压面图	contour chart	
07.0072	等压面	isobaric surface	
07.0073	等压线	isobar	
07.0074	等温线	isotherm	
07.0075	切变线	shear line	
07.0076	辐合线	convergence line	
07.0077	辐散线	divergence line	
07.0078	流线	streamline	
07.0079	天气预报	weather forecast	
07.0080	补充[天气]预报	supplementary [weather] forecast	
07.0081	天气报告	weather report	符号"WX"。
07.0082	天气公报	weather bulletin	
07.0083	危险天气通报	hazardous weather message	
07.0084	恶劣天气	heavy weather	
07.0085	大风警报	gale warning, GW	
07.0086	暴风警报	storm warning, SW	
07.0087	台风警报	typhoon warning, TW	
07.0088	冰情警报	ice warning	
07.0089	雾警报	fog warning	
07.0090	紧急警报	emergency warning	
07.0091	热带气旋	tropical cyclone	
07.0092	热带扰动	tropical disturbance	
07.0093	热带低压	tropical depression	
07.0094	热带风暴	tropical storm	
07.0095	强热带风暴	severe tropical storm	
07.0096	台风	typhoon	
07.0097	台风眼	typhoon eye	
07.0098	台风路径	typhoon track	
07.0099	危险象限	dangerous quadrant	
07.0100	危险半圆	dangerous semicircle	
07.0101	可航半圆	navigable semicircle	
07.0102	热带辐合带	intertropical convergence zone, ITCZ	
07.0103	东风波	easterly wave	
07.0104	寒潮	cold wave	
07.0105	梅雨	Meiyu, plum rain	
07.0106	季风	monsoon	

序　码	汉　文　名	英　文　名	注　释
07.0107	信风	trade wind	
07.0108	海风	sea breeze	
07.0109	陆风	land breeze	
07.0110	上升风	anabatic	
07.0111	下降风	katabatic	
07.0112	盛行风	prevailing wind	
07.0113	航行风	navigation wind, ship wind	
07.0114	真风	true wind	
07.0115	视风	apparent wind, relative wind	
07.0116	风花	wind rose	
07.0117	海水温度	sea temperature	
07.0118	海面温度	sea surface temperature	
07.0119	海冰	sea ice	
07.0120	锚冰	anchor ice, ground ice	
07.0121	平整冰	level ice	
07.0122	堆积冰	hummocked ice	
07.0123	重叠冰	rafted ice	
07.0124	雪盖冰	snow-covered ice	
07.0125	碎冰	brash ice	
07.0126	固定冰	fast ice	
07.0127	流冰	drift ice	
07.0128	密结流冰	consolidated pack ice	
07.0129	非常密集流冰	very close pack ice	
07.0130	密集流冰	close pack ice	
07.0131	稀疏流冰	open pack ice	
07.0132	非常稀疏流冰	very open pack ice	
07.0133	冰丘	hummock	
07.0134	冰崩	ice avalanche	
07.0135	冰夹	nip	
07.0136	无冰区	ice free	
07.0137	浮冰	floe ice	
07.0138	浮冰群	pack ice	
07.0139	冰原	ice field, ice sheet	
07.0140	冰壳	ice rind, glass ice	
07.0141	冰架	ice shelf	
07.0142	冰山	iceberg	
07.0143	岸冰	shore ice	

序 码	汉 文 名	英 文 名	注 释
07.0144	陆源冰	land-origin ice	
07.0145	极地冰	polar ice	
07.0146	冰厚	ice thickness	
07.0147	冰冻期	ice period	
07.0148	冰盖	ice cover	
07.0149	海冰密集度	sea ice concentration	
07.0150	冰缘线	ice edge	
07.0151	冰区界限线	ice boundary	
07.0152	冰间水道	lead lane	
07.0153	冰况图集	ice atlas	
07.0154	海水密度	seawater density	
07.0155	跃层	spring layer	
07.0156	声道	sound channel	
07.0157	海水盐度	seawater salinity	
07.0158	海水水色	seawater color	
07.0159	海水透明度	seawater transparency	
07.0160	海发光	luminescence of the sea	
07.0161	波浪	wave	
07.0162	风浪	wind wave	
07.0163	涌浪	swell	
07.0164	海啸	tsunami	
07.0165	风暴潮	storm surge	
07.0166	有效波高	significant wave height	
07.0167	驻波	standing wave	
07.0168	前进波	progressive wave	
07.0169	船行波	ship wave	
07.0170	群波	group of waves	
07.0171	内波	internal wave	
07.0172	波峰	wave crest, wave ridge	
07.0173	波谷	wave hollow, wave trough	
07.0174	波浪周期	wave period	
07.0175	风时	wind duration	
07.0176	风区	fetch	
07.0177	浪级	wave scale	
07.0178	涌级	swell scale	
07.0179	海况	sea condition	
07.0180	浪花	breakers	

序 码	汉 文 名	英 文 名	注 释
07.0181	拍岸浪	surf	
07.0182	潮汐	tide	
07.0183	引潮力	tide-generating force	
07.0184	潮龄	tidal age	
07.0185	全日潮	diurnal tide	
07.0186	半日潮	semi-diurnal tide	
07.0187	混合潮	mixed tide	
07.0188	大潮	spring tide	
07.0189	小潮	neap tide	
07.0190	高潮	high water, HW	
07.0191	低潮	low water, LW	
07.0192	高高潮	higher high water, HHW	
07.0193	低高潮	lower high water, LHW	
07.0194	高低潮	higher low water, HLW	
07.0195	低低潮	lower low water, LLW	
07.0196	涨潮	flood [tide]	
07.0197	落潮	ebb [tide]	
07.0198	停潮	water stand	
07.0199	高潮时	high water time	
07.0200	低潮时	low water time	
07.0201	回归潮	tropic tide	
07.0202	分点潮	equinoctial tide	
07.0203	潮汐周期	tidal period	
07.0204	大潮升	spring rise, SR	
07.0205	小潮升	neap rise, NR	
07.0206	潮面	tide level	
07.0207	潮高	height of tide	
07.0208	潮差	tidal range	
07.0209	平均高潮间隙	mean high water interval, MHWI	
07.0210	平均低潮间隙	mean low water interval, MLWI	
07.0211	平均海面	mean sea level, MSL	
07.0212	潮高基准面	tidal datum	
07.0213	无潮点	amphidromic point	
07.0214	同潮时线	concurrent line	
07.0215	等潮差线	corange line	
07.0216	主[潮]港	standard port	
07.0217	副[潮]港	secondary port	

序　码	汉　文　名	英　文　名	注　释
07.0218	潮时差	time difference of tide	
07.0219	潮高差	height difference	
07.0220	潮高比	height rate	
07.0221	潮差比	range rate	
07.0222	平均海面季节改正	seasonal change in mean sea level	
07.0223	潮流	tidal stream, tidal current	
07.0224	潮波	tidal wave	
07.0225	自动验潮仪	automatic tide gauge	
07.0226	潮汐调和常数	tidal harmonic constant	
07.0227	涨潮流	flood stream, flood current	
07.0228	落潮流	ebb stream, ebb current	
07.0229	转流	turn of tidal current	
07.0230	憩流	slack water	又称"平流"。
07.0231	回转流	rotary current	
07.0232	往复流	alternating current, rectilinear current	
07.0233	海流	ocean current	
07.0234	风生流	wind-drift current	
07.0235	表层流	surface current	
07.0236	深层流	deep current	
07.0237	底层流	bottom current	
07.0238	补偿流	compensation current	
07.0239	上升流	upwelling	
07.0240	下降流	downwelling	
07.0241	沿岸流	coastal current, littoral current	
07.0242	离岸流	rip current	
07.0243	暖流	warm current	
07.0244	寒流	cold current	
07.0245	黑潮	Black stream, Kuroshio, Black current	
07.0246	赤潮	red tide, red water	
07.0247	中性流	neutral current	
07.0248	余流	residual current	
07.0249	海流花	current rose	
07.0250	日标	day mark	
07.0251	立标	beacon	

序　码	汉　文　名	英　文　名	注　释
07.0252	顶标	topmark	
07.0253	灯标	lighted mark	
07.0254	海空两用灯标	marine and air navigation light	
07.0255	灯塔	lighthouse	
07.0256	灯桩	light beacon	
07.0257	浮标	buoy	
07.0258	侧面标志	lateral mark	
07.0259	方位标志	cardinal mark	
07.0260	孤立危险物标志	isolated danger mark	
07.0261	安全水域标志	safety water mark	
07.0262	专用标志	special mark	
07.0263	新危险物标志	new danger mark	
07.0264	灯船	light-vessel	
07.0265	导标	leading beacon	
07.0266	叠标	transit beacon	
07.0267	雷达反射器	radar reflector	
07.0268	灯质	character	
07.0269	灯光射程	light range	
07.0270	光力射程	luminous range	
07.0271	额定光力射程	nominal range	
07.0272	灯高	elevation of light	
07.0273	水准点	bench mark	
07.0274	通行信号	traffic signal mark	
07.0275	管线标	pipeline mark	
07.0276	运河航标	navigation aids on canal	
07.0277	海图	chart	
07.0278	墨卡托海图	Mercator chart	
07.0279	纬度渐长率	meridianal parts, MP	
07.0280	纬度渐长率差	difference of meridianal parts, DMP	
07.0281	大圆海图	great circle chart, gnomonic chart	
07.0282	空白定位图	plotting chart	
07.0283	航路设计图	routing chart	
07.0284	新版图	new edition chart	
07.0285	改版图	large correction chart	
07.0286	罗兰海图	Loran chart	
07.0287	台卡海图	Decca chart	

序　码	汉　文　名	英　文　名	注　释
07.0288	奥米伽海图	Omega chart	
07.0289	图号	chart number	
07.0290	邻图索引	index of adjoining chart	
07.0291	海图基准面	chart datum	
07.0292	海图水深	sounding	
07.0293	对景图	view	
07.0294	海图比例尺	chart scale	
07.0295	局部比例尺	local scale	
07.0296	基准纬度	standard parallel	
07.0297	小改正	small correction	
07.0298	海图卡片	chart card	
07.0299	海图标题栏	chart legend	
07.0300	航用海图	navigational chart	
07.0301	沿岸图	coastal chart	
07.0302	港泊图	harbor plan	
07.0303	航用参考图	non-navigational chart	
07.0304	总图	general chart	
07.0305	大洋水深图	ocean sounding chart	
07.0306	洋流图	ocean current chart	
07.0307	等磁差图	isogonic chart	
07.0308	平面图	plane chart	
07.0309	墨卡托投影	Mercator projection	
07.0310	高斯－克吕格投影	Gauss-Krüger projection	
07.0311	日晷投影	gnomonic projection	
07.0312	圆柱投影	cylindrical projection	
07.0313	圆锥投影	conical projection	
07.0314	等角投影	equiangle projection	
07.0315	海图图式	symbols and abbreviations of charts	
07.0316	岸	coast	
07.0317	岸线	coastline	
07.0318	沿岸地形	coastal feature	
07.0319	自然地貌	natural feature	
07.0320	控制点	control point	
07.0321	港口	harbor, port	
07.0322	海堤	sea wall, sea bank	

序　码	汉　文　名	英　文　名	注　释
07.0323	防波堤	breakwater	
07.0324	堤坝	dyke	
07.0325	渔栅	fishing stake	
07.0326	渔礁	fish reef	
07.0327	海底电缆	submarine cable	
07.0328	架空电缆	overhead power cable	
07.0329	高架桥	viaduct	
07.0330	曳开桥	draw bridge	
07.0331	浮桥	pontoon bridge	
07.0332	遮蔽光弧	obscured sector	
07.0333	光弧界限	limit of sector	
07.0334	险恶地	foul ground	
07.0335	明礁	rock uncovered	
07.0336	暗礁	reef, submerged rock, sunken rock	
07.0337	适淹礁	rock awash	
07.0338	干出礁	drying rock	
07.0339	碍航物	obstruction	
07.0340	海湾	gulf	
07.0341	岬角	headland, cape	
07.0342	河口	river mouth, estuary	
07.0343	三角洲	delta	
07.0344	海滩	beach	
07.0345	水道	channel	
07.0346	航道	fairway	
07.0347	专用航道	special purpose channel	
07.0348	人工航槽	dredged channel	
07.0349	锚位	anchor position, AP	
07.0350	概位	position approximate, PA	
07.0351	疑位	position doubtful, PD	
07.0352	疑存	existence doubtful, ED	
07.0353	航路	route, passage	
07.0354	主航道	main channel	
07.0355	高程	elevation	
07.0356	干出高度	drying height	
07.0357	等高线	contour lines	
07.0358	等深线	depth contour	

序　码	汉　文　名	英　文　名	注　释
07.0359	禁航区	prohibited area, forbidden zone	
07.0360	沉船	wreck	
07.0361	锚地	anchorage	
07.0362	检疫锚地	quarantine anchorage	
07.0363	引航锚地	pilot anchorage	
07.0364	危险货物锚地	dangerous cargo anchorage	
07.0365	油船锚地	[oil] tanker anchorage	
07.0366	避风锚地	shelter	
07.0367	防台锚地	typhoon anchorage	
07.0368	垃圾倾倒区	dumping ground, spoil area	
07.0369	演习区	exercise area, practice area	
07.0370	测速场	speed trial ground	
07.0371	自差校正场	swinging ground, swinging area	
07.0372	雾号	fog signal	
07.0373	危险物	danger	
07.0374	底质	quality of the bottom	
07.0375	突堤	mole	
07.0376	船舶定线制	ship's routing	
07.0377	分道通航制	traffic seperation schemes, TSS	
07.0378	通航分道	traffic lane	
07.0379	船舶总流向	general direction of traffic fiow	
07.0380	分隔线	seperation line	
07.0381	分隔带	seperation zone	
07.0382	沿岸通航带	inshore traffic zone	
07.0383	单向航路	one-way route	
07.0384	双向航路	two-way route	
07.0385	深水航路	deep water way	
07.0386	环行道	roundabout	
07.0387	警戒区	precautionary area	
07.0388	安全航路	safety fairway	
07.0389	消磁场	degaussing range	
07.0390	码头	wharf, quay	
07.0391	突码头	jetty	
07.0392	浮码头	pontoon	又称"趸船"。
07.0393	潮汐表	tide table	
07.0394	无线电信号表	list of radio signals	
07.0395	航海通告	notice to mariners	

序　码	汉　文　名	英　文　名	注　释
07.0396	航路指南	sailing directions	
07.0397	航路指南补篇	supplement of sailing directions	
07.0398	航海图书目录	catalog of charts and publications	
07.0399	里程表	distance table	
07.0400	航海表	nautical table, navigation table	
07.0401	航标表	list of lights	
07.0402	潮流表	tidal stream table	
07.0403	航海日志	log book	
07.0404	夜航命令薄	night order book	
07.0405	无线电航海警告	radionavigational warning	
07.0406	临时通告	temporary notice	符号"T"。
07.0407	预告	preliminary notice	符号"P"。
07.0408	贴图	block	

08. 船　艺

序　码	汉　文　名	英　文　名	注　释
08.0001	船舶	ship, vessel	
08.0002	艏	bow	
08.0003	艉	stern	
08.0004	舯	midship	
08.0005	左舷	port, port side	
08.0006	右舷	starboard, starboard side	
08.0007	横向	athwartships	
08.0008	高处	aloft	
08.0009	前	forward	
08.0010	前方	ahead	
08.0011	向前	ahead	
08.0012	后	aft	
08.0013	后方	astern	
08.0014	向后	astern	
08.0015	艏艉线	fore-and-aft line	
08.0016	艏舷	bow	
08.0017	艉舷	quarter	
08.0018	艏楼	forecastle	
08.0019	艉楼	poop	

序码	汉文名	英文名	注释
08.0020	上层建筑	superstructure	
08.0021	甲板室	deck house	
08.0022	驾驶台	bridge	又称"桥楼"。
08.0023	艏尖舱	fore peak tank	
08.0024	艉尖舱	aft peak tank	
08.0025	货舱	cargo hold	
08.0026	压载舱	ballast tank	
08.0027	居住舱	accommodation, cabin	
08.0028	机舱	engine room	
08.0029	锅炉舱	boiler room	
08.0030	舵机舱	steering engine room	
08.0031	逃生通道	escape trunk	
08.0032	甲板	deck	
08.0033	主甲板	main deck	
08.0034	上甲板	upper deck	
08.0035	遮蔽甲板	shelter deck	
08.0036	二层甲板	tween deck	
08.0037	艏楼甲板	forecastle deck	
08.0038	艉楼甲板	poop deck	
08.0039	上层建筑甲板	superstructure deck	
08.0040	起居甲板	accommodation deck	
08.0041	救生艇甲板	lifeboat deck	
08.0042	驾驶台甲板	bridge deck	
08.0043	统长甲板	continuous deck	又称"连续甲板"。
08.0044	平台甲板	platform deck	
08.0045	舷梯	accommodation ladder, gangway	
08.0046	总长	length overall, LOA	
08.0047	垂线间长	length between perpendiculars, LPP	又称"两柱间长"。
08.0048	登记长度	registered length	
08.0049	最大宽度	maximum breadth	
08.0050	型宽	molded breadth	
08.0051	登记宽度	registered breadth	
08.0052	型深	molded depth	
08.0053	登记深度	registered depth	
08.0054	最大高度	maximum height	
08.0055	吃水	draft	

序　码	汉　文　名	英　文　名	注　释
08.0056	浮力	buoyancy	
08.0057	稳性	stability	
08.0058	不沉性	insubmersibility	
08.0059	耐波性	seakeeping quality	
08.0060	操纵性	maneuverability	
08.0061	快速性	speedability	
08.0062	续航力	cruising radius, endurance	
08.0063	平甲板船	flush deck vessel	
08.0064	三岛型船	three island vessel	
08.0065	艉升高甲板船	raised quarter-deck vessel	
08.0066	遮蔽甲板船	sheltered deck vessel	
08.0067	中机型船	amidships engined ship	
08.0068	艉机型船	stern engined ship	
08.0069	机动船	power driven vessel	
08.0070	蒸汽机船	steam ship, steamer, SS	
08.0071	内燃机船	motor vessel, MV	
08.0072	汽轮机船	steam turbine ship	
08.0073	电力推进船	electric propulsion ship	
08.0074	燃气轮机船	gas turbine ship	
08.0075	核动力船	nuclear [powered] ship	
08.0076	帆船	sailing ship, sailer	
08.0077	机帆船	sailing ship fitted with auxiliary engine, motor sailer	
08.0078	商船	merchant ship	
08.0079	客船	passenger ship	
08.0080	邮船	mail ship	
08.0081	客货船	passenger-cargo ship	
08.0082	旅游船	tourist ship	
08.0083	游览船	excursion boat	
08.0084	货船	cargo ship, freighter	
08.0085	干货船	dry cargo ship	
08.0086	杂货船	general cargo ship	
08.0087	重大件运输船	heavy and lengthy cargo carrier	
08.0088	木材船	lumber cargo ship	
08.0089	牲畜运输船	livestock carrier	
08.0090	散货船	bulk-cargo ship, bulk carrier	
08.0091	矿砂船	ore carrier	

序　码	汉　文　名	英　文　名	注　　释
08.0092	液货船	liquid cargo ship, tanker	
08.0093	油船	oil tanker	
08.0094	超大型油船	ultra large crude carrier, ULCC	
08.0095	大型油船	very large crude carrier, VLCC	
08.0096	化学品船	chemical cargo ship	
08.0097	液体化学品船	liquid chemical tanker	
08.0098	液化气船	liquefied gas carrier	
08.0099	液化天然气船	liquefied natural gas carrier	
08.0100	液化石油气船	liquefied petroleum gas carrier	
08.0101	集装箱船	container ship	又称"货柜船"。
08.0102	多用途货船	multipurpose cargo vessel	
08.0103	载驳船	lighter aboard ship, LASH	又称"子母船"。
08.0104	冷藏船	refrigerator ship	
08.0105	滚装船	roll on/roll off ship, ro/ro ship	
08.0106	汽车运输船	pure car carrier, PCC	
08.0107	渡船	ferry	
08.0108	拖船	tug, towing vessel	
08.0109	被拖船	towed vessel	
08.0110	工程船	working ship, engineering ship	
08.0111	挖泥船	dredger	
08.0112	斗式挖泥船	grab dredger, dipper dredger	
08.0113	吸扬式挖泥船	pump dredger, suction dredger	
08.0114	钻探船	drilling vessel	
08.0115	布缆船	cable layer	
08.0116	管道船	pipeline layer	
08.0117	救捞船	salvage ship	
08.0118	潜水工作船	diving boat	
08.0119	港作船	harbor boat, harbor launch	
08.0120	测量船	surveying ship	
08.0121	水下作业船	underwater operation ship	
08.0122	起重船	floating crane	又称"浮吊"。
08.0123	破冰船	icebreaker	
08.0124	海难救助船	salvage and rescue ship	
08.0125	多用途拖船	multipurpose towing ship	
08.0126	巡逻船	patrol boat	
08.0127	辑私船	revenue cutter	
08.0128	交通艇	traffic boat, launch	

序　码	汉　文　名	英　文　名	注　释
08.0129	供应船	supply ship, tender	
08.0130	消防船	fire boat	
08.0131	垃圾船	garbage boat	
08.0132	浮油回收船	oil skimmer	
08.0133	油污水处理船	oily water disposal boat	
08.0134	引航船	pilot vessel	
08.0135	航标船	buoy tender	
08.0136	实习船	training ship	又称"教练船"。
08.0137	海洋调查船	oceanographic research vessel	
08.0138	海洋监测船	ocean monitoring ship	
08.0139	海洋大气船	ocean weather vessel	
08.0140	全潜船	underwater ship	
08.0141	半潜船	semisubmerged ship	
08.0142	滑行艇	planing boat	
08.0143	水翼艇	hydrofoil craft	
08.0144	气垫船	hovercraft, air-cushion vehicle	
08.0145	双体船	catamaran	
08.0146	渔船	fishing vessel	
08.0147	渔业调查船	fishery research vessel	
08.0148	渔政船	fishery administration vessel	
08.0149	拖网渔船	trawler	
08.0150	围网渔船	purse seiner	
08.0151	多用途渔船	multipurpose fishing boat	
08.0152	灯光船	fishing light boat	
08.0153	钓船	line fishing boat	
08.0154	漂流渔船	drift fishing boat	
08.0155	收鱼船	fish buying boat	
08.0156	捕鲸母船	whaling mother ship	
08.0157	捕鲸船	whaler	
08.0158	军舰	warship	
08.0159	战列舰	battle ship	
08.0160	巡洋舰	cruiser	
08.0161	驱逐舰	destroyer	
08.0162	航空母舰	aircraft carrier	
08.0163	护卫舰	frigate	
08.0164	猎雷舰	mine hunter	
08.0165	登陆舰	landing ship	

序 码	汉 文 名	英 文 名	注 释
08.0166	潜艇	submarine	
08.0167	猎潜艇	submarine chaser	
08.0168	核潜艇	nuclear submarine	
08.0169	军船	naval ship	
08.0170	补给舰	replenishing ship	
08.0171	远洋船	ocean trader, oceangoing vessel	
08.0172	海船	sea-going vessel	
08.0173	沿海船	coaster	
08.0174	内河船	river boat, inland vessel	
08.0175	明轮推进器船	paddle wheel vessel	
08.0176	螺旋推进器船	screw propeller ship	
08.0177	喷水推进船	waterjet vessel, hydrojet boat	
08.0178	喷气推进船	airjet ship	
08.0179	倒车舵船	backing rudder ship	
08.0180	排筏	log raft	
08.0181	游艇	yacht	
08.0182	划桨船	row boat	
08.0183	闲置船	lay up	
08.0184	横骨架式	transverse frame system	
08.0185	纵骨架式	longitudinal frame system	
08.0186	混合骨架式	combined frame system, mixed frame system	
08.0187	纵剖面图	longitudinal section plan	
08.0188	横剖面图	transverse section plan	
08.0189	甲板图	deck plan	
08.0190	内底结构图	inner bottom construction plan	
08.0191	外板展开图	shell expansion plan	
08.0192	舱壁图	bulkhead plan	
08.0193	双层底	double bottom	
08.0194	船底板	bottom plate	
08.0195	肋板	floor	
08.0196	中桁材	center girder, keelson	又称"内龙骨"。
08.0197	平板龙骨	plate keel	又称"龙骨板"。
08.0198	旁桁材	side girder	
08.0199	船底纵骨	bottom longitudinal	
08.0200	内底纵骨	inner bottom longitudinal	
08.0201	内底板	inner bottom plate	

序　码	汉　文　名	英　文　名	注　释
08.0202	人孔	manhole	
08.0203	内底边板	margin plate	
08.0204	舭肘板	bilge bracket	
08.0205	舭龙骨	bilge keel	
08.0206	舷侧板	side plate	
08.0207	舷顶列板	sheer strake	
08.0208	肋骨	frame	
08.0209	肋距	frame space	
08.0210	舷侧纵桁	side stringer	
08.0211	舷边角钢	stringer angle	
08.0212	舷墙	bulwark	
08.0213	甲板板	deck strake, deck plate	
08.0214	横梁	deck beam	
08.0215	半梁	half beam	
08.0216	甲板纵桁	deck girder	
08.0217	甲板纵骨	deck longitudinal	
08.0218	舱口围板	hatch coaming	
08.0219	舱口端梁	hatch end beam	
08.0220	舱盖	hatch cover	
08.0221	支柱	pillar	
08.0222	梁拱	camber	
08.0223	舷弧	sheer	
08.0224	舱壁	bulkhead	
08.0225	扶强材	stiffener	
08.0226	水密门	watertight door	
08.0227	直立[型]艏	straight stem, vertical bow	
08.0228	前倾[型]艏	raked stem, raked bow	
08.0229	飞剪[型]艏	clipper stem, clipper bow	
08.0230	破冰[型]艏	icebreaker stem, icebreaker bow	
08.0231	球鼻[型]艏	bulbous bow	
08.0232	椭圆[型]艉	elliptical stern	
08.0233	巡洋舰[型]艉	cruiser stern	
08.0234	方[型]艉	square cut stern, transom stern	
08.0235	艏柱	stem	
08.0236	防撞舱壁	collision bulkhead	
08.0237	升高肋板	raised floor	
08.0238	强胸横梁	panting beam	

序　码	汉　文　名	英　文　名	注　释
08.0239	制荡舱壁	swash bulkhead	
08.0240	艉柱	stern post	
08.0241	舵柱	rudder post	
08.0242	轴隧	shaft tunnel	
08.0243	管隧	pipe tunnel	
08.0244	轴毂	shaft bossing	
08.0245	艉轴架	shaft bracket	
08.0246	绳	rope	
08.0247	缆	hawser	
08.0248	纤维绳	fiber rope	又称"纤维索"。
08.0249	植物纤维绳	natural fiber rope	
08.0250	化学纤维绳	synthetic fiber rope	
08.0251	白棕绳	Manila rope	
08.0252	钢丝绳	wire rope	
08.0253	钢麻绳	spring lay rope	
08.0254	撇缆	heaving line	
08.0255	引缆	messenger	又称"导索"。
08.0256	静索	standing rigging	
08.0257	动索	running rigging	
08.0258	索具	rigging	
08.0259	钩	hook	
08.0260	心环	thimble	又称"嵌环"。
08.0261	卸扣	shackle	
08.0262	索头环	rope socket	铸牢在钢索端部用于连接的索具。
08.0263	松紧螺旋扣	rigging screw; turnbuckle	又称"花篮螺丝"。
08.0264	绳头卸扣	wire clip, bulldog grip	又称"钢丝绳轧头"。
08.0265	撇缆枪	line throwing gun	又称"抛缆枪"。
08.0266	滑车	block	
08.0267	滑车组	tackle	又称"辘轳"。
08.0268	机械滑车	differential block, chain block, mechanical purchase	曾用名"神仙葫芦"。
08.0269	开口滑车	snatch block	
08.0270	引导滑车	leading block	
08.0271	碰垫	fender	俗称"靠把"。
08.0272	帆布	canvas	
08.0273	缝帆工具	sailmaker's tool	

序码	汉文名	英文名	注释
08.0274	天幕	awning	
08.0275	帆缆作业	canvas and rope work	
08.0276	绳结	bends and hitches	
08.0277	半结	half hitch	
08.0278	双半结	two half hitches	
08.0279	单编结	sheetbend	
08.0280	旋圆双半结	round turn and two half hitches	
08.0281	锚结	fisherman's bend	又称"渔人结"。
08.0282	圆材结	timber hitch	
08.0283	拖材结	timber and half hitch	
08.0284	丁香结	clove hitch, ratline hitch	
08.0285	鲁班结	Luban's hitch	
08.0286	扬帆结	topsail halyard bend	
08.0287	小艇结	slippery hitch	
08.0288	架板结	plank stage hitch	又称"跳板结"。
08.0289	坐板升降结	bosun's chair hitch	
08.0290	8字结	figure of eight knot, flemish knot	
08.0291	制索结	stopper hitch	
08.0292	系缆活结	slip racking	
08.0293	绳锥结	marline spike hitch	
08.0294	单套结	bowline	
08.0295	双套结	bowline on the bight	
08.0296	撇缆活结	heaving line slip knot	
08.0297	平结	reef knot	
08.0298	绳头结	crown knot	
08.0299	绳头插接	backsplice	
08.0300	握索结	manrope knot	
08.0301	扎绳头	whipping	
08.0302	缆绳绑扎	seizing	
08.0303	插接	splicing	
08.0304	长[插]接	long splice	
08.0305	短[插]接	short splice	
08.0306	眼环[插]接	eye splice	
08.0307	缆绳周径	circumference of rope	符号"C"。
08.0308	破断强度	breaking strength, BS	
08.0309	试验负荷	proof load, PL	
08.0310	安全系数	safety factor, SF	

序 码	汉 文 名	英 文 名	注 释
08.0311	安全负荷	safe working load, SWL	
08.0312	锚设备	ground tackle, anchor and chain gear	
08.0313	锚	anchor	
08.0314	有杆锚	stock anchor	
08.0315	无杆锚	stockless anchor	又称"无档锚"。
08.0316	艏锚	bow anchor, bower	
08.0317	备用锚	spare anchor, sheet anchor	
08.0318	艉锚	poop anchor, stern anchor	
08.0319	中锚	stream anchor	又称"流锚"。
08.0320	小锚	kedge anchor	又称"移船锚"。
08.0321	锚抓重比	anchor holding power to weight ratio	
08.0322	锚抓力	holding power of anchor	
08.0323	锚链	anchor chain	
08.0324	链抓力	holding power of chain	
08.0325	链节	shot, shackle	
08.0326	锚链标记	cable mark	
08.0327	转环	swivel	
08.0328	连接卸扣	joining shackle, connecting shackle	
08.0329	连接链环	joining link, connecting link	
08.0330	锚缆	anchor rope	
08.0331	锚穴	anchor recess	
08.0332	锚链筒	hawsepipe	
08.0333	锚链管	chain pipe, naval pipe	
08.0334	锚链钩	chain hook	
08.0335	导链轮	chain cable fairlead, cable holder	
08.0336	制链器	chain stopper	又称"锚链制"。
08.0337	弃链器	cable releaser	
08.0338	脱钩链段	senhouse slip shot	
08.0339	锚链舱	chain locker	
08.0340	舾装数	equipment number	
08.0341	锚设备检验	survey of anchor and chain gear	
08.0342	抛锚	let go anchor	
08.0343	起锚	weigh	
08.0344	锚球	anchor ball	

序 码	汉 文 名	英 文 名	注 释
08.0345	抛起锚口令	anchoring orders	
08.0346	舵	rudder	
08.0347	舵角	rudder angle	
08.0348	反舵角	counter rudder angle	
08.0349	航摆角	yaw angle	又称"偏航角"。
08.0350	舵力	rudder force	
08.0351	操舵	steering	
08.0352	压舵	counter rudder	
08.0353	舵效	rudder effect, steerage	
08.0354	舵令	steering orders	
08.0355	试舵	test the steering gear	又称"对舵"。
08.0356	车钟	engine telegraph	
08.0357	车令	engine orders	
08.0358	系缆	mooring line	
08.0359	艏缆	head line	又称"头缆"。
08.0360	艉缆	stern line	
08.0361	横缆	breast line	
08.0362	倒缆	spring	
08.0363	单头缆	single rope	
08.0364	回头缆	slip rope, slip wire	
08.0365	拖缆	towing line	
08.0366	顶推操纵缆	pushing steering line	
08.0367	拖缆承架	towing beam	
08.0368	制索	stopper	
08.0369	导缆器	fairlead	
08.0370	带缆口令	mooring orders	
08.0371	缆桩	bollard, bitts	
08.0372	桅	mast	
08.0373	桁	yard	又称"桅横杆"。
08.0374	吊杆	derrick	
08.0375	千斤索	topping lift	
08.0376	稳索	guy	
08.0377	吊货索	cargo runner, cargofall	
08.0378	吊杆转轴	goose neck	又称"鹅颈头"。
08.0379	单杆作业	single boom system	
08.0380	双杆作业	union purchase system	
08.0381	双吊联合作业	union crane service	

序　码	汉文名	英文名	注　释
08.0382	钩吊周期	hook cycle	
08.0383	舱口吊杆	hatch boom, inboard boom	
08.0384	舷外吊杆	yard boom, outboard boom	
08.0385	超重吊货	overload of a sling	
08.0386	重吊杆	heavy derrick, jumbo boom	
08.0387	起重机	crane	又称"吊车",俗称"克令吊"。
08.0388	起货设备定期检验	periodical survey of cargo gear	
08.0389	应变部署表	station bill, muster list	
08.0390	船舶救生部署表	boat station bill	
08.0391	救生设备	life saving appliance	
08.0392	吊艇架	boat davit	
08.0393	系艇杆	boat boom	
08.0394	救助艇	rescue boat	
08.0395	救生艇	lifeboat	
08.0396	救生筏	liferaft	
08.0397	气胀[救生]筏	inflatable liferaft	
08.0398	救生圈	lifebuoy	
08.0399	围裙救生圈	breech buoy	
08.0400	救生衣	lifejacket	
08.0401	自亮浮灯	self-igniting light	
08.0402	救生服	immersion suit	
08.0403	保温用具	thermal protective aid	
08.0404	降落伞信号	parachute signal	
08.0405	手持火焰信号	hand flare	
08.0406	漂浮烟雾信号	buoyant smoke signal	
08.0407	抛绳设备	linethrowing appliance	
08.0408	弃船救生演习	abandon ship drill	
08.0409	艇筏配员	manning of lifecraft	
08.0410	持证艇员	certificated lifeboat person	
08.0411	救生设备配备	carriage of life saving appliances on board	
08.0412	艇筏乘员定额	carrying capacity of craft	
08.0413	海锚	sea anchor, drogue	
08.0414	镇浪油	wave quelling oil	
08.0415	浅浪登陆	landing through surf	

序　码	汉　文　名	英　文　名	注　释
08.0416	操艇	boating	
08.0417	驶风	boat sailing	
08.0418	海上求生	survival at sea	
08.0419	海上急救	first aid at sea	
08.0420	船舶消防	ship's fire fighting	
08.0421	消防控制站	fire control station	
08.0422	消防部署	fire fighting station	
08.0423	防火控制图	fire control plan	
08.0424	消防演习	fire fighting drill	
08.0425	消防巡逻制度	fire patrol system	
08.0426	冷却法	cooling method	
08.0427	窒息法	smothering method	
08.0428	隔离法	isolating method	
08.0429	水灭火系统	water fire extinguishing system	
08.0430	国际通岸接头	international shore connection	
08.0431	固定式气体灭火系统	fixed gas fire extinguishing system	
08.0432	干粉灭火系统	dry powder fire extinguishing system	
08.0433	泡沫灭火系统	foam fire extinguishing system	
08.0434	固定式甲板泡沫系统	fixed deck foam system	
08.0435	自动洒水探火系统	automatic sprinkler fire detection system	
08.0436	失火自动报警系统	automatic fire alarm system	
08.0437	消防员装备	fireman's outfit	
08.0438	灭火器	fire extinguisher	
08.0439	失火警报	fire alarm	又称"消防警报"。
08.0440	堵漏	leak stopping	
08.0441	进水速度	speed of flooding	
08.0442	排水能力	water discharge capacity	
08.0443	堵漏毯	collision mat	
08.0444	堵漏器材	leak stopper	
08.0445	海损管制示意图	damage control plan	
08.0446	堵漏水泥箱	cement box	
08.0447	排水法	draining method	

序　码	汉　文　名	英　文　名	注　释
08.0448	灌注法	flooding method	
08.0449	移载法	shifting weight method	
08.0450	支撑	shoring	
08.0451	限界线	margin line	在舷侧舱壁甲板以下76mm处平行于甲板线的一条浸水限制线。
08.0452	破舱稳性	damaged stability	
08.0453	防爆	explosion prevention	
08.0454	测爆	measuring the explosive limit	
08.0455	测爆仪	explosimeter	
08.0456	船体保养	hull maintenance	
08.0457	腐蚀	corrosion	
08.0458	防锈	rust proof, anti-rust	
08.0459	除锈	removing rust	
08.0460	污底	fouling	
08.0461	出白	baring	钢板除锈达到显露本色。
08.0462	捻缝	caulking	
08.0463	坐板	bosun's chair	
08.0464	[作业]跳板	plank stage	
08.0465	舷外作业	outboard work	
08.0466	高空作业	aloft work	
08.0467	修理单	repair list	
08.0468	自修	self repair	
08.0469	航修	voyage repair	
08.0470	期修	regular repair	
08.0471	临时修理	temporary repair	
08.0472	事故修理	damage repair	
08.0473	坞修	dock repair	
08.0474	基本恢复修理	recovering repair	
08.0475	检修	overhaul	
08.0476	干船坞	dry dock	
08.0477	浮船坞	floating dock	
08.0478	船排	slipway	
08.0479	船台	ship building berth	
08.0480	涂料	paint, coating	

序 码	汉 文 名	英 文 名	注 释
08.0481	涂漆	painting	
08.0482	烟囱漆	funnel paint	
08.0483	水舱涂料	water tank coating	
08.0484	油舱涂料	oil tank coating	
08.0485	水线漆	boot-topping paint	
08.0486	甲板漆	deck paint	
08.0487	船底漆	bottom paint	
08.0488	火工矫形	fairing by flame	
08.0489	水火成形	flame and water forming	
08.0490	搪水泥	cementing	
08.0491	蚀耗极限	corroded limit	
08.0492	测厚	thickness measuring	
08.0493	换板	changing plate	
08.0494	覆板	doubling, doubling plate	
08.0495	校直	tabling	
08.0496	补板	patching	
08.0497	切割	cutting	
08.0498	进坞	docking	
08.0499	出坞	undocking	
08.0500	落墩	lying on the keel block	又称"坐墩"。
08.0501	现场校正	straightened up in place	
08.0502	船底验平	ship bottom alignment check	

09. 船舶操纵与避碰

序 码	汉 文 名	英 文 名	注 释
09.0001	船舶操纵性指数	maneuverability indices	
09.0002	旋回性	turning ability	
09.0003	旋回性指数	turning indices	
09.0004	航向稳定性	course stability	
09.0005	螺线试验	spiral test	
09.0006	Z 形试验	standard maneuvering test	又称"标准操纵性试验"。
09.0007	改向性	course changing ability	
09.0008	改向性试验	course changing ability test	
09.0009	抑制偏摆试验	yaw checking test	

序　码	汉文名	英　文　名	注　释
09.0010	旋回圈	turning circle	又称"回转圈"。
09.0011	纵距	advance	又称"进距"。
09.0012	横距	transfer	又称"正移量"。
09.0013	偏距	kick	又称"反移量"。
09.0014	漂角	drift angle	
09.0015	旋回初径	tactical diameter	符号"D_T"。又称"战术直径"。
09.0016	旋回直径	final diameter	符号"D"。
09.0017	旋回周期	turning period	
09.0018	枢心	pivoting point	又称"旋转点"。
09.0019	停船性能	stopping ability	
09.0020	停船性能试验	stopping test	
09.0021	冲程	stopping distance	船舶航行中停车或倒车后到船停住时所驶的距离。
09.0022	停车冲程	inertial stopping distance	
09.0023	倒车冲程	reverse stopping distance	
09.0024	紧急倒车冲程	crash stopping distance	
09.0025	总阻力	total resistance	
09.0026	摩擦阻力	frictional resistance	
09.0027	兴波阻力	wave making resistance	
09.0028	涡流阻力	eddy making resistance	
09.0029	空气阻力	air resistance	
09.0030	附体阻力	appendage resistance	
09.0031	污底阻力	fouling resistance	
09.0032	汹涛阻力	rough sea resistance	
09.0033	风阻力	wind resistance	
09.0034	风阻力系数	wind resistance coefficient	
09.0035	风阻力矩	moment of wind resistance	
09.0036	水动力	hydrodynamic force	
09.0037	水动力系数	hydrodynamic force coefficient	
09.0038	水动力力矩	moment of hydrodynamic force	
09.0039	推进器	propeller	
09.0040	螺旋桨	screw propeller	
09.0041	明轮	paddle wheel	
09.0042	双推进器	twin screws, twin propellers	又称"双车"。
09.0043	固定螺距桨	fixed pitch propeller, FPP	又称"定距桨"。

序　码	汉　文　名	英　文　名	注　释
09.0044	可调螺距桨	controllable pitch propeller, CPP	又称"调距桨"。
09.0045	串列螺旋桨	tandem propeller	
09.0046	平旋推进器	cycloidal propeller, Voith Schneider propeller, VSP	
09.0047	全向推进器	all direction propeller, Z propeller	
09.0048	导管推进器	ducted propeller	
09.0049	侧推器	side thruster	
09.0050	螺距	pitch	
09.0051	盘面比	disc ratio	
09.0052	吸入流	suction current	
09.0053	排出流	discharge current	
09.0054	螺旋桨横向力	sidewise force of propeller	
09.0055	伴流	wake	
09.0056	螺旋桨转速	revolution speed of propeller	
09.0057	主机转速表	main engine revolution speedo meter	
09.0058	测速	speed trial	又称"航速试验"。
09.0059	海上速度	sea speed	
09.0060	港内速度	harbor speed	
09.0061	淌航	carrying way with engine stopped	
09.0062	应舵时间	delay of turning response	
09.0063	旋转角速度	turning rate	
09.0064	拖锚	dragging anchor	
09.0065	出链长度	chain scope	
09.0066	开锚	offshore anchor	
09.0067	绞缆移船	warping the berth	
09.0068	拖带	towing	俗称"吊拖"。
09.0069	傍拖	towing alongside	
09.0070	横拖	girding	
09.0071	倒拖	reverse towing	
09.0072	锚泊	anchoring	
09.0073	单锚泊	riding to single anchor	
09.0074	一字锚泊	mooring to two anchors, moor	
09.0075	八字锚泊	riding to two anchors, bridle moor	
09.0076	艏艉锚泊	mooring head and stern	
09.0077	一点锚	riding one point anchors	
09.0078	串联锚	backing an anchor	

序　码	汉　文　名	英　文　名	注　释
09.0079	力锚	riding anchor	
09.0080	惰锚	lee anchor	
09.0081	上游锚	upstream anchor	又称"拎水锚"。
09.0082	止荡锚	yaw checking anchor	
09.0083	锚链绞缠	fouling hawse	
09.0084	清解锚链	clearing hawse	
09.0085	偏荡	yawing	单锚泊中受风流影响船首左右偏摆。
09.0086	弃锚	slipping anchor	
09.0087	淤锚	anchor embedded	
09.0088	冰锚	ice anchor	
09.0089	锚更	anchor watch	
09.0090	走锚	dragging anchor	
09.0091	掉头	turning short round	
09.0092	掉头区	turning basin, swinging area	
09.0093	进倒车掉头	turning short round by ahead and astern engine	
09.0094	抛锚掉头	turning short round with anchor	
09.0095	顺流掉头	turning short round with the aid of current	
09.0096	顶岸掉头	butt turning	
09.0097	触浅掉头	turning short round by one end touch the shoal	
09.0098	引航	piloting	
09.0099	系泊	berthing	
09.0100	离泊	unberthing	
09.0101	移泊	shifting	
09.0102	靠码头	alongside wharf	
09.0103	吹拢风	on shore wind	
09.0104	吹开风	offshore wind	
09.0105	系船浮[筒]	mooring buoy	
09.0106	系浮筒	securing to buoy	
09.0107	离码头	leaving wharf	
09.0108	艏离	leaving bow first	
09.0109	艉离	leaving stern first	
09.0110	平离	leaving bodily	
09.0111	单点系泊	single point mooring, SPM	

序 码	汉 文 名	英 文 名	注 释
09.0112	离浮筒	clearing from buoy	
09.0113	浮式生产储油装置	floating production storage unit, FPSU	
09.0114	大风浪中船舶操纵	shiphandling in heavy weather	
09.0115	横摇	rolling	
09.0116	纵摇	pitching	
09.0117	艏摇	yawing	又称"偏摆"。
09.0118	横荡	swaying	
09.0119	纵荡	surging	
09.0120	垂荡	heaving	
09.0121	遭遇周期	period of encounter	
09.0122	横摇周期	rolling period	
09.0123	纵摇周期	pitching period	
09.0124	谐摇	synchronous rolling, synchronism	
09.0125	上浪	shipping sea	
09.0126	砰击	slamming	又称"拍底"。
09.0127	艉淹	pooping	
09.0128	打横	broach to	船体突然转对风浪。
09.0129	顶浪航行	steaming head to sea	
09.0130	顺浪航行	running with the sea	
09.0131	斜浪航行	steaming with the sea on the bow or quarter	
09.0132	滞航	heave to	
09.0133	漂航	drifting	
09.0134	运河操纵	maneuvering in canal	
09.0135	狭水道操纵	maneuvering in narrow channel	
09.0136	岸壁效应	bank effect	又称"岸推","岸吸"。
09.0137	船吸效应	interaction between ships	
09.0138	浅水效应	shallow water effect	
09.0139	富余水深	under keel clearance, UKC	
09.0140	触礁	strike on a rock	
09.0141	触损	contact damage	
09.0142	浪损	damage caused by waves	
09.0143	墩底	striking bottom	
09.0144	搁浅	aground, strand	

序　码	汉 文 名	英 文 名	注　释
09.0145	触浅	touch ground, touch bottom	
09.0146	人员落水	man overboard	
09.0147	单向旋回法	single turn	
09.0148	威廉逊旋回法	Williamson turn	
09.0149	斯恰诺旋回法	Schrnow turn	
09.0150	进闸操纵	locking maneuver	
09.0151	进坞操纵	docking maneuver	
09.0152	冰中操船	shiphandling in ice	
09.0153	冰中护航	convoy in ice	
09.0154	冰困	icebound	
09.0155	内河引航	inland waterway navigation and pilotage	
09.0156	内陆水道	inland waterway	
09.0157	队形灯	station light	
09.0158	海员通常做法	ordinary practice of seaman	在航行驾驶与避碰中海员的符合良好船艺的习惯做法。
09.0159	特殊情况	special circumstances	
09.0160	紧迫局面	close quarters situation	
09.0161	紧急危险	immediate danger	
09.0162	背离规则	departure from these rules	遇到特殊情况为了避免紧迫危险可以背离避碰规则。
09.0163	非排水船舶	non-displacement craft	
09.0164	水上飞机	seaplane	
09.0165	失控船	vessel not under command	
09.0166	操纵能力受限船	vessel restricted in her ability to maneuver	
09.0167	清除水雷船	vessel engaged in mineclearance operation	
09.0168	限于吃水船	vessel constrained by her draught	
09.0169	在航	underway	
09.0170	互见中	in sight of one another	
09.0171	能见度不良	restricted visibility	
09.0172	驾驶和航行规则	steering and sailing rules	
09.0173	瞭望	look-out	
09.0174	瞭头	look-out on forecastle	

序　码	汉　文　名	英　文　名	注　释
09.0175	安全航速	safety speed	
09.0176	背景亮光	background light	
09.0177	良好船艺	good seamanship	
09.0178	狭水道	narrow channel	
09.0179	感潮河段	tide reaching zone, tide affecting zone	
09.0180	干支流交汇水域	convergent area of main and branch	
09.0181	平流区域	slack water area	
09.0182	尾随行驶	following at a distance	
09.0183	穿越	crossing	
09.0184	居间障碍物	intervening obstruction	
09.0185	受风舷	windward side	
09.0186	上风船	vessel to windward	
09.0187	下风船	vessel to leeward	
09.0188	抢风	close haul	
09.0189	顺风	tail wind, favourable wind	
09.0190	换抢	tacking	
09.0191	艉风	wind aft	
09.0192	上行船	up-bound vessel	
09.0193	下行船	down-bound vessel	
09.0194	逆流船	upstream vessel	
09.0195	顺流船	downstream vessel	
09.0196	纵帆	fore-and-aft sail	
09.0197	横帆	square sail	
09.0198	追越	overtaking	
09.0199	追越船	overtaking vessel	
09.0200	被追越船	overtaken vessel	
09.0201	对遇局面	head-on situation	
09.0202	交叉相遇局面	crossing situation	
09.0203	横越	crossing ahead	
09.0204	碰撞危险	risk of collision	
09.0205	让路船	give-way vessel	
09.0206	直航船	stand-on vessel	
09.0207	锚泊船	anchored vessel	
09.0208	搁浅船	vessel aground	
09.0209	号灯	light	

序　码	汉　文　名	英　文　名	注　释
09.0210	号型	shape	
09.0211	桅灯	masthead light	
09.0212	舷灯	sidelight	
09.0213	艉灯	sternlight	
09.0214	拖带灯	towing light	
09.0215	环照灯	all-round light	
09.0216	闪光灯	flashing light	
09.0217	探照灯	search light	
09.0218	艏灯	head light	
09.0219	偏缆灯	towing side light	
09.0220	艉航灯	aft side light	
09.0221	巡逻艇信号	patrol boat signal	
09.0222	航道艇信号	channel boat signal	
09.0223	运河灯	canal light	
09.0224	掉头灯	swing around light	
09.0225	横江轮渡号型	shape for crossing ferry	
09.0226	号灯能见距	visibility of light	
09.0227	合座舷灯	sidelights combined in one lantern	
09.0228	组合体	composite unit	
09.0229	拖带长度	length of tow	
09.0230	弹性拖曳体	dracone	
09.0231	对水移动	making way through water	
09.0232	声响信号	sound signal	
09.0233	灯光信号	light signal	
09.0234	号笛	whistle	
09.0235	可听距离	range of audibility	
09.0236	短声	short blast	
09.0237	长声	prolonged blast	
09.0238	号钟	bell	
09.0239	号锣	gong	
09.0240	有效声号	efficient sound signal	
09.0241	操纵信号	maneuvering signal	
09.0242	警告信号	warning signal	
09.0243	笛号	whistle signal	
09.0244	操纵灯号	maneuvering light signal	
09.0245	追越声号	overtaking sound signal	
09.0246	识别信号	identity signal	

序　码	汉　文　名	英　文　名	注　释
09.0247	招引注意信号	signal to attract attention	
09.0248	频闪灯	strobe light	
09.0249	遇险信号	distress signal	
09.0250	爆炸信号	explosive signal	
09.0251	火箭	rocket	
09.0252	信号弹	signal shell	
09.0253	海水染色标志	dye marker	
09.0254	豁免	exemption	
09.0255	舷灯遮板	screen of sidelight	
09.0256	号灯光弧	sector of light	
09.0257	雷达标绘	radar plotting	
09.0258	系统观察	systematic observation	
09.0259	最近会遇点	closest point of approach, CPA	
09.0260	最近会遇时间	time to closest point of approach, TCPA	
09.0261	最近会遇距离	distance to closest point of approach, DCPA	
09.0262	目标录取	target acquisition	
09.0263	尾迹	back track	雷达回波运动的余迹。
09.0264	碰撞警报	collision warning	
09.0265	雷达避碰试操纵	trial maneuvering	
09.0266	自动避碰系统	collision avoiding system, CAS	
09.0267	预测危险区	predicted area of danger, PAD	
09.0268	船舶碰撞	ship collision	
09.0269	碰撞速度	collision speed	
09.0270	碰撞点	point of collision, PC	
09.0271	可能碰撞点	possible point of collision, PPC	
09.0272	碰角	collision angle	
09.0273	船舶运动图	maneuvering board, plotting sheet	

10. 内 河 航 行

序　码	汉 文 名	英 文 名	注　释
10.0001	内河航行	inland navigation	
10.0002	内河航道图	chart of inland waterway	
10.0003	内河引航图	pilot chart of inland waterway	
10.0004	雷达引航图	radar navigation chart	
10.0005	捷水道	short-cut route	
10.0006	季节航路	seasonal route	
10.0007	缓流航道	slack current channel	
10.0008	航道标准尺度	standard dimension of channel	
10.0009	内河航行基准面	chart datum for inland navigation	
10.0010	等级航道	graded fairway	
10.0011	当地水位	local water level	
10.0012	漫坪水位	overbank water level	
10.0013	成滩水位	rapids-forming water level	
10.0014	净空高度	height clearance, air draft	
10.0015	上游	upper reach	
10.0016	中游	middle reach	
10.0017	下游	lower reach	
10.0018	干流	trunk stream	
10.0019	支流	tributary, side stream	
10.0020	叉河口	bifurcation area	
10.0021	主流	main stream	
10.0022	缓流	slack stream	
10.0023	急流	rapid stream	
10.0024	泡水	boiling like water	由下而上翻腾的水流。
10.0025	漩水	eddy	
10.0026	花水	rips	河流水面所出现紊乱或呈鳞片状的水文现象。
10.0027	洪峰	flood peak	
10.0028	沙包	movable sand heap	
10.0029	升船机	ship lift, ship elevator	
10.0030	内河航标	inland waterway navigation aids	

序　码	汉　文　名	英　文　名	注　　释
10.0031	航[行]标[志]	navigation mark	
10.0032	过河标	crossing mark	
10.0033	沿岸标	alongshore mark	
10.0034	过渡导标	transit leading mark	
10.0035	首尾导标	head and stern mark	
10.0036	左右通航标	separate channel mark	
10.0037	示位标	position indicating mark	
10.0038	泛滥标	flood mark	
10.0039	桥涵标	bridge opening mark	
10.0040	信号标志	signal mark	
10.0041	通行信号标	traffic mark	
10.0042	鸣笛标	whistle-requesting mark	
10.0043	界限标	limit mark	
10.0044	水深信号标	depth signal mark	
10.0045	横流标	cross-current mark	
10.0046	节制闸灯	regulating lock light, check gate light	
10.0047	梯形牌	trapezoidal board	
10.0048	推船	pusher, pushboat	又称"推轮"。
10.0049	分节驳船	integrated barge	
10.0050	驳船队	barge train	
10.0051	拖曳船队	towing train	俗称"吊拖船队"。
10.0052	顶推船队	pusher train	
10.0053	分节驳船队	integrated barge train	
10.0054	驳船队编组	barge train formation	
10.0055	驳船队形图	sketch of barge train formation	
10.0056	驳船编队系数	formation coefficient	
10.0057	无缆系结	non-line connection	
10.0058	短缆系结	short-line connection	
10.0059	操纵缆	steering line	
10.0060	主拖缆	main towing line	
10.0061	副拖缆	auxiliary towing line	
10.0062	连接缆	connecting line	
10.0063	顶推	pushing	
10.0064	顶推装置	pushing gear	
10.0065	顶推柱	pushing post	
10.0066	承推架	bearing beam	

序 码	汉 文 名	英 文 名	注 释
10.0067	顶推架	pushing frame	
10.0068	拖曳设备	towing gear	
10.0069	活动解拖钩	movable relieving hook	俗称"脱钩"。
10.0070	拖钩	towing hook	
10.0071	拖缆桩	towing bitt	
10.0072	木排	wood raft	
10.0073	竹排	bamboo raft	
10.0074	分段引航	sectional pilotage	
10.0075	上行	bound to	船舶向规定港站方向行驶。
10.0076	下行	bound from	船舶向规定港站反方向行驶。
10.0077	逆水	up stream	
10.0078	顺水	down stream	
10.0079	落位	on position	内河航行中将船舶置于航道内最佳的位置。
10.0080	雾泊	anchoring in fog	俗称"扎雾"。
10.0081	分中[航行]	sail in the middle	取航道或河道中心线航行。
10.0082	三七位[航行]	steering 3-tenths to port (starboard) of fairway	取距两岸或航道两标界限间三七开的位置航行。
10.0083	四六位[航行]	steering 4-tenths to port (starboard) of fairway	取距两岸或航道两标界限间四六开的位置航行。
10.0084	过河点	crossing river point	
10.0085	过[湍]滩	passing through the rapids	船舶通过急流滩的过程。
10.0086	打[湍]滩	rushing against the rapids	船舶依靠本身加大车速上急流滩的方法。
10.0087	绞[湍]滩	having up against the rapids	当船舶开足车速尚须借助绞滩设施而过急流滩的方法。
10.0088	擦沙包	touch movable sand heap	俗称"吃沙包"。
10.0089	内河分级航区	graded region	内河分 A.B.C.J 四级航区。

序 码	汉 文 名	英 文 名	注 释
10.0090	横驶区	crossing area	
10.0091	通航桥孔	navigable bridge-opening	
10.0092	船闸水域	lock water area	

11. 客 货 运 输

序 码	汉 文 名	英 文 名	注 释
11.0001	干舷	freeboard	
11.0002	水线	waterline	
11.0003	甲板线	deck line	
11.0004	载重线	load line	
11.0005	载重线区域	load line area	
11.0006	载重线标志	load line mark, Plimsoll mark	
11.0007	排水量	displacement	
11.0008	空船排水量	light displacement	
11.0009	满载排水量	full load displacement	
11.0010	空船重量	light weight	
11.0011	总载重量	dead weight, DW	
11.0012	净载重量	net dead weight, NDW	
11.0013	吨位	tonnage	
11.0014	总吨位	gross tonnage, GT	
11.0015	净吨位	net tonnage, NT	
11.0016	运河吨位	canal tonnage	
11.0017	船舶常数	ship's constant	
11.0018	重心	center of gravity	
11.0019	浮心	center of buoyancy	
11.0020	稳心	metacenter	
11.0021	储备浮力	reserve buoyancy	
11.0022	每厘米吃水吨数	tons per centimeter immersion, TPC	
11.0023	重心高度	height of center of gravity	
11.0024	浮心高度	height of center of buoyancy	
11.0025	重心距中距离	longitudinal distance of center of gravity from midship	
11.0026	浮心距中距离	longitudinal distance of center of buoyancy from midship	

序 码	汉 文 名	英 文 名	注 释
11.0027	漂心距中距离	longitudinal distance of center of floatation from midship	
11.0028	初稳心	initial metacenter	
11.0029	初稳心高度	initial metacentric height above baseline	符号"KM"。
11.0030	初稳心半径	initial metacentric radius	
11.0031	初稳性高度	initial metacentric height	又称"初重稳距"。符号"GM"。
11.0032	自由液面	free surface	
11.0033	自由液面修正值	free surface correction	
11.0034	纵稳心	longitudinal metacenter	
11.0035	纵倾角	trimming angle	
11.0036	纵稳心半径	longitudinal metacentric radius	
11.0037	纵稳性高度	longitudinal metacentric height	又称"纵重稳距"。
11.0038	纵倾力距	trimming moment	
11.0039	纵稳性力臂	longitudinal stability lever	
11.0040	纵稳心高度	longitudinal metacentric height above baseline	
11.0041	每厘米纵倾力矩	moment to change trim per centimeter	
11.0042	稳性力矩	stability moment	
11.0043	稳性力臂	stability lever	
11.0044	形状稳性力臂	lever of form stability	
11.0045	重量稳性力臂	lever of weight stability	
11.0046	动稳性力臂	dynamical stability lever	
11.0047	风压横倾力臂	wind heeling lever	
11.0048	风压横倾力矩	wind heeling moment	
11.0049	临界倾覆力臂	critical capsizing lever	
11.0050	临界倾覆力矩	critical capsizing moment	
11.0051	计算风力力矩	calculated wind pressure moment	
11.0052	计算风力力臂	calculated wind pressure lever	
11.0053	横倾角	heeling angle	
11.0054	横倾力矩	heeling moment	
11.0055	静横倾角	static heeling angle	
11.0056	动横倾角	dynamical heeling angle	
11.0057	动横倾力矩	dynamical heeling moment	
11.0058	动横倾力臂	dynamical heeling lever	

序　码	汉　文　名	英　文　名	注　释
11.0059	最大稳性力臂	maximum stability lever	
11.0060	最大稳性力臂角	angle of maximum stability lever	
11.0061	稳性消失角	vanishing angle of stability	
11.0062	进水角	flooding angle	
11.0063	极限重心高度	critical height of center of gravity	
11.0064	临界初稳性高度	critical initial metacentric height	
11.0065	稳性衡准数	stability criterion numeral	
11.0066	静水弯矩	still water bending moment	
11.0067	波浪弯矩	wave bending moment	
11.0068	横强度	transverse strength	
11.0069	纵强度	longitudinal strength	
11.0070	扭转强度	torsional strength	
11.0071	中剖面模数	modulus of midship section	
11.0072	中拱	hogging	
11.0073	中垂	sagging	
11.0074	渗透率	permeability	
11.0075	可浸长度	floodable length	
11.0076	许可舱长	permissible length of compartment	
11.0077	分舱因数	factor of subdivison	
11.0078	业务衡准数	criterion of service numeral	
11.0079	揽货	solicitation, canvassion	
11.0080	收货	take delivery	
11.0081	配载图	stowage plan, cargo plan	又称"积载图"。
11.0082	搬运	handling	
11.0083	装载	loading	
11.0084	卸载	discharge, unloading	
11.0085	过驳	lighting	
11.0086	交付	delivery	
11.0087	衬垫	dunnage	
11.0088	堆码	stowage	
11.0089	绑扎	lashing	
11.0090	包装	package	
11.0091	隔票	segregation, separation	
11.0092	直达货	direct cargo, through cargo	
11.0093	转船货	transhipment cargo	
11.0094	过境货	transit cargo	
11.0095	选港货	optional cargo	

序 码	汉 文 名	英 文 名	注 释
11.0096	联运货	through transport cargo, through cargo	
11.0097	吨税	tonnage dues	
11.0098	关税	customs duties	
11.0099	结关单	clearance certificate	
11.0100	保税库	bonded store, bond room	
11.0101	关封	customs seal	
11.0102	件杂货	break bulk cargo	
11.0103	杂货	general cargo	
11.0104	件散货	neobulk cargo	指木材、钢材等。
11.0105	固体散货	solid bulk cargo	
11.0106	液体散货	liquid bulk cargo	
11.0107	冷藏货	refrigerated cargo	
11.0108	成组货	unitized cargo	
11.0109	托盘货	pelletized cargo	
11.0110	滚装货	ro/ro cargo	
11.0111	危险货	dangerous cargo	
11.0112	有害货	noxious cargo, harmful cargo	
11.0113	集装货	containerized cargo	
11.0114	活动物货	livestock cargo	
11.0115	甲板货	deck cargo	
11.0116	舱容系数	coefficient of hold	
11.0117	容积吨	measurement ton	
11.0118	计重货物	weight cargo	
11.0119	容积货物	measurement cargo	
11.0120	积载因数	stowage factor	
11.0121	包装容积	bale capacity	
11.0122	散装容积	bulk capacity, grain capacity	
11.0123	亏舱	broken space, broken stowage	
11.0124	主标志	main mark	
11.0125	副标志	counter mark	
11.0126	注意标志	notice mark	
11.0127	危险标志	dangerous mark	
11.0128	标签	label	
11.0129	标牌	placard	
11.0130	自然减量	tolerance	
11.0131	准备就绪通知书	notice of readiness	

序　码	汉　文　名	英　文　名	注　释
11.0132	满舱满载	full and down	
11.0133	溢卸	over-landed, over-delivery	
11.0134	短卸	short-landed, short-delivery	
11.0135	滞期	demurrage	
11.0136	速遣	despatch	
11.0137	习惯装卸速度	customary quick despatch, CQD	
11.0138	晴天工作日	weather working day, WWD	
11.0139	港口习惯	custom of port	
11.0140	即期装船	prompt loading	
11.0141	理货员	tallyman	
11.0142	装卸工	stevedore	
11.0143	装卸长	foreman	
11.0144	船舶供应商	shipchandler	
11.0145	船舶代理	ship's agent	
11.0146	饱和蒸汽压力	saturated vapor pressure	
11.0147	真蒸汽压力	true vapor pressure	
11.0148	雷德蒸汽压力	Reid vapor pressure	
11.0149	燃点	ignition point	
11.0150	阈限值	threshold limit value	
11.0151	半致死剂量	half lethal dose	
11.0152	半致死浓度	half lethal concentration	符号"LC_{50}"。
11.0153	空距	ullage	又称"空档"。
11.0154	膨胀余量	expansion space	
11.0155	视密度	observed density	
11.0156	体积温度系数	volume-temperature correction coefficient	又称"膨胀系数"。
11.0157	密度温度系数	true density-temperature correction coefficient	又称"密度修正系数"。
11.0158	体积系数	volume conversion coefficient	
11.0159	空气浮力修正系数	air floatation correction coefficient	
11.0160	干舱证书	dry certificate	
11.0161	惰性气体	inert gas, IG	
11.0162	原油洗舱	crude oil washing, COW	
11.0163	顶装法	load on top, LOT	
11.0164	保护位置	protective location, PL	
11.0165	清洁压载舱	clean ballast tank, CBT	

序 码	汉 文 名	英 文 名	注 释
11.0166	驱气	gas-freeing	
11.0167	污油水	slop	
11.0168	垫水	tank bottom water	
11.0169	扫气	purge	
11.0170	世界油轮运价指数	world scale	
11.0171	谷物倾侧力臂	grain upsetting arm	
11.0172	谷物横倾体积矩	grain transverse volumetric upsetting moment	
11.0173	标准空档深度	standard void depth	
11.0174	平均空档深度	average void depth	
11.0175	谷物移动角	shifting angle of grain	
11.0176	剩余动稳性	residual dynamical stability	
11.0177	桁材深度	girder depth	
11.0178	添注漏斗	feeder	
11.0179	围井	trunk	
11.0180	谷物托盘	saucer	运输谷物的器具。
11.0181	止移板	shifting board	
11.0182	散装谷物捆包	bundle of bulk grain	
11.0183	易流态化物质	material which may liquefy	
11.0184	精矿	concentrate	
11.0185	平舱	trimming	
11.0186	粒度	unit size	
11.0187	休止角	angle of repose	
11.0188	流动水分点	flow moisture point	
11.0189	适运水分限	transportable moisture limit	
11.0190	水尺检量	draught survey	
11.0191	液化石油气	liquefied petroleum gas, LPG	
11.0192	液化天然气	liquefied natural gas, LNG	
11.0193	成组	unitization	
11.0194	托盘	pellet	
11.0195	集装箱	container	又称"货柜"。
11.0196	封闭箱	closed container	
11.0197	敞顶箱	open top container	
11.0198	端开门箱	open end container	
11.0199	侧开门箱	open side container	
11.0200	半高箱	half height container	

序　码	汉　文　名	英　文　名	注　释
11.0201	隔热箱	insulating container	
11.0202	保温箱	thermal container	
11.0203	冷藏箱	refrigeration container, reefer container	
11.0204	加热箱	heating container	
11.0205	罐式箱	tank container	
11.0206	干散货箱	dry bulk container	
11.0207	平台箱	platform container	
11.0208	动物箱	cattle container	
11.0209	框架箱	skeletal container	
11.0210	通气箱	air container	
11.0211	移动罐柜	portable tank	
11.0212	公路罐车	road tank vehicle	
11.0213	滚装	roll on/roll off	
11.0214	吊装	lift on/lift off	
11.0215	浮装	float on/float off	
11.0216	排位	bay	又称"行位"。
11.0217	列位	slot	
11.0218	层位	tier	
11.0219	整箱货	full container load, FCL	
11.0220	拼箱货	less than container load, LCL	
11.0221	整车货	full truck load, FTL	
11.0222	拼车货	less than truck load, LTL	
11.0223	混合货	mixed cargo	
11.0224	单件货	loose cargo	
11.0225	箱主代号	container owner code	
11.0226	国家代号	container country code	
11.0227	箱序号	container serial number	
11.0228	核对数字	check digit	
11.0229	集装箱堆场	container yard, CY	
11.0230	集装箱货运站	container freight station, CFS	
11.0231	门到门	door to door	
11.0232	场到场	container yard to container yard, CY to CY	
11.0233	站到站	container freight station to container freight station, CFS to CFS	

序　码	汉　文　名	英　文　名	注　释
11.0234	控制塔	control tower	
11.0235	场站收据	dock receipt	
11.0236	设备交接单	equipment receipt	
11.0237	集装箱装箱单	container load plan	
11.0238	角件	corner fitting	
11.0239	固定件	securing fitting	
11.0240	堆码件	stacking fitting	
11.0241	连接件	connecting fitting	
11.0242	导柱	cell guide	
11.0243	导口	entry guide	
11.0244	扭锁	twist lock	
11.0245	艏门跳板	bow ramp	
11.0246	舷门跳板	side ramp	
11.0247	艉门跳板	stern ramp	
11.0248	艉斜跳板	quarter ramp	
11.0249	爆炸品	explosive	
11.0250	限量危险品	dangerous goods in limited quantity	
11.0251	压缩气体	compressed gas	
11.0252	液化气体	liquefied gas	
11.0253	加压溶解气体	gases dissolved under pressure	
11.0254	易燃液体	flammable liquid	
11.0255	易燃固体	flammable solid	
11.0256	易自燃固体	flammable solid liable to spontaneous combustion	
11.0257	遇水易燃固体	flammable solid when wet	
11.0258	氧化剂	oxidizing substance	
11.0259	有机过氧化物	organic peroxide	
11.0260	有毒物质	poisonous substance	
11.0261	感染性物质	infectious substance	
11.0262	放射性物质	radioactive substance	
11.0263	腐蚀性物质	corrosives	
11.0264	散装时危险物质	materials hazardous in bulk	
11.0265	杂类危险物质	miscellaneous dangerous substance	
11.0266	海洋污染物	marine pollutant	
11.0267	开杯试验	open cup test	
11.0268	闭杯试验	closed cup test	

序　码	汉　文　名	英　文　名	注　　释
11.0269	耐火	resistant to fire, fire-tight	
11.0270	水密	resistant to water, watertight	
11.0271	油密	resistant to oil, oil-tight	
11.0272	液密	resistant to liquid, liquid-tight	
11.0273	气密	airtight	
11.0274	尘密	resistant to dust, dust-tight	
11.0275	谷密	grain-tight	
11.0276	风雨密	weathertight	
11.0277	远离	away from	
11.0278	隔离	separated from	
11.0279	货舱隔离	separated by a complete compartment or hold from	
11.0280	防火舱壁	bulkhead resistant to fire, fire proof bulkhead	
11.0281	水密舱壁	bulkhead resistant to water, watertight bulkhead	
11.0282	配装类	stowage category	
11.0283	包装类	packaging group	
11.0284	坠落试验	drop test	
11.0285	渗漏试验	leakage test	
11.0286	液压试验	hydraulic pressure test	
11.0287	堆装试验	stacking test	
11.0288	包装标号	packaging code number	
11.0289	联合国编号	UN number	
11.0290	国际海事组织类号	International Maritime Organization class, IMO class	
11.0291	装货单	shipping order	
11.0292	收货单	mate's receipt	又称"大副收据"。
11.0293	装货清单	loading list, cargo list	
11.0294	载货清单	manifest	又称"舱单"。
11.0295	运费清单	freight manifest	
11.0296	危险品清单	dangerous cargo list	
11.0297	批注清单	remark list	
11.0298	到货通知	arrival notice	
11.0299	提货单	delivery order	
11.0300	货物残损单	damage cargo list	
11.0301	货物查询单	cargo tracer	

序　码	汉　文　名	英　文　名	注　释
11.0302	卸货报告	outturn report	
11.0303	过驳清单	cargo boat note	
11.0304	现场记录	record on spot	
11.0305	工厂交货	ex works, ex factory, ex mill	
11.0306	车上交货	free on rail, free on truck	
11.0307	船边交货	free alongside ship, FAS	
11.0308	离岸价格	free on board, FOB	又称"船上交货"。
11.0309	成本加运费价格	cost and freight, C&F	
11.0310	到岸价格	cost insurance and freight, CIF	
11.0311	目的港船上交货	ex ship	
11.0312	目的港码头交货	ex quay, ex wharf, ex pier	
11.0313	信用证	letter of credit, L/C	
11.0314	运费	freight	
11.0315	到付运费	freight payable at destination	
11.0316	预付运费	advanced freight	
11.0317	总付运费	lumpsum freight	
11.0318	从价运费	ad valorem rate	
11.0319	基本运费	basic freight	
11.0320	分货种运费	commodity freight	
11.0321	不分货种运费	freight all kinds	
11.0322	最低运费	minimum freight	
11.0323	包裹运费	parcel freight	
11.0324	附加运费	additional charge	
11.0325	港口使费	terminal charge	
11.0326	集装箱服务费	container service charge	
11.0327	仓储费	storage charge	
11.0328	集散运费	feeder charge	
11.0329	码头费	port disbursement, port dues, port charge	
11.0330	法定检验	statutory survey	
11.0331	公证鉴定	inspection by notary public	
11.0332	重量鉴定	inspection of weight	
11.0333	货舱鉴定	inspection of hold	
11.0334	液舱鉴定	inspection of tank	
11.0335	舱室鉴定	inspection of chamber	
11.0336	舱口检验	hatch survey	
11.0337	漏损检测	examination of leakage and break-	

序　码	汉文名	英文名	注　释
		age	
11.0338	载损鉴定	inspection on hatch and/or cargo	
11.0339	残损鉴定	survey on damage to cargo	
11.0340	包装鉴定	inspection of package	
11.0341	固有缺陷	inherent vice	
11.0342	潜在缺陷	latent defect	
11.0343	连带责任	joint and several liability	
11.0344	出口许可	export permit	
11.0345	进口许可	import permit	
11.0346	港口吞吐量	port's cargo throughput	
11.0347	货物操作系数	coefficient of cargo handling	
11.0348	货物自然吨	physical ton of cargo	
11.0349	货物操作吨	tons of cargo handled	
11.0350	直接换装	direct transhipment	
11.0351	间接换装	indirect transhipment	
11.0352	港口通过能力	port capacity	
11.0353	旅客运输	carriage of passenger	
11.0354	船舶旅客	ship's passenger	
11.0355	客舱旅客	cabin passenger	
11.0356	甲板旅客	deck passenger	
11.0357	自带行李	cabin luggage	
11.0358	行李	luggage	
11.0359	人身伤亡赔款限额	limit of liability for personal injury	
11.0360	行李损坏赔款限额	limit of liability for loss of or damage to luggage	
11.0361	特种业务旅客	special trade passenger	
11.0362	开航权	right for sailing	
11.0363	公证权	right of notary	
11.0364	旅客权利	right of passenger	
11.0365	违禁物品	prohibited articles	
11.0366	不准入境	entrance prohibited	
11.0367	自身过失	contributory fault	
11.0368	偷渡	stowaway	
11.0369	出走	walkaway	

12. 海上作业

序　码	汉　文　名	英　文　名	注　释
12.0001	海面搜寻协调船	surface search coordinator, CSS	
12.0002	现场指挥	on-scene commander, OSC	
12.0003	救助协调中心	rescue coordinator center, RCC	
12.0004	救助分中心	rescue subcenter, RSC	
12.0005	救助单位	rescue unit, RU	
12.0006	搜救任务协调员	search and rescue mission coordinator, SMC	
12.0007	搜救区	search and rescue region, SRR	
12.0008	搜救程序	search and rescue procedure	
12.0009	不明阶段	uncertainty phase	
12.0010	告警阶段	alert phase	
12.0011	紧急阶段	emergency phase	
12.0012	遇险阶段	distress phase	
12.0013	搜寻基点	search datum	目标最可能的位置。
12.0014	搜寻方式	search pattern	
12.0015	搜寻航线	search track	
12.0016	起始搜寻点	commence search point	
12.0017	航线间隔	track spacing	
12.0018	搜寻半径	search radius	符号"R"。
12.0019	人员定位标	personel locator beacon, PLB	
12.0020	平行航线搜寻	parallel track search	
12.0021	协作横移线搜寻	coordinated creep line search	
12.0022	扩展方形搜寻	expanding square search	
12.0023	扇形搜寻	sector search	
12.0024	遇险者	person in distress	
12.0025	直升机援助	assistant by helicopter	
12.0026	渔业法规	fishery rules and regulations	
12.0027	专属渔区	exclusive fishery zone	
12.0028	渔业协定	fishery agreement	
12.0029	渔港	fishing harbor	
12.0030	渔监	fishing supervision	
12.0031	渔港规章	regulations of fishery harbor	
12.0032	渔政	fishery administration	

序　码	汉　文　名	英　文　名	注　释
12.0033	近海渔业	offshore fishery	
12.0034	外海渔业	off-sea fishery	
12.0035	远洋渔业	distant fishery	
12.0036	水产资源	fishery resources	
12.0037	渔汛	catching season, fishing season	
12.0038	休渔期	[fishing] season off	
12.0039	禁渔期	[fishing] closed season	
12.0040	鱼类回游	[fishing] mass migration	
12.0041	回游路线	[fishing] migration route	
12.0042	渔场	fishing ground	
12.0043	渔区	fishing area, fishing zone	
12.0044	渔场图	fishing chart	
12.0045	禁渔区	forbidden fishing zone	
12.0046	越冬场	living ground in winter	
12.0047	渔具	fishing gear	
12.0048	拖网	trawl	
12.0049	底拖网	bottom trawl	
12.0050	中层拖网	mid-water trawl	
12.0051	深水拖网	deep water trawl	
12.0052	浮拖网	floating trawl	
12.0053	桁拖网	beam trawl	
12.0054	上纲	head line	拖网上面的钢缆。
12.0055	下纲	foot line	
12.0056	浮子纲	float line	
12.0057	沉子纲	ground rope	
12.0058	手纲	sweep line	
12.0059	曳纲	warp	
12.0060	浮子	float	
12.0061	沉子	sinker	
12.0062	围网	purse seine	
12.0063	光诱围网	light-purse seine	
12.0064	刺网	gill net	
12.0065	流刺网	drift net	
12.0066	定置渔具	stationary fishing gear	
12.0067	定置网	stationary fishing net	
12.0068	挂网架	frame for intangling net	
12.0069	网衣	netting	

序　码	汉文名	英　文　名	注　释
12.0070	张网	swing net	
12.0071	渔群指示标	fish group indicating buoy	
12.0072	捕鱼技术	fishing technology	
12.0073	拖网作业	trawl fishing, trawling	
12.0074	围网作业	surrounding fishing	
12.0075	流网作业	drift fishing	
12.0076	对拖	twin trawling, pair trawling	
12.0077	单拖	otter trawling	
12.0078	单船围网	single boat purse seine	
12.0079	双船围网	double boat purse seine	
12.0080	放网	shooting net	
12.0081	起网	hauling net	
12.0082	网档间距	distance between twin trawl	
12.0083	灯光诱鱼	lamp attracting	
12.0084	延绳钓	long line	
12.0085	曳绳钓	troll line	
12.0086	滚钩	jig	
12.0087	竿钓	rod	
12.0088	手钓	hand line	
12.0089	沉船打捞	raising of a wreck	
12.0090	浮筒打捞	raising with salvage pontoons	
12.0091	封舱抽水打捞	raising by sealing patching and pumping	
12.0092	压气排水打捞	raising by dewatering with compressed air	
12.0093	充塞泡沫塑料打捞	raising by injection plastic foam	
12.0094	起重船打捞	lifting by floating crane	
12.0095	沉船勘测	wreck surveying	
12.0096	潜水	diving	
12.0097	潜水员	diver	
12.0098	潜水减压	decompression of diving	
12.0099	水下阶段减压法	underwater stage decompression	
12.0100	潜水设备	diving equipment	
12.0101	潜水装具	diving apparatus	
12.0102	潜水头盔	diver's helmet	
12.0103	潜水服	diving suit	

序 码	汉 文 名	英 文 名	注 释
12.0104	潜水钟	diving bell	
12.0105	氦氧潜水	helium-oxygen diving	
12.0106	潜水舱	submerged diving chamber	
12.0107	水下爆破切割	underwater explosive cutting	
12.0108	船外除泥	removing mud around wreck	
12.0109	打千斤洞	excavating holes alongside the wreck	
12.0110	吸泥器	mud pump, air lift	
12.0111	攻泥器	mud penetrator	
12.0112	扫海	sweeping	
12.0113	港湾测量	harbor survey	
12.0114	沿岸测量	coastwise survey	
12.0115	近海测量	offshore survey	
12.0116	远海测量	pelagic survey	
12.0117	水深测量	bathymetric survey	
12.0118	扫海测量	wire drag survey	
12.0119	障碍物探测	obstruction sounding	
12.0120	地形岸线测量	topographic and coastal survey	
12.0121	海洋重力测量	marine gravimetric survey	
12.0122	海洋磁力测量	marine magnetic survey	
12.0123	大地测量	geodetic survey	
12.0124	水准测量	leveling survey	
12.0125	三角测量	triangulation	
12.0126	海洋工程测量	marine engineering survey	
12.0127	导线测量	traverse survey	
12.0128	交会法	method of intersection	
12.0129	六分仪交会法	method of intersection by sextant	
12.0130	极坐标法	polar coordinate method	
12.0131	测深线	sounding line	
12.0132	垂线偏角	deviation of the vertical	
12.0133	重力异常图	gravity anomaly chart	
12.0134	海洋调查	marine investigation	
12.0135	海洋资源调查	marine resources investigation	
12.0136	海洋生态调查	marine ecological investigation	
12.0137	海洋环境调查	marine environment investigation	
12.0138	海洋科学技术	marine science and technology	
12.0139	海洋生物资源	living resources of the sea	

序　码	汉　文　名	英　文　名	注　释
12.0140	海洋矿物资源	mineral resources of the sea	
12.0141	人工岛	artificial island	
12.0142	水产养殖	aquaculture	
12.0143	海上自然保护区	marine natural reserves	
12.0144	海上旅游区	sea tourist area	
12.0145	近岸设施	offshore terminal	
12.0146	海上钻井架	drilling rigs at sea	
12.0147	近海钻井作业	offshore drilling operation	
12.0148	钻井平台	drilling platform	
12.0149	固定式采油生产平台	fixed oil production platform	
12.0150	浮式采油生产平台	floating oil production platform	
12.0151	井位标	well's location buoy	
12.0152	储油平台	oil storage platform	
12.0153	水下储油罐	underwater oil storage tank	
12.0154	升降系统	jacking system	
12.0155	冲桩管线	jetting pipeline	
12.0156	多点系泊系统	multi-point mooring system	
12.0157	单锚腿系泊	single anchor leg mooring	
12.0158	悬链锚腿系泊	catenary anchor leg mooring	
12.0159	铰接塔系泊系统	articulated tower mooring system	
12.0160	转塔式系泊系统	turret mooring system	
12.0161	水下系泊装置	underwater mooring device	
12.0162	铰接式装油塔	articulated loading tower	
12.0163	串联系泊装油系统	tandem loading system	
12.0164	浮式输油软管	floating oil loading hose	
12.0165	海底管道	submarine pipeline	
12.0166	海上连接	offshore connection	
12.0167	海上航行补给	replenishment at sea	
12.0168	航行横向补给	abeam replenishment at sea	
12.0169	航行纵向补给	astern replenishment at sea	
12.0170	航行垂直补给	perpendicular replenishment at sea	
12.0171	补给直升机	supplying helicopter	
12.0172	补给阵位	replenishment station	
12.0173	补给航向	replenishment course	

序　码	汉　文　名	英　文　名	注　释
12.0174	补给航速	replenishment speed	
12.0175	补给横距	replenishment distance abeam	
12.0176	补给纵距	replenishment distance astern	
12.0177	正横接近法	abeam approaching method	
12.0178	尾部接近法	astern approaching method	
12.0179	补给站	supplying station	
12.0180	接收站	receiving station	
12.0181	简易补给装置	temporary replenishing rig	
12.0182	横向补给装置	abeam replenishing rig	
12.0183	纵向补给装置	astern replenishing rig	
12.0184	主钢缆	jackstay	又称"承载索"。
12.0185	回收索	recovery line	
12.0186	距离索	distance line	
12.0187	直升机救生套	helicopter rescue strop	
12.0188	蹬索	stirrup	
12.0189	快速接头	quick release coupling	
12.0190	扫线	hose sweeping	
12.0191	扫线球	hose sweeping ball	

13. 航行管理与法规

序　码	汉　文　名	英　文　名	注　释
13.0001	无害通过权	right of innocent passage	
13.0002	紧追权	right of hot pursuit	
13.0003	登临权	right of approach	
13.0004	拘留权	right of seizure	
13.0005	航行权	right of navigation	
13.0006	捕鱼权	right of fishery	
13.0007	保护权	right of protection	
13.0008	通行权	right of passage	
13.0009	群岛通过权	right of passage between archipelagoes	
13.0010	海洋主权	maritime sovereignty	
13.0011	国有船舶豁免权	immunity of state-owned vessel	
13.0012	基点	base point, BP	
13.0013	领海基线	baseline of territorial sea	

序 码	汉 文 名	英 文 名	注 释
13.0014	内水	inland waters, internal waters	
13.0015	内海	inner sea, internal sea	
13.0016	领海	territorial sea, territorial water	
13.0017	公海	high sea	
13.0018	国家管辖海域	sea areas under national jurisdiction	
13.0019	专属经济区	exclusive economic zone	
13.0020	大陆架	continental shelf	
13.0021	毗连区	contiguous zone	
13.0022	海峡	strait	
13.0023	群岛水域	archipelagic sea area	
13.0024	国际海域	international sea area	
13.0025	泊船处	road stead	
13.0026	海岸带	coastal zone	
13.0027	沿海国	coastal state	
13.0028	船旗国	flag state	
13.0029	港口国	port state	
13.0030	港口国管理	port state control, PSC	
13.0031	船籍港	home port, port of registration	
13.0032	港务监督	harbor superintendency administration	
13.0033	搜查证	search warrant	
13.0034	方便旗	flag of convenience	
13.0035	船旗歧视	flag discrimination	
13.0036	船舶管辖权	jurisdiction over ship	
13.0037	海事请求	maritime claim	
13.0038	海岸带管理权	right of management of coastal strip	
13.0039	海事判例	maritime case	
13.0040	国际惯例	international custom and usage	
13.0041	通商航海条约	treaty of commerce and navigation	
13.0042	最惠国待遇	most favored nation treatment, MFNT	
13.0043	船旗国法	law of the flag	
13.0044	船舶优先权	maritime lien	
13.0045	船舶抵押权	ship mortgage	
13.0046	班轮运输	liner service	

序码	汉文名	英文名	注释
13.0047	不定期船运输	tramp service	
13.0048	提单	bill of lading, B/L	
13.0049	电子提单	electronic bill of lading	
13.0050	已装船提单	shipped bill of lading, on board bill of lading	
13.0051	收货待运提单	received for shipment bill of lading	
13.0052	直达提单	direct bill of lading	
13.0053	转船提单	transhipment bill of lading	
13.0054	联运提单	through bill of lading	
13.0055	清洁提单	clean bill of lading	
13.0056	不清洁提单	foul bill of lading	
13.0057	记名提单	straight bill of lading	
13.0058	不记名提单	blank bill of lading	
13.0059	指示提单	order bill of lading	
13.0060	倒签提单	anti-dated bill of lading	
13.0061	预借提单	advanced bill of lading	
13.0062	过期提单	stale bill of lading	
13.0063	简式提单	short form bill of lading	
13.0064	长式提单	long form bill of lading	
13.0065	多式联运提单	combined transport bill of lading, multimodal transport bill of lading	
13.0066	舱面货提单	on deck bill of lading	
13.0067	最低运费提单	minimum freight bill of lading	
13.0068	驾驶船舶过失	default in navigation of the ship	
13.0069	管理船舶过失	default in management of the ship	
13.0070	通航水域	navigable waters	
13.0071	绕航	deviation	
13.0072	延迟交货	delay in delivery	
13.0073	留置权	lien	
13.0074	责任限制	limitation of liability	
13.0075	承运人	carrier	
13.0076	托运人	shipper	
13.0077	收货人	consignee	
13.0078	受货人	receiver	
13.0079	提单持有人	holder of bill of lading	
13.0080	通知方	notify party	

序 码	汉 文 名	英 文 名	注 释
13.0081	船期表	sailing schedule	
13.0082	提单背书	endorsement of bill of lading	
13.0083	记名背书	named endorsement	
13.0084	空白背书	endorsement in blank	
13.0085	提单转让	transfer of bill of lading	
13.0086	保函	letter of indemnity	
13.0087	首要条款	paramount clause	
13.0088	喜玛拉雅条款	Himalaya clause	
13.0089	不知条款	unknown clause	
13.0090	承运人责任期间	period of responsibility of carrier	
13.0091	谨慎处理	due diligence	
13.0092	除外条款	exception clause, exemption clause	又称"免责条款"。
13.0093	举证责任	onus of proof, burden of proof	
13.0094	管辖权条款	jurisdiction clause	
13.0095	时效	time bar, time limitation	
13.0096	冷藏货条款	refrigerated cargo clause	
13.0097	散装货条款	bulk cargo clause	
13.0098	转船条款	transhipment clause	
13.0099	木材条款	timber clause	
13.0100	重大件条款	heavy lifts and awkward clause	
13.0101	适航	seaworthiness	
13.0102	适货	cargo worthiness	
13.0103	合理速遣	reasonable despatch	
13.0104	货物外表状态	cargo's apparent order and condition	
13.0105	地区条款	local clause	
13.0106	海运单	seaway bill	
13.0107	船舶所有人	shipowner	
13.0108	船舶经营人	ship operator	
13.0109	实际承运人	actual carrier	
13.0110	承租人	charterer	
13.0111	航次租船	voyage charter	
13.0112	光船租赁	bareboat charter	
13.0113	定期期租	time charter	
13.0114	受载期	laydays	
13.0115	解约日	cancelling date	
13.0116	装卸期限	laytime	

序　码	汉　文　名	英　文　名	注　释
13.0117	宣港	declaration of port	
13.0118	宣载	declaration of dead weight tonnage of cargo	
13.0119	装卸时间事实记录	laytime statement of fact	
13.0120	港口租船合同	port charter party	
13.0121	泊位租船合同	berth charter party	
13.0122	滞期时间连续计算	once on demurrage always on demurrage	
13.0123	滞期时间非连续计算	per like day	
13.0124	自由绕航条款	liberty to deviate clause	
13.0125	适航吃水差	seaworthy trim	
13.0126	质询条款	interpellation clause	
13.0127	短装损失	damage for short lift	
13.0128	班轮条款	liner term	
13.0129	泊位条款	berth term	
13.0130	预备航次	preliminary voyage	
13.0131	解约	cancelling	
13.0132	承租人责任终止条款	cesser clause of charterer's liability	
13.0133	互有责任碰撞条款	both to blame collision clause	
13.0134	杰森条款	Jason clause	
13.0135	新杰森条款	New Jason clause	
13.0136	共同海损条款	general average clause	
13.0137	罢工条款	strike clause	
13.0138	战争条款	war risk clause	
13.0139	冰冻条款	ice clause	
13.0140	仲裁条款	arbitration clause	
13.0141	航速燃油消耗量条款	vessel's speed and fuel consumption clause	
13.0142	交船	delivery of vessel	
13.0143	还船	redelivery of vessel	
13.0144	租期	period of hire	
13.0145	租金支付	payment of hire	
13.0146	停租	off-hire	

序　码	汉　文　名	英　文　名	注　释
13.0147	转租	subletting, subchartering	
13.0148	使用赔偿条款	employment and indemnity clause	
13.0149	航速索赔	speed claim	
13.0150	航行区域条款	trading limit clause	
13.0151	撤船	withdrawal of ship	
13.0152	最后合法航次	legitimate last vayage	
13.0153	最后不合法航次	illegitimate last vayage	
13.0154	自然磨损	ordinary wear and tear	
13.0155	船舶租购	bareboat charter with hire pur- chase	
13.0156	多式联运	multimodal transportation	
13.0157	多式联运经营人	multimodal transport operator, combined transport operator	
13.0158	同一责任制	uniform liability system	
13.0159	网状责任制	network liability system	
13.0160	最低运费吨	minimum freight ton	
13.0161	海上风险	perils of the sea	
13.0162	海上事故	sea accident	
13.0163	不可抗力	force majeure	
13.0164	单方责任碰撞	one side to blame collision	
13.0165	双方责任碰撞	both to blame collision	
13.0166	船舶碰撞管辖权	jurisdiction of ship collision	
13.0167	船舶碰撞准据法	applicable law of ship collision	
13.0168	玛瑞瓦禁令	Mareva Injunction	
13.0169	海上救助	salvage at sea	
13.0170	人命救助	life salvage	
13.0171	雇佣救助	employment of salvage service	
13.0172	救助效果	success in salvage	
13.0173	救助报酬请求	claim for salvage	
13.0174	救助义务	obligation to render salvage service	
13.0175	专业救助	specialized salvage service	
13.0176	获救财产价值	value of property salved	
13.0177	无效果－无报酬	no cure-no pay	
13.0178	救助报酬	salvage remuneration	
13.0179	弃船	abandonment of ship	
13.0180	强制打捞	compulsory removal of wreck	
13.0181	海上守候	standing by vessel	

序　码	汉　文　名	英　文　名	注　释
13.0182	海上护送	escorting	
13.0183	拖航合同	towage contract	
13.0184	适拖	tow worthiness	
13.0185	拖带责任	liability of towage	
13.0186	货物拒收险	rejection risks	
13.0187	船舶保险退费	return of premium-hulls	
13.0188	保险索赔	insurance claim	
13.0189	保险理赔	settlement of insurance claim	
13.0190	代位	subrogation	
13.0191	委付	abandonment	
13.0192	绝对免赔额	deductible	
13.0193	相对免赔额	franchise	
13.0194	保赔	protection and indemnity, PI	
13.0195	航次保险	voyage insurance	
13.0196	定期保险	time insurance	
13.0197	船舶全损险	total loss only	
13.0198	船舶一切险	all risks	
13.0199	船舶油污险	oil pollution risk	
13.0200	船舶战争险	hull war risk	
13.0201	保赔责任险	protection and indemnity risk, PI risk	
13.0202	实际全损	actual total loss	
13.0203	推定全损	constructive total loss	
13.0204	保险人	insurer, assurer, underwriter	
13.0205	运费保险	freight insurance	
13.0206	共同海损保险	general average disbursement insurance	
13.0207	海运货物保险	maritime cargo insurance	
13.0208	货物平安险	free from particular average, FPA	
13.0209	货物水渍险	with average, WA	
13.0210	货物战争险	cargo war risk	
13.0211	单独海损	particular average	
13.0212	共同海损	general average, GA	
13.0213	有意搁浅	voluntary stranding	
13.0214	共同海损牺牲	general average sacrifice	
13.0215	共同海损费用	general average expenditure	
13.0216	共同海损总额	total amount of general average	

序 码	汉 文 名	英 文 名	注 释
13.0217	共同海损分摊价值	contributory value of general average	
13.0218	共同海损担保	general average security	
13.0219	共同海损时限	time limit of general average	
13.0220	共同海损理算	general average adjustment	
13.0221	共同海损分摊	general average contribution	
13.0222	共同海损分摊保证金	general average deposit	
13.0223	海损担保函	average guarantee	
13.0224	海损理算人	average adjuster	
13.0225	共同海损理算书	general average adjustment statement	
13.0226	同一航程	common maritime adventure	
13.0227	共同危险	common peril, common danger	
13.0228	共同安全	common safety	
13.0229	共同海损行为	general average act	
13.0230	共同海损损失	general average loss or damage	
13.0231	抛弃	jettison	
13.0232	切除残损物	cutting away wreck	
13.0233	避难港费用	port of refuge expenses	
13.0234	船级社	ship classification society, register of shipping	
13.0235	船级	class of ship	
13.0236	入级检验	classification survey	
13.0237	船级符号	ship class symobl notation	
13.0238	船级标记	ship class mark	
13.0239	建造入级	constructive classification	
13.0240	初次入级	initial classification	
13.0241	抵押登记	mortgage registration	
13.0242	光船租赁登记	bareboat charter registration	
13.0243	变更登记	registration of alteration	
13.0244	注销登记	registration of withdrawal	
13.0245	验船师	surveyer	
13.0246	初次检验	initial survey	
13.0247	定期检验	periodical survey	
13.0248	年度检验	annual survey	
13.0249	坞内检验	docking survey	

序 码	汉 文 名	英 文 名	注 释
13.0250	特别检验	special survey	
13.0251	循环检验	continuous survey	
13.0252	临时检验	occasional survey	
13.0253	展期检验	extension survey	
13.0254	检验报告	survey report	
13.0255	公证检验	notarial survey	
13.0256	货物冷藏装置检验	survey of refrigerated cargo installation	
13.0257	船体密性试验	tightness test for hull	
13.0258	压水试验	water head test	
13.0259	冲水试验	hose test	
13.0260	泼水试验	pouring water test	
13.0261	涂煤油试验	kerosine test	
13.0262	灌水试验	water filling test	
13.0263	气密试验	airtight test	
13.0264	系泊试验	mooring trial	
13.0265	航行试验	sea trial	又称"试航"。
13.0266	试车	engine trial	
13.0267	惯性试验	inertial trial	又称"冲程试验"。
13.0268	旋回试验	turning circle trial	
13.0269	倒车试验	astern trial	
13.0270	操舵试验	steering test	
13.0271	抛锚试验	anchoring test	
13.0272	号笛音响度测定	determination of range of audibility of sound signal	
13.0273	号灯照距测定	determination of range of visibility for navigation light	
13.0274	倾斜试验	inclining test	
13.0275	起货设备吊重试验	proof test for ship cargo handling gear	
13.0276	舷梯强度试验	proof test for accommodation ladder	
13.0277	救生艇试验	test for lifeboat	
13.0278	救生浮具浮力试验	buoyancy test for buoyant apparatus	
13.0279	救生圈试验	buoyancy test for lifebuoy	
13.0280	救生衣试验	buoyancy test for life-jacket	

序　码	汉　文　名	英　文　名	注　释
13.0281	宽限期	period of grace	
13.0282	等效	equivalent	
13.0283	船舶起货设备检验簿	register of cargo handling gear of ship	
13.0284	船舶证书检验簿	ship's certificates surveying record book	
13.0285	港区	harbor area	
13.0286	港界	harbor limit, harbor boundary	
13.0287	港章	port regulations	
13.0288	通航密集区	dense traffic zone	
13.0289	交通管制区	traffic control zone	
13.0290	强制引航	mandatory pilotage, compulsory pilotage	
13.0291	防淤堤	sand-blocking dam	
13.0292	漂浮物	floating substance	
13.0293	沉没物	sunk object	
13.0294	处置废物	disposal of wastes	
13.0295	船舶交通管理	vessel traffic service, VTS	
13.0296	船舶交通调查	vessel traffic survey, vessel traffic investigation	
13.0297	交通密度	traffic density	
13.0298	航迹分布	track distribution	
13.0299	交通流	traffic flow	
13.0300	交通量	traffic volume	
13.0301	船速分布	ship speed distribution	
13.0302	交通容量	traffic capacity	
13.0303	船舶领域	ship domain	
13.0304	动界	arena	
13.0305	会遇率	encounter rate	
13.0306	船舶交通模拟	ship traffic simulation	
13.0307	限速	limiting speed	
13.0308	船舶交通管理中心	vessel traffic service center, VTS center	
13.0309	船舶交通管理站	VTS station	
13.0310	交通安全评估	appraisal of traffic safety	
13.0311	信号控制	signal control	
13.0312	交通控制区	traffic control area	

序　码	汉　文　名	英　文　名	注　释
13.0313	船舶报告系统	vessel reporting system	
13.0314	初始报告	initial report	
13.0315	船位报告	position report	
13.0316	绕航变更报告	deviation report	
13.0317	最终报告	final report	
13.0318	航行计划报告	sailing plan report	
13.0319	港口国管理检查	inspection of port state control	
13.0320	登轮检查	inspection by boarding	
13.0321	船舶安全检查	ship safety inspection	
13.0322	船员证书	certificate of seafarer	
13.0323	船舶证书	ship certificate	
13.0324	最低安全配员	minimum safe manning	
13.0325	海上资历	sea service	
13.0326	联检	joint inspection	
13.0327	航次报告	voyage report	
13.0328	并靠限度	double banking width limit	
13.0329	出口报告书	report of clearance	
13.0330	出口许可证	port clearance	
13.0331	海员证	seaman's book	
13.0332	抄关	searching	
13.0333	引航签证单	pilotage form	
13.0334	海关	customs	
13.0335	报关	declaration	
13.0336	退关	shut out	
13.0337	结关	clearance	
13.0338	检疫	quarantine	
13.0339	航海健康申报书	maritime declaration of health	
13.0340	预防接种证书	vaccination certificate	
13.0341	薰舱	fumigation	
13.0342	除鼠	deratting	
13.0343	鼠患检查	inspection of rat evidence	
13.0344	留验	observation	
13.0345	动植物检疫	animal or plant quarantine	
13.0346	登岸证	landing permit, shore pass	
13.0347	航行值班	navigational watch	
13.0348	停泊值班	harbor watch	
13.0349	船员	crew	

序　码	汉　文　名	英　文　名	注　释
13.0350	船员名单	crew list	
13.0351	实习生	cadet	
13.0352	练习生	apprentice	
13.0353	船长	master, captain	
13.0354	大副	chief officer, chief mate	
13.0355	二副	second officer, second mate	
13.0356	三副	third officer, third mate	
13.0357	驾助	assistant officer	
13.0358	轮机长	chief engineer	
13.0359	大管轮	second engineer	
13.0360	二管轮	third engineer	
13.0361	三管轮	fourth engineer	
13.0362	轮助	assistant engineer	
13.0363	政委	political officer	
13.0364	无线电报员	radio officer	
13.0365	无线电话员	radiotelephone officer	
13.0366	船医	ship's doctor	
13.0367	电机员	electrical engineer	
13.0368	水手长	boatswain, bosun	
13.0369	木匠	carpenter	船上负责锚设备、水与水密装置和木工等工作的专职人员。
13.0370	一级水手	able-bodied seaman, AB	
13.0371	二级水手	ordinary seaman, OS	
13.0372	机工	motor man	
13.0373	管事	purser	
13.0374	客运主任	chief steward	
13.0375	海事声明	sea protest	
13.0376	延伸海事声明	extended protest	
13.0377	海事报告	marine accident report	
13.0378	全损	total loss	
13.0379	海事调查	maritime investigation	
13.0380	海事诉讼	maritime litigation	
13.0381	海事管辖	maritime jurisdiction	
13.0382	海事调解	maritime mediation	
13.0383	海事和解	maritime reconciliation	
13.0384	海事分析	marine accident analysis	

序 码	汉 文 名	英 文 名	注 释
13.0385	海事仲裁	maritime arbitration	
13.0386	扣押船舶	arrest of ship	
13.0387	拍卖船舶	auction of ship	
13.0388	污油水舱	slop tank	
13.0389	油污损害	damage from oil pollution	
13.0390	围油栏	oil fence, oil boom	
13.0391	海洋污染	marine pollution	
13.0392	油污染	oil pollution	
13.0393	倾倒污染	damping pollution	
13.0394	海洋监测	marine monitoring	
13.0395	海洋监视	marine surveillance	
13.0396	冰封区域	icecovered area	
13.0397	生物资源	living resources	
13.0398	非生物资源	non-living resources	
13.0399	有害物质	harmful substance	

14. 水 上 通 信

序 码	汉 文 名	英 文 名	注 释
14.0001	标准航海用语	standard marine navigational vocabulary, SMNV	
14.0002	视觉通信	visual signalling	
14.0003	旗号通信	flag signalling	
14.0004	灯光通信	flashing light signalling	
14.0005	手旗通信	signalling by hand flags, semaphore signalling	
14.0006	声号通信	sound signalling	
14.0007	扬声器通信	loud speaker signalling	
14.0008	矩阵信号	matrix signal	
14.0009	国际信号码	international signal code	
14.0010	信号码组符号	international code symbol, INTERCO	
14.0011	莫尔斯码	Morse code	
14.0012	补充码	complement code	
14.0013	位置信号码	position signal code	
14.0014	单字母信号码	single letter signal code	

序 码	汉 文 名	英 文 名	注 释
14.0015	双字母信号码	two letter signal code	
14.0016	三字母信号码	three letter singal code	
14.0017	字母拼读法	letter pronunciation	
14.0018	数字拼读法	figure of mark pronunciation	
14.0019	程序信号	procedure signal	
14.0020	遇险呼叫程序	distress call procedure	
14.0021	船舶呼号	ship's call sign	
14.0022	开船旗	blue peter	
14.0023	救生信号	life saving signal	
14.0024	终结信号	finishing signal	
14.0025	呼叫	calling	
14.0026	识别	identify	
14.0027	收妥	acknowledge	
14.0028	等待	waiting	
14.0029	撤销	cancel	
14.0030	重复	repeat, RPT	
14.0031	遇险	distress	
14.0032	紧急	emergency	
14.0033	安全	security	
14.0034	呼叫点	calling-in-point, CIP	
14.0035	报告点	reporting point, RP	
14.0036	受理点	receiving point	
14.0037	信文标志	message marker	
14.0038	国际信号旗	international signal flag	
14.0039	字母旗	alphabetical flag	
14.0040	数字旗	numeral flag	
14.0041	代旗	substitute flag	
14.0042	回答旗	answering pendant	
14.0043	商船旗	merchant ship flag	
14.0044	公司旗	house flag	
14.0045	国旗	ensign	
14.0046	挂满旗	full dress	
14.0047	落旗致敬	dip to	
14.0048	下半旗	flag at halfmast	
14.0049	一挂	a hoist	
14.0050	隔绳	tackline	
14.0051	信号桅	signal mast	

序　码	汉　文　名	英　文　名	注　释
14.0052	信号设备	signalling appliance	
14.0053	通信闪光灯	flashing light for signalling	
14.0054	无线电规则	radio regulation	
14.0055	海岸电台表	list of coast station	
14.0056	船舶电台表	list of ship station	
14.0057	资费表	tariff	
14.0058	船舶自动互救系统	automated mutual assistance vessel rescue system, AMVER	
14.0059	自动航海通告系统	automatic notice to mariners system, ANMS	
14.0060	安全通信网	safety NET	
14.0061	船队通信网	fleet NET	
14.0062	国际安全通信网	international safety NET	
14.0063	国家安全通信网	national safety NET	
14.0064	无线电业务	radio service	
14.0065	海上移动业务	maritime mobile service	
14.0066	卫星海上移动业务	maritime mobile satellite service	
14.0067	全球航行警告业务	world wide navigational warning service, WWNWS	
14.0068	国际航行警告业务	international NAVTEX service	
14.0069	搜救业务	search and rescue service, SAR service	
14.0070	国际信息业务	international information service	
14.0071	常规无线电业务	conventional radio service	
14.0072	电子邮递业务	electronic mail service	
14.0073	用户电报业务	telex service	
14.0074	无线电用户电报业务	radio telex service	
14.0075	人工用户电报业务	manual telex service	
14.0076	用户电报书信业务	telex letter service	
14.0077	无线电话业务	radiotelephone service	
14.0078	自动拨号双向电话	automatic dial-up two-way telephony	

序　码	汉　文　名	英　文　名	注　　释
14.0079	话传电报业务	voice messaging service	
14.0080	群呼广播业务	group call broadcast service	
14.0081	自动业务	automatic service	
14.0082	特种业务	special service	
14.0083	邮箱业务	mailbox service	
14.0084	无线电气象业务	radio weather service	
14.0085	港口营运业务	port operation service	
14.0086	船舶动态业务	ship movement service	
14.0087	公众通信业务	public correspondence service	
14.0088	船舶[通信]业务	ship business	
14.0089	常规无线电通信	general radio communication	
14.0090	海上预报	marine forecast	
14.0091	国际冰况巡查报告	international ice patrol bulletin	
14.0092	海洋定点船	ocean station vessel	
14.0093	无线电用户电报	telex over radio, TOR	
14.0094	海上书信电报	sea letter telegram, SLT	
14.0095	公务电报	service telegram	
14.0096	政务电报	government telegram	
14.0097	业务公电	service advice	
14.0098	同文电报	common text message	
14.0099	海上无线电书信	radio maritime letter	
14.0100	无线电用户电报书信	radio telex letter	
14.0101	用户电报电话	telex telephony, TEXTEL	
14.0102	话传用户电报	phone telex, PHONETEX	
14.0103	船舶气象报告	ship weather report	
14.0104	海洋气象报告	ocean weather report	
14.0105	紧急航行危险报告	urgent navigational danger report	
14.0106	紧急气象危险报告	urgent meteorological danger report	
14.0107	航行安全通信	navigation safety communication	
14.0108	海上安全信息	maritime safety information, MSI	
14.0109	遇险报告	distress message	
14.0110	安全报告	safety message	
14.0111	通报表	traffic list	

序 码	汉 文 名	英 文 名	注 释
14.0112	选择呼叫	selective calling	
14.0113	数字选择呼叫	digital selective calling, DSC	
14.0114	遇险呼叫	distress call	
14.0115	遇险电话呼叫	distress telephone call	
14.0116	遇险电传呼叫	distress telex call	
14.0117	自动呼叫	automatic call	
14.0118	呼叫尝试	call attempt	
14.0119	强化群呼	enhanced group call, EGC	
14.0120	地理区域群呼	geographical area group call	
14.0121	语音/数据群呼	voice/data group call	
14.0122	通信询问	traffic enquiry	
14.0123	状态询问	status enquiry	
14.0124	国家询问	national enquiry	
14.0125	海上询问	maritime enquiry	
14.0126	被呼方	called party	
14.0127	呼叫方	calling party	
14.0128	收报人	addressee	
14.0129	收报人名址	address	
14.0130	呼号	call sign, CS	
14.0131	交发日期	filing date	
14.0132	交发时间	filing time	
14.0133	发出	forward	
14.0134	报头	preamble	
14.0135	发报局	office of origin, O/O	
14.0136	发报台	station of origin	
14.0137	收报局	office of destination, O/D	
14.0138	收报台	station of destination	
14.0139	电文	text	
14.0140	明语	plain language	
14.0141	密语	secret language	
14.0142	例行复述	routine repetition	
14.0143	盲发	blind sending	
14.0144	公共呼叫频道	common calling channel	
14.0145	传递路由	transit route	
14.0146	信道申请	channel request	
14.0147	电文格式	message format	
14.0148	业务信号	service signal	

序　码	汉　文　名	英　文　名	注　释
14.0149	时号	time signal	
14.0150	安全信号	safety signal	
14.0151	紧急信号	urgency signal	
14.0152	紧急通信	urgency communication	
14.0153	安全通信	safety communication	
14.0154	业务代码	service code	
14.0155	目的地码	destination code	
14.0156	用户码	subscriber number	
14.0157	区域码	area code	
14.0158	洋区码	ocean region code	
14.0159	无线电免检电报	radio pratique message	
14.0160	医疗指导	medical advice	
14.0161	医疗援助	medical assistance	
14.0162	海事援助	maritime assistance	
14.0163	通信记录	communication log	
14.0164	存储转发	store and forward	
14.0165	遇险报警	distress alerting	
14.0166	现场通信	on-scene communication	
14.0167	搜救协调通信	search and rescue coordinating communication	
14.0168	寻位	locating	
14.0169	驾驶台间通信	bridge-to-bridge communication	
14.0170	日常优先等级	routine priority	
14.0171	安全优先等级	safety priority	
14.0172	紧急优先等级	urgency priority	
14.0173	遇险优先等级	distress priority	
14.0174	海上遇险信道	maritime distress channel	
14.0175	海上气象数据	marine weather data	
14.0176	报警数据	alert data	
14.0177	航行警告区	NAVAREA	
14.0178	航行警告区警告	NAVAREA warning	
14.0179	静默时间	silence period, SP	
14.0180	计费时间	chargeable time	
14.0181	账务机构识别码	accounting authority identification code, AAIC	
14.0182	特别提款权	special drawing right, SDR	
14.0183	通用证书	general certificate	

序 码	汉 文 名	英 文 名	注 释
14.0184	特种证书	special certificate	
14.0185	地面无线电通信	terrestrial radiocommunication	
14.0186	甚低频通信	VLF communication	
14.0187	中频通信	MF communication	
14.0188	高频通信	HF communication	
14.0189	甚高频通信	VHF communication	
14.0190	特高频通信	UHF communication	
14.0191	卫星通信	satellite communication	
14.0192	数据通信	data communication	
14.0193	无线线路	radio link	
14.0194	无线接力系统	radio relay system	
14.0195	数字无线系统	digital radio system	
14.0196	数字有线系统	digital line system	
14.0197	移动电台	mobile station	
14.0198	陆地电台	land station	
14.0199	基地电台	base station	
14.0200	海岸电台	coast station	
14.0201	港口电台	port station	
14.0202	船舶电台	ship station	
14.0203	船内通信设备	apparatus for on-board communication	
14.0204	航空器电台	aircraft station	
14.0205	营救器电台	survival craft station	
14.0206	无线电台	radio station	
14.0207	无线电报设备	radiotelegraph installation	
14.0208	无线电话设备	radiotelephone installation	
14.0209	甚高频无线电话设备	VHF radiotelephone installation	
14.0210	救生艇无线电报设备	radiotelegraph installation for lifeboat	
14.0211	救生艇筏手提无线电设备	portable radio apparatus for survival craft	
14.0212	紧急无线电示位标	emergency position-indicating radiobeacon, EPIRB	
14.0213	主用收信机	main receiver	
14.0214	备用收信机	reserve receiver	
14.0215	主用发信机	main transmitter	

序　码	汉　文　名	英　文　名	注　释
14.0216	备用发信机	reserve transmitter	
14.0217	气象传真接收机	weather facsimile receiver	
14.0218	无线电报自动报警器	radiotelegraph auto-alarm	
14.0219	自动拍发器	automatic keying device	
14.0220	无线电话报警信号发生器	radiotelephone alarm signal generator	
14.0221	无线电话遇险频率	radiotelephone distress frequency	
14.0222	甚高频无线电设备	VHF radio installation	
14.0223	中频无线电设备	MF radio installation	
14.0224	中/高频无线电设备	MF/HF radio installation	
14.0225	数字选择呼叫设备	digital selective calling installation	
14.0226	甚高频紧急无线电示位标	VHF emergency position-indicating radiobeacon	
14.0227	窄带直接印字电报设备	narrow-band direct-printing telegraph equipment, NBDP	
14.0228	自动请求重发方式	automatic repetition request mode, ARQ	
14.0229	前向纠错方式	forward error correction mode, FEC	
14.0230	通播发射台	collective broadcast sending station, CBSS	
14.0231	选择性广播发射台	selective broadcast sending station, SBSS	
14.0232	通播接收台	collective broadcast receiving station, CBRS	
14.0233	选择性广播接收台	selective broadcast receiving station, SBRS	
14.0234	航行警告[电传]系统	NAVTEX	
14.0235	增强群呼接收机	enhanced group calling receiver	
14.0236	全球海上遇险安全系统	global maritime distress and safety system, GMDSS	

序 码	汉 文 名	英 文 名	注 释
14.0237	A1 海区	sea area A1	
14.0238	A2 海区	sea area A2	
14.0239	A3 海区	sea area A3	
14.0240	A4 海区	sea area A4	
14.0241	国际海事卫星系统	international maritime satellite system, INMARSAT	
14.0242	国际海事卫星	international maritime satellite	
14.0243	国际海事卫星船舶地球站	international maritime satellite ship earth station, INMARSAT SES	
14.0244	国际海事卫星 A 船舶地球站	INMARSAT A ship earth station	
14.0245	国际海事卫星 B 船舶地球站	INMARSAT B ship earth station	
14.0246	国际海事卫星 C 船舶地球站	INMARSAT C ship earth station	
14.0247	国际海事卫星 M 船舶地球站	INMARSAT M ship earth station	
14.0248	国际海事卫星陆地地球站	INMARSAT land earth station, INMARSAT LES	
14.0249	国际海事卫星海岸地球站	INMARSAT coast earth station, INMARSAT CES	
14.0250	国际海事卫星网络协调站	INMARSAT network coordination station	
14.0251	搜救卫星系统	search and rescue satellite system	
14.0252	低极轨道卫星搜救系统	COSPAS-SARSAT system	
14.0253	同步卫星	synchronous satellite	
14.0254	静止卫星	stationary satellite	
14.0255	卫星紧急无线电示位标	satellite emergency position-indicating radio beacon	
14.0256	本地用户终端	local user terminal, LUT	
14.0257	任务控制中心	mission control center, MCC	
14.0258	舱外设备	above deck equipment, ADE	
14.0259	舱内设备	below deck equipment, BDE	
14.0260	船舶地球站启用试验	SES commissioning test	

序　码	汉　文　名	英　文　名	注　释
14.0261	自动用户电报试验	automatic telex test	
14.0262	哑控	muting	
14.0263	指配频带	assigned frequency band	
14.0264	指配频率	assigned frequency	
14.0265	载波频率	carrier frequency	
14.0266	频率容限	frequency tolerance	
14.0267	频率标准	frequency standard	
14.0268	必要带宽	necessary bandwidth	
14.0269	占用带宽	occupied bandwidth	
14.0270	发射	emission	
14.0271	带外发射	out-of-band emission	
14.0272	杂散发射	spurious emission	
14.0273	无用发射	unwanted emission	
14.0274	谐波发射	harmonic emission	
14.0275	互调产物	intermodulation products	
14.0276	发射类别	class of emission	
14.0277	单边带发射	single sideband emission, SSB emission	
14.0278	全载波发射	full carrier emission	
14.0279	减载波发射	reduced carrier emission	
14.0280	抑制载波发射	suppressed carrier emission	
14.0281	残余边带发射	vestigial-sideband emission	
14.0282	幅移键控	amplitude shift keying, ASK	
14.0283	频移键控	frequency shift keying, FSK	
14.0284	相移键控	phase shift keying, PSK	
14.0285	接收机灵敏度	sensitivity of a receiver	
14.0286	接收机选择性	selectivity of a receiver	
14.0287	峰包功率	peak envelope power	
14.0288	载波功率	carrier power	
14.0289	有效辐射功率	effective radiated power	
14.0290	等效全向辐射功率	equivalent isotropically radiated power, EIRP	
14.0291	合作指数	index of cooperation	
14.0292	发射天线	transmitting antenna	
14.0293	接收天线	receiving antenna	
14.0294	主用天线	main antenna	

序 码	汉 文 名	英 文 名	注 释
14.0295	备用天线	reserve antenna	
14.0296	应急天线	emergency antenna	
14.0297	天线开关	antenna switch	
14.0298	多径传播	multipath propagation	
14.0299	衰落	fading	
14.0300	频道	channel	
14.0301	单工	simplex	
14.0302	双工	duplex	
14.0303	压扩	companding	
14.0304	区域覆盖	local-mode coverage	
14.0305	全球覆盖	global-mode coverage	
14.0306	船舶地球站识别码	ship earth station identification, SES ID	
14.0307	海岸地球站识别码	coast earth station identification, shore ID	
14.0308	天线调谐	antenna tuning	
14.0309	自动调谐	automatic tuning	
14.0310	信道存储	channel storage	
14.0311	自动扫描	auto scanning	
14.0312	静噪	squelch	
14.0313	信息流	information flow	
14.0314	定相	phasing	
14.0315	重新定相	rephasing	
14.0316	查询	polling	
14.0317	海上识别数字	maritime identification digits, MID	
14.0318	点图	dot pattern	
14.0319	自身标识	self-identification	

15. 轮 机 管 理

序 码	汉 文 名	英 文 名	注 释
15.0001	船舶主机	marine main engine	
15.0002	船用柴油机	marine diesel engine	
15.0003	十字头式柴油机	crosshead type diesel engine	
15.0004	筒形活塞式柴油	trunk piston type diesel engine	

序　码	汉　文　名	英　文　名	注　释
	机		
15.0005	右旋柴油机	right-hand rotation diesel engine	
15.0006	左旋柴油机	left-hand rotation diesel engine	
15.0007	可倒转柴油机	reversible diesel engine	
15.0008	不可倒转柴油机	non-reversible diesel engine	
15.0009	双燃料柴油机	dual-fuel diesel engine	
15.0010	四冲程柴油机	four stroke diesel engine	
15.0011	二冲程柴油机	two stroke diesel engine	
15.0012	长行程柴油机	long-stroke diesel engine	
15.0013	超长行程柴油机	super-long stroke diesel engine	
15.0014	气缸直径	cylinder bore	
15.0015	活塞行程	piston stroke	
15.0016	行程缸径比	stroke-bore ratio, S/B	
15.0017	上止点	top dead center, TDC	
15.0018	下止点	bottom dead center, BDC	
15.0019	压缩室容积	compression chamber volume	
15.0020	气缸总容积	cylinder total volume	
15.0021	压缩比	compression ratio	
15.0022	指示功率	indicated power	
15.0023	平均指示压力	indicated mean effective pressure	
15.0024	指示燃油消耗率	indicated specific fuel oil consumption	
15.0025	指示热效率	indicated thermal efficiency	
15.0026	有效功率	effective power	
15.0027	轴功率	shaft power	
15.0028	机械效率	mechanical efficiency	
15.0029	平均有效压力	effective mean pressure, brake mean effective pressure	
15.0030	有效效率	effective efficiency	
15.0031	[有效]燃油消耗率	[effective] specific fuel consumption	
15.0032	标定功率	rated power, rated output	
15.0033	最大持续功率	maximum continuous rating	
15.0034	连续输出功率	continuous service rating	
15.0035	标定转速	rated engine speed	
15.0036	最低稳定转速	minimum stable engine speed, minimum steady speed	

序　码	汉　文　名	英　文　名	注　释
15.0037	起动转速	starting engine speed	
15.0038	燃油消耗量	fuel consumption	
15.0039	滑油消耗率	specific lubricating oil consumption	
15.0040	气缸油注油率	specific cylinder oil consumption	
15.0041	活塞平均速度	mean piston speed	
15.0042	超负荷功率	overload rating	
15.0043	倒车功率	astern power, backing power	
15.0044	经济功率	economical power	
15.0045	推进特性	propulsion characteristic	
15.0046	限制特性	limited characteristic	
15.0047	调速特性	speed regulating characteristic	
15.0048	负荷特性	load characteristic	
15.0049	最高爆发压力	maximum explosive pressure	
15.0050	压缩压力	compression pressure	
15.0051	排气温度	exhaust temperature	
15.0052	排气烟度	exhaust smoke	
15.0053	热平衡	heat balance	
15.0054	喷油正时	injection timing	
15.0055	气阀正时	valve timing	
15.0056	气阀间隙	valve clearance	
15.0057	轴承间隙	bearing clearance	
15.0058	参数不均匀率	parameter non-uniform rate	
15.0059	扭[振]共振	torsional resonance	
15.0060	转速禁区	barred-speed range	
15.0061	增压	supercharge	
15.0062	气缸盖	cylinder cover	
15.0063	进气阀	suction valve, inlet valve	
15.0064	排气阀	exhaust valve	
15.0065	示功阀	indicator valve	
15.0066	气缸套	cylinder liner	
15.0067	扫气口	scavenging air port	
15.0068	排气口	exhaust port	
15.0069	气缸体	cylinder block	
15.0070	活塞	piston	
15.0071	压缩环	compression ring	
15.0072	刮油环	scraper ring	
15.0073	承磨环	wear ring	

序 码	汉 文 名	英 文 名	注 释
15.0074	活塞杆填料函	piston rod stuffing box	
15.0075	横隔板	diaphragm	
15.0076	连杆	connecting-rod	
15.0077	十字头	crosshead	
15.0078	滑块	shoe, slipper	
15.0079	导板	slipper guide	
15.0080	曲轴	crankshaft	
15.0081	气缸油注油器	cylinder lubricator	
15.0082	主轴承	main bearing	
15.0083	推力轴承	thrust bearing	
15.0084	机座	bedplate	
15.0085	机架	frame	
15.0086	机体	engine block	
15.0087	油底壳	oil sump	
15.0088	曲轴箱	crankcase	
15.0089	贯穿螺栓	through bolt, tie-bolt	
15.0090	地脚螺栓	holding down bolt	
15.0091	曲轴箱防爆门	crankcase explosion relief door	
15.0092	凸轮轴	camshaft	
15.0093	凸轮	cam	
15.0094	液压式排气阀传动机构	hydraulically actuated exhaust valve mechanism	
15.0095	机械式气阀传动机构	mechanically actuated valve mechanism	
15.0096	回油孔式喷油泵	Bosch injection pump, Bosch helix-controlled fuel pump	
15.0097	回油阀式喷油泵	spill-valve injection pump	
15.0098	喷油器	fuel injector, fuel valve, fuel injection nozzle	
15.0099	可变喷油正时机构	variable injection timing mechanism	
15.0100	扫气箱	scavenging air manifold	
15.0101	涡轮增压器	turbocharger, turboblower	
15.0102	空气冷却器	air cooler	
15.0103	废气涡轮复合系统	exhaust turbo compound system	
15.0104	增压系统辅助鼓	turbocharging auxilliary blower	

序　码	汉　文　名	英　文　名	注　释
	风机		
15.0105	增压系统应急鼓风机	turbocharging emergency blower	
15.0106	机械式调速器	mechanical governor	
15.0107	液压式调速器	hydraulic governor	
15.0108	电子式调速器	electronic governor	
15.0109	扭振减振器	torsional vibration damper	
15.0110	力矩平衡器	moment compensator	
15.0111	轴向减振器	longitudinal vibration damper	
15.0112	曲轴平衡重	crankshaft counterweight	
15.0113	飞轮	fly wheel	
15.0114	转车机	turning gear	
15.0115	喷油器试验台	injector testing equipment	
15.0116	冷却系统	cooling system	
15.0117	加压式燃油系统	closed and pressured fuel system	
15.0118	润滑系统	lubrication system	
15.0119	中央冷却系统	central cooling system	
15.0120	直流扫气	uniflow scavenging	
15.0121	横流扫气	cross scavenging	
15.0122	回流扫气	loop scavenging	
15.0123	沉淀柜	settling tank	
15.0124	日用柜	daily tank, service tank	
15.0125	重力柜	gravity tank	
15.0126	膨胀柜	expansion tank	
15.0127	循环柜	circulating tank	
15.0128	污泥柜	sludge tank	
15.0129	溢油柜	overflow tank	
15.0130	压缩空气起动系统	compression air starting system	
15.0131	主起动阀	main starting valve	
15.0132	起动空气分配器	starting air distributor	
15.0133	气缸起动阀	cylinder starting valve	
15.0134	起动控制阀	starting control valve	
15.0135	起动凸轮	starting cam	
15.0136	起动空气总管	starting air manifold	
15.0137	空气压缩机	air compressor	
15.0138	起动空气瓶	starting air reservoir	

序　码	汉　文　名	英　文　名	注　释
15.0139	换向	reversing	
15.0140	正车	ahead	
15.0141	倒车	astern	
15.0142	换向装置	reversing arrangement	
15.0143	单凸轮换向	single cam reversing	
15.0144	双凸轮换向	double cam reversing	
15.0145	换向伺服器	reversing servomotor	
15.0146	驾驶台控制	bridge control	
15.0147	集控室控制	engine control room control	
15.0148	机旁控制	local control	
15.0149	安全与联锁装置	safety and interlock device	
15.0150	紧急刹车	emergency brake	
15.0151	特急操纵	crash maneuvering	
15.0152	拉缸	piston scraping, cylinder scraping	
15.0153	咬缸	piston seizure, cylinder sticking	
15.0154	爆燃	detonation	
15.0155	敲缸	diesel knock	
15.0156	增压器喘振	turbocharger surge	
15.0157	曲轴箱爆炸	crankcase explosion	
15.0158	扫气箱着火	scavenging box fire	
15.0159	高温腐蚀	high temperature corrosion	
15.0160	低温腐蚀	low temperature corrosion	
15.0161	活塞顶烧蚀	piston crown ablation	
15.0162	活塞环粘着	piston ring sticking	
15.0163	活塞环断裂	piston ring breakage	
15.0164	气缸窜气	cylinder blow-by	
15.0165	气蚀	cavitation erosion	又称"穴蚀","空泡腐蚀"。
15.0166	喷油器滴漏	fuel valve dribbling	
15.0167	轴瓦龟裂	bush mosaic cracking	
15.0168	轴瓦擦伤	bush scrape	
15.0169	轴瓦烧熔	bush burning-out	
15.0170	异常喷射	abnormal injection	
15.0171	二次喷射	secondary injection	
15.0172	气阀烧损	valve ablation	
15.0173	封缸	closing cylinder, decoupling of cylinder	

序 码	汉 文 名	英 文 名	注 释
15.0174	曲轴疲劳断裂	crankshaft fatigue fracture	
15.0175	曲轴红套滑移	crankshaft shrinkage slip-off	
15.0176	热疲劳裂纹	heat fatigue cracking	
15.0177	飞车	propeller racing	
15.0178	自动停车	auto-stop	
15.0179	燃烧不完全	incomplete combustion	
15.0180	臂距差	difference crank spread, crank web deflection	
15.0181	桥规值	bridge gauge value	
15.0182	活塞运动装置失中	piston-connecting-rod arrangement misalignment	
15.0183	活塞环搭口间隙	piston ring joint clearance, piston ring gap clearance	
15.0184	活塞环平面间隙	piston ring axial clearance	
15.0185	缸径最大磨损	bore maximum wear	
15.0186	[缸套]磨损率	[liner] wear rate	
15.0187	圆度	circularity, roundness	
15.0188	圆柱度	cylindricity	
15.0189	示功器	power level indicator	
15.0190	p－v 示功图	p-v indicated diagram	
15.0191	p－φ 示功图	p-φ indicated diagram	
15.0192	弱弹簧示功图	weak spring diagram	
15.0193	p－v 转角示功图	out-of-phase diagram	
15.0194	平均压力计	mean pressure meter	
15.0195	烟迹式烟度计	Bosch filter paper smoke meter	
15.0196	最高爆发压力表	maximum explosion pressure gauge	
15.0197	扭力计	torsional meter	
15.0198	臂距千分表	crankshaft deflection dial gauge	
15.0199	桥规	bridge gauge	
15.0200	粘度计	viscosimeter, viscometer	
15.0201	国际标准环境状态	ISO ambient reference condition	
15.0202	试航条件	sea trial condition	
15.0203	基准燃油低热值	fundamental fuel lower calorific value	

序　码	汉　文　名	英　文　名	注　释
15.0204	磨合	running-in	
15.0205	台架试验	testing-bed test, shop test	
15.0206	船用汽轮机	marine steam turbine	
15.0207	主汽轮机	main steam turbine	
15.0208	辅汽轮机	auxiliary steam turbine	
15.0209	冲动式汽轮机	impulse steam turbine	
15.0210	反动式汽轮机	reaction steam turbine	
15.0211	凝汽式汽轮机	condensing steam turbine	
15.0212	背压式汽轮机	back pressure steam turbine	
15.0213	抽汽式汽轮机	bleeding steam turbine	
15.0214	回热式汽轮机	regenerative steam turbine	
15.0215	再热式汽轮机	reheat steam turbine	
15.0216	正车汽轮机	ahead steam turbine	
15.0217	倒车汽轮机	astern steam turbine	
15.0218	汽轮机－燃气轮机联合装置	combined steam-gas turbine [propulsion] plant	
15.0219	汽轮机级	steam turbine stage	
15.0220	反动度	degree of reaction	
15.0221	冲动级	impulse stage	
15.0222	反动级	reaction stage	
15.0223	速度级	velocity stage	
15.0224	压力级	pressure stage	
15.0225	初始蒸汽参数	initial steam parameter	
15.0226	滞止蒸汽参数	stagnation steam parameter	
15.0227	临界压力比	critical pressure ratio	
15.0228	部分进汽度	degree of partial admission	
15.0229	重热系数	reheat factor	
15.0230	特性数	characteristic number, Parson's number	又称"帕森数"。
15.0231	内功率	internal power	
15.0232	机组有效功率	unit effective power	
15.0233	内效率	internal efficiency	
15.0234	机组有效效率	unit effective efficiency	
15.0235	耗汽率	specific steam consumption, steam rate	
15.0236	耗热率	specific heat consumption, heat rate	

序　码	汉　文　名	英　文　名	注　释
15.0237	冷凝器真空度	condenser vacuum	
15.0238	柔性支持板	flexible stay plate	
15.0239	滑动轴承箱	sliding bearing housing	
15.0240	喷嘴室	nozzle chamber	
15.0241	排汽室	exhaust chest	
15.0242	喷嘴	nozzle	
15.0243	曲径式密封	labyrinth gland	
15.0244	碳环式密封	carbon ring gland	
15.0245	组合式密封	combined labyrinth and carbon gland	
15.0246	轮型转子	blade wheel rotor	
15.0247	鼓形转子	drum rotor	
15.0248	刚性转子	rigid rotor	
15.0249	柔性转子	flexible rotor	
15.0250	静叶片	stationary blade	
15.0251	动叶片	moving blade	
15.0252	直叶片	straight blade	又称"等截面叶片"。
15.0253	扭叶片	twisted blade	又称"变截面叶片"。
15.0254	平衡活塞	dummy piston	
15.0255	倒车排汽室喷雾器	astern exhaust chest sprayer	
15.0256	抽汽系统	steam bleeding system	
15.0257	排汽系统	exhaust steam system	
15.0258	暖机蒸汽系统	warming-up steam system	
15.0259	疏水系统	draining system	
15.0260	密封蒸汽系统	sealing steam system	
15.0261	调节级	governing stage	
15.0262	节流调节	throttle governing	
15.0263	喷嘴调节	nozzle governing	
15.0264	混合调节	mixing governing	
15.0265	旁通调节	by-pass governing	
15.0266	速闭阀	quick closing valve	
15.0267	正车操纵阀	ahead manoeuvring valve	
15.0268	倒车操纵阀	astern manoeuvring valve	
15.0269	倒车隔离阀	astern guarding valve	
15.0270	喷嘴阀	nozzle valve	
15.0271	超速保护装置	overspeed protection device	

序 码	汉 文 名	英 文 名	注 释
15.0272	轴向位移保护装置	axial displacement protective device	
15.0273	低真空保护装置	low-vacuum protective device	
15.0274	低滑油压力保护装置	low-lubricating oil pressure trip device	
15.0275	应急停车装置	emergency shut-down device	
15.0276	盘车联锁装置	turning gear interlocking device	
15.0277	暖机	warming-up	
15.0278	自动盘车	auto-barring	
15.0279	转子相对位移	relative rotor displacement	
15.0280	冷态起动	cold starting	
15.0281	热态起动	hot starting	
15.0282	应急起动	emergency starting	
15.0283	最低起动压力	minimum starting pressure	
15.0284	机动操纵	manoeuvre	
15.0285	惰转时间	idle time	
15.0286	回汽刹车	reverse steam brake	
15.0287	凝水再循环管路	condensate recirculating pipe line	
15.0288	汽轮机单缸运行	steam turbine single-cylinder operation	
15.0289	汽轮机外特性	external characteristic of steam turbine	
15.0290	船用燃气轮机	marine gas turbine	
15.0291	主燃气轮机	main gas turbine	
15.0292	正车燃气轮机	ahead gas turbine	
15.0293	倒车燃气轮机	astern gas turbine	
15.0294	回热循环燃气轮机	regenerative cycle gas turbine	
15.0295	开式循环燃气轮机	open cycle gas turbine	
15.0296	自由活塞燃气轮机	free piston gas turbine	
15.0297	柴油机和燃气轮机联合动力装置	combined diesel and gas turbine power plant	
15.0298	进气装置	air inlet unit	
15.0299	离心式压气机	centrifugal compressor	

序　码	汉　文　名	英　文　名	注　释
15.0300	轴流式压气机	axial-flow compressor	
15.0301	防喘系统	surge-preventing system	
15.0302	管形燃烧室	tubular combustor	
15.0303	环形燃烧室	annular combustor	
15.0304	环管形燃烧室	can annular type combustor	
15.0305	轴流式涡轮	axial-flow turbine	
15.0306	径流式涡轮	radial-flow turbine	
15.0307	燃气发生器	gas generator	
15.0308	动力涡轮	power turbine, free turbine	
15.0309	排气装置	exhaust unit	
15.0310	防冰装置	anti-icing equipment	
15.0311	起动装置	starting device	
15.0312	进气壳体	air intake casing	
15.0313	中间壳体	intermediate casing	
15.0314	扩压器	diffuser	
15.0315	燃气稳压箱	gas collector	
15.0316	排气壳体	exhaust casing, exhaust hood	
15.0317	主转子	main rotor	
15.0318	中介轴	extension shaft	又称"延伸轴"。
15.0319	可调叶片	adjustable vane	
15.0320	整流叶片	straightening vane	
15.0321	导向叶片	guide vane	
15.0322	燃烧室外壳	combustor outer casing	
15.0323	旋流器	swirler	
15.0324	阻塞	choking	
15.0325	旋转失速	rotating stall	
15.0326	燃烧室热容强度	specific combustion intensity	
15.0327	燃烧效率	combustion efficiency	
15.0328	膨胀比	expansion ratio	
15.0329	比功率	specific power	
15.0330	空气消耗率	specific air consumption	
15.0331	冷吹运行	cold blow-off operation	
15.0332	压气机喘振试验	compressor surging test	
15.0333	船舶蒸汽机	marine steam engine	
15.0334	单胀式蒸汽机	single expansion steam engine	
15.0335	双胀式蒸汽机	compound expansion steam engine	
15.0336	三胀式蒸汽机	triple expansion steam engine	

序　码	汉　文　名	英　文　名	注　释
15.0337	单流式蒸汽机	uniflow steam engine	
15.0338	蒸汽机－废汽汽轮机联合装置	combined steam engine and exhaust turbine installation	
15.0339	配汽机构	steam distribution device, tappet gear	
15.0340	偏心传动装置	eccentric gear	
15.0341	外进汽	outside admission	
15.0342	内进汽	inside admission	
15.0343	余面	lap	
15.0344	导程	lead	
15.0345	正蒸汽分配	positive steam distribution	
15.0346	进汽度	degree of admission	
15.0347	极坐标滑阀图	polar slide valve diagram	
15.0348	标准滑阀图	standard slide valve diagram	
15.0349	椭圆配汽图	oval steam distribution diagram	
15.0350	配汽调整	steam distribution adjustment	
15.0351	船舶蒸汽锅炉	marine steam boiler	
15.0352	自然循环锅炉	natural circulation boiler	
15.0353	强制循环锅炉	forced circulation boiler	
15.0354	火管锅炉	fire tube boiler	
15.0355	水管锅炉	water tube boiler	
15.0356	主锅炉	main boiler	
15.0357	辅锅炉	auxiliary boiler, donkey boiler	
15.0358	废气锅炉	exhaust gas heat exchanger, exhaust gas boiler	
15.0359	组合式锅炉	composite boiler	
15.0360	低压蒸汽发生器	low pressure steam generator	
15.0361	锅炉本体	boiler body	
15.0362	锅炉外壳	boiler casing, boiler clothing, boiler jacket	
15.0363	汽鼓	steam drum	
15.0364	水鼓	water drum	
15.0365	蒸发管束	evaporator tube bank	
15.0366	锅炉受热面	boiler heating surface	
15.0367	炉膛	furnace	又称"炉胆"。
15.0368	燃烧室	combustion chamber	
15.0369	锅炉烟箱	boiler uptake	

序 码	汉 文 名	英 文 名	注 释
15.0370	锅炉水冷壁	boiler water wall	
15.0371	燃油加热器	fuel oil heater	
15.0372	燃烧器	oil burning unit, burner	
15.0373	过热器	superheater	
15.0374	减温器	desuperheater, attemperator	
15.0375	再热器	reheater	
15.0376	经济器	economizer	又称"省煤器"。
15.0377	空气预热器	air preheater	
15.0378	风门	damper	
15.0379	蒸汽截止阀	steam stop valve	
15.0380	锅炉给水止回阀	boiler feed check valve	
15.0381	锅炉附件	boiler fittings	
15.0382	锅炉水位表	boiler water gauge	
15.0383	锅炉安全阀	boiler safety valve	
15.0384	远距离水位指示计	remote water level indicator	
15.0385	锅炉点火设备	boiler firing equipment	
15.0386	锅炉点火	boiler lighting up	
15.0387	雾化器	atomizer	
15.0388	锅炉排污阀	boiler blow down valve	
15.0389	锅炉干汽管	boiler dry pipe	
15.0390	锅炉牵条	boiler stay	
15.0391	锅炉牵条管	boiler stay tube	
15.0392	锅炉给水系统	boiler feed system	
15.0393	锅炉燃油系统	boiler fuel oil system	
15.0394	锅炉主蒸汽系统	boiler main steam system	
15.0395	锅炉辅助蒸汽系统	boiler auxiliary steam system	
15.0396	凝水系统	condensate system	
15.0397	锅炉升汽	steam raising	
15.0398	热水井	hot well	
15.0399	锅炉水位调节器	boiler water level regulator	
15.0400	锅炉自动控制系统	boiler automatic control system	
15.0401	船舶辅机	marine auxiliary machinery	
15.0402	甲板机械	deck machinery	
15.0403	船用泵	marine pump, ship's pump	

序　码	汉　文　名	英　文　名	注　释
15.0404	舱底泵	bilge pump	又称"污水泵"。
15.0405	压载泵	ballast pump	
15.0406	清洁压载泵	clean ballast pump, permanent water ballast pump	
15.0407	卫生泵	sanitary pump	
15.0408	消防泵	fire pump	
15.0409	应急消防泵	emergency fire pump	
15.0410	通用泵	general service pump	
15.0411	海水泵	sea water pump	
15.0412	淡水泵	fresh water pump	
15.0413	饮水泵	drinking water pump	
15.0414	热水循环泵	hot water circulating pump	
15.0415	升压泵	booster pump, boosting pump	
15.0416	锅炉给水泵	boiler feed pump	
15.0417	锅炉燃油泵	boiler fuel oil pump, boiler burner pump	
15.0418	燃油输送泵	fuel oil transfer pump	
15.0419	锅炉点火泵	boiler ignition oil pump	
15.0420	锅炉强制循环泵	boiler forced-circulating pump	
15.0421	海水循环泵	sea water circulating pump	
15.0422	淡水循环泵	fresh water circulating pump	
15.0423	主冷凝器循环泵	main condenser circulating pump	
15.0424	辅冷凝器循环泵	auxiliary condenser circulating pump	
15.0425	凝水泵	condensate pump	
15.0426	缸套冷却水泵	jacket cooling water pump	
15.0427	活塞冷却水泵	piston cooling water pump	
15.0428	喷油器冷却泵	fuel injection valve cooling pump	
15.0429	滑油泵	lubricating oil pump	
15.0430	滑油输送泵	lubricating oil transfer pump	
15.0431	气缸油输送泵	cylinder oil transfer pump	
15.0432	盐水泵	brine pump	
15.0433	冷剂泵	refrigerating medium pump	
15.0434	停泊泵	port pump, harbor pump	
15.0435	洗舱泵	butterworth pump, tank cleaning pump	
15.0436	扫舱泵	stripping pump	

序　码	汉　文　名	英　文　名	注　释
15.0437	减摇泵	anti-roll pump	
15.0438	粪便泵	sewage pump	
15.0439	污油泵	sludge pump	
15.0440	液货泵	liquid pump	
15.0441	货油泵	cargo oil pump	
15.0442	泥浆泵	dredging pump	
15.0443	救助泵	salvage pump	
15.0444	艉轴管轴封泵	stern tube sealing oil pump	
15.0445	真空泵	evacuation pump, vacuum pump	
15.0446	计量泵	metering pump	
15.0447	药剂泵	compound pump	
15.0448	潜水泵	submersible pump	
15.0449	容积泵	positive displacement pump	
15.0450	往复泵	reciprocating pump	
15.0451	活塞泵	piston pump	
15.0452	柱塞泵	plunger pump	
15.0453	蒸汽直接作用泵	direct acting steam pump	
15.0454	齿轮泵	gear pump	
15.0455	螺杆泵	screw pump	
15.0456	叶片泵	vane pump, rotary vane pump	
15.0457	离心泵	centrifugal pump	
15.0458	自吸式离心泵	self-priming centrifugal pump	
15.0459	轴流泵	axial-flow pump	
15.0460	旋涡泵	peripheral pump, helical flow pump	
15.0461	喷射泵	jet pump, ejector	
15.0462	变向泵	reversible pump	
15.0463	变量泵	variable delivery pump, variable capacity pump	
15.0464	泵流量	pump capacity	
15.0465	泵压头	pump head	
15.0466	静压头	static head	
15.0467	动压头	dynamic head	
15.0468	总压头	total head	
15.0469	吸入压头	suction head	
15.0470	排出压头	discharge head	
15.0471	净压头	effective head	又称"有效压头"。

序　码	汉　文　名	英　文　名	注　释
15.0472	净正吸高	net positive suction height	
15.0473	净正吸入压头	net positive suction head	
15.0474	容积效率	volumetric efficiency	
15.0475	水力效率	hydraulic efficiency	
15.0476	总效率	total efficiency	
15.0477	比转数	specific speed	又称"比转速"。
15.0478	泵特性曲线	pump characteristic curve	
15.0479	恒速特性曲线	characteristic curve at constant speed	
15.0480	管路特性曲线	pipeline characteristic curve	
15.0481	水击	water hammer	
15.0482	舱室通风机	cabin ventilator, cabin fan	
15.0483	惰性气体风机	inert gas blower	
15.0484	锅炉鼓风机	boiler blower	
15.0485	锅炉二次鼓风机	boiler secondary air blower	
15.0486	锅炉引风机	boiler induced-draft fan	
15.0487	应急鼓风机	emergency blower	
15.0488	可移式风机	portable fan	
15.0489	防爆式风机	explosion proof fan	
15.0490	控制用空气压缩机	control air compressor	
15.0491	自动起动空气压缩机	auto-starting air compressor	
15.0492	单级压缩机	single stage compressor	
15.0493	多级压缩机	multi-stage compressor	
15.0494	蒸汽舵机	steam steering engine	
15.0495	电动舵机	electric steering engine	
15.0496	液压舵机	hydraulic steering engine	
15.0497	电动液压舵机	electro-hydraulic steering engine	
15.0498	往复式转舵机构	reciprocating type steering gear	
15.0499	转叶式转舵机构	rotary vane steering gear	
15.0500	舵轮	steering wheel	
15.0501	操舵装置	steering gear, steering arrangement	
15.0502	操舵遥控传动装置	steering telemotor	
15.0503	舵机追随机构	steering hunting gear	

序 码	汉 文 名	英 文 名	注 释
15.0504	最大舵角	hard-over angle	
15.0505	舵角指示器	rudder angle indicator	
15.0506	标定转舵扭矩	rated stock torque	
15.0507	转舵时间	time of rudder movement	
15.0508	应急操舵装置	emergency steering gear	
15.0509	起货机	cargo winch	
15.0510	蒸汽起货机	steam cargo winch	
15.0511	电动起货机	electric cargo winch	
15.0512	液压起货机	hydraulic cargo winch	
15.0513	重吊起货机	heavy lift derrick cargo winch	
15.0514	回转吊杆绞车	slewing winch	
15.0515	千斤索绞车	span winch, topping lift winch	
15.0516	起重机起重臂	crane boom	
15.0517	起重机伸距	crane radius	
15.0518	额定起重量	rated load weight	
15.0519	最大起升高度	maximum height of lift	
15.0520	舱口盖绞车	hatch cover [handling] winch	
15.0521	起锚设备	anchor gear	
15.0522	起锚机	windlass, anchor windlass	
15.0523	起锚系缆绞盘	anchor capstan	
15.0524	系泊绞盘	mooring capstan	
15.0525	绞缆机	warping winch	
15.0526	系泊绞车	mooring winch	
15.0527	自动系泊绞车	automatic mooring winch	
15.0528	拖缆机	towing winch	
15.0529	恒张力拖缆机	automatic constant tension towing winch	
15.0530	吊艇机	boat winch	
15.0531	锚链轮	wildcat	
15.0532	分链器	chain stripper	
15.0533	卷筒	drum, barrel	
15.0534	单卷筒绞车	single drum winch	
15.0535	双卷筒绞车	double drum winch	
15.0536	绞缆筒	warping end, warping head, warping drum	
15.0537	排缆装置	spooling gear	
15.0538	舷梯绞车	accommodation ladder winch	

序 码	汉 文 名	英 文 名	注 释
15.0539	捕捞机械	fishing machinery	
15.0540	船舶减摇装置	ship stabilizer, ship stabilizing gear	
15.0541	移动重量式减摇装置	moving-weight stabilizer	
15.0542	陀螺式减摇装置	gyro[scopic] stabilizer	
15.0543	水舱式减摇装置	anti-rolling tank stabilization system	
15.0544	可控被动水舱式减摇装置	controllable passive tank stabilization system	
15.0545	主动水舱式减摇装置	activated anti-rolling·tank stabilization system	
15.0546	减摇鳍装置	fin stabilizer	
15.0547	非收放型减摇鳍装置	non-retractable fin stabilizer	
15.0548	伸缩式减摇鳍装置	retractable fin stabilizer	
15.0549	折叠式减摇鳍装置	folding fin stabilizer	
15.0550	转鳍机构	fin-tilting gear	
15.0551	鳍轴	fin shaft	
15.0552	减摇控制设备	stabilizer control gear	
15.0553	液压传动	hydraulic transmission [drive]	
15.0554	液压传动装置	hydraulic [transmission] gear	
15.0555	液压系统	hydraulic system	
15.0556	液压遥控传动装置	hydraulic telemotor	
15.0557	液压减速[传动]装置	hydraulic reduction gear	
15.0558	液压变速[传动]装置	hydraulic variable speed driver	
15.0559	液压泵	hydraulic pump	
15.0560	液压[油]马达	oil motor, fluid motor, hydraulic motor	
15.0561	液压变矩器	hydraulic moment variator, hydraulic moment converter	
15.0562	液压伺服马达	hydraulic servo-motor	

序　码	汉　文　名	英　文　名	注　释
15.0563	液压缸	hydrocylinder	
15.0564	液压蓄能器	hydraulic accumulator	
15.0565	液压放大器	hydraulic amplifier	
15.0566	液压升压器	hydraulic booster	
15.0567	液压制动器	hydraulic brake	
15.0568	液压缓冲器	hydraulic buffer	
15.0569	液压执行机构	hydraulic actuating gear, hydraulic actuator	
15.0570	液压锁闭装置	hydraulic blocking device	
15.0571	液压锁	hydraulic lock	
15.0572	液压发送器	hydraulic transmitter	
15.0573	液压油柜	hydraulic oil tank	
15.0574	单作用油缸	single acting cylinder	
15.0575	双作用油缸	double-acting cylinder	
15.0576	差动油缸	differential cylinder	
15.0577	定量油马达	fixed-displacement oil motor	
15.0578	变量油马达	variable-displacement oil motor	
15.0579	径向柱塞式液压马达	radial-piston hydraulic motor	
15.0580	轴向柱塞式液压马达	axial-piston hydraulic motor	
15.0581	开式液压系统	open type hydraulic system	
15.0582	闭式液压系统	closed-type hydraulic system	
15.0583	液压操纵阀	hydraulic operated valve	
15.0584	液压接头	hydraulic joint	
15.0585	液压离合器	hydraulic [friction] clutch	
15.0586	液压舱盖	hydraulic hatch cover	
15.0587	液压控制阀	hydraulic control valve	
15.0588	方向控制阀	directional control valve	
15.0589	单向止回阀	check valve	
15.0590	双向止回阀	double check valve, double non-return valve	
15.0591	液控单向阀	hydraulic control non-return valve	
15.0592	三位四通换向阀	three-position four way directional control valve	
15.0593	二位三通换向阀	two-position three way directional control valve	

序　码	汉　文　名	英　文　名	注　释
15.0594	电磁换向阀	solenoid directional control valve	
15.0595	液压换向阀	hydraulic directional control valve	
15.0596	电液换向阀	electro-hydraulic directional control valve	
15.0597	液压伺服阀	hydraulic servo valve	
15.0598	电液伺服阀	electro-hydraulic servo valve	
15.0599	压力控制阀	pressure-control valve	
15.0600	溢流阀	overflow valve	
15.0601	卸压阀	relief valve	
15.0602	先导式溢流阀	pilot operated compound-relief valve	
15.0603	卸荷阀	unloading valve	
15.0604	减压阀	pressure reducing valve	
15.0605	顺序阀	sequence valve	
15.0606	平衡阀	balanced valve	
15.0607	流量控制阀	flow-control valve	
15.0608	节流阀	throttle valve	
15.0609	调速阀	speed regulating valve	
15.0610	逻辑阀	logical valve	
15.0611	液压操纵货油阀	hydraulic operated cargo valve	
15.0612	船舶制冷装置	marine refrigerating plant	
15.0613	制冷系统	refrigeration system	
15.0614	制冷循环	refrigeration cycle	
15.0615	蒸发压缩制冷	vapor compression refrigeration	
15.0616	吸收制冷	absorption refrigeration	
15.0617	蒸汽喷射制冷	steam jet refrigeration	
15.0618	半导体制冷	semiconductor refrigeration	
15.0619	氟利昂	freon	
15.0620	制冷剂	refrigerant, refrigeration agent	
15.0621	载冷剂	coolant, cooling medium	
15.0622	吸收剂	absorbent material, absorption agent	
15.0623	制冷量	refrigerating capacity	
15.0624	制冷吨	refrigerating ton	
15.0625	往复式制冷压缩机	reciprocating refrigeration compressor	
15.0626	离心式制冷压缩	centrifugal refrigerating compres-	

序 码	汉 文 名	英 文 名	注 释
	机	sor	
15.0627	回转叶片式制冷压缩机	rotary sliding-vane refrigerating compressor	
15.0628	螺杆式制冷压缩机	screw type refrigerating compressor	
15.0629	半封闭式制冷压缩机	semi-hermetic refrigerating compressor unit	
15.0630	全封闭式制冷压缩机	hermetically sealed refrigerating compressor unit	
15.0631	能量调节阀	capacity adjusting valve	
15.0632	壳管式冷凝器	shell and tube condenser	
15.0633	套管式冷凝器	double-pipe condenser	
15.0634	喷淋蒸发式冷凝器	spray evaporative condenser	
15.0635	风冷式冷凝器	air-cooled condenser	
15.0636	蒸发盘管	evaporating coil	
15.0637	肋片式蒸发器	finned-surface evaporator	
15.0638	干式蒸发器	dry-type evaporator	
15.0639	板式蒸发器	plate-type evaporator	
15.0640	浸没式蒸发器	flooded evaporator	
15.0641	冷风机	air cooling machine	
15.0642	油分离器	oil separator	
15.0643	贮液器	receiver	
15.0644	干燥器	drier	
15.0645	回热器	liquid-suction heat exchanger	又称"气液热交换器"。
15.0646	手动膨胀阀	hand expansion valve	
15.0647	自动膨胀阀	automatic expansion valve	
15.0648	热力膨胀阀	thermostatic expansion valve	
15.0649	电磁阀	solenoid valve	
15.0650	高低压继电器	high and low pressure relay	
15.0651	温度继电器	temperature switch, thermostat	
15.0652	蒸发压力调节阀	evaporator pressure regulator, back pressure regulator	又称"背压调节阀"。
15.0653	水量调节阀	water regulating valve	
15.0654	油压压差控制器	oil pressure differential controller	
15.0655	热气融霜	hot gas defrost	

序　码	汉　文　名	英　文　名	注　释
15.0656	电热融霜	electric defrost	
15.0657	热盐水融霜	hot brine defrost	
15.0658	融霜贮液器	defrost receiver	
15.0659	电热融霜定时器	electric defrost timer	
15.0660	臭氧发生器	ozone generator	
15.0661	溴化锂吸收式制冷装置	lithium bromide water absorption refrigerating plant	
15.0662	冷藏间	refrigerated room, refrigerated space	
15.0663	伙食冷库	food stuff refrigerated storage	
15.0664	单位容积制冷量	refrigerating effect per unit swept volume	
15.0665	单位轴马力制冷量	refrigerating effect per brake horse power	
15.0666	冷藏货舱	refrigerated cargo hold	
15.0667	制冷系数	coefficient of refrigerating performance	
15.0668	船舶空气调节	marine air conditioning	
15.0669	集中式空气调节系统	central air conditioning system	
15.0670	末端再加热空气调节系统	terminal reheat air conditioning system	
15.0671	区域再加热空气调节系统	zone reheat air conditioning system	
15.0672	双风管空气调节系统	dual-duct air conditioning system	
15.0673	高速诱导空气调节系统	high velocity induction air conditioning system	
15.0674	集中式空气调节器	central air conditioner	
15.0675	立柜式空气调节器	self-contained air conditioner	
15.0676	热电式空气调节器	thermalelectric type air conditioner, semiconductor air conditioner	
15.0677	窗式空气调节器	window type air conditioner	
15.0678	空气调节装置蒸	air conditioning evaporator	

序 码	汉 文 名	英 文 名	注 释
	发器		
15.0679	空气加热器	air heater	
15.0680	表面式空气冷却器	surface air cooler	
15.0681	间接冷却式空气冷却器	indirect air cooler	
15.0682	直接蒸发式空气冷却器	direct evaporating air cooler	
15.0683	加湿器	humidifier	
15.0684	除湿器	dehumidifier	
15.0685	新风	outside air, fresh air	
15.0686	回风	recirculated air, return air	
15.0687	空气分配器	air distributor	
15.0688	静压调节器	static pressure regulator	
15.0689	集散式布风器	air jet diffuser	
15.0690	诱导器	induction unit	
15.0691	热湿比	heat-humidity ratio	
15.0692	诱导比	induction ratio	
15.0693	海水淡化装置	sea water desalting plant, fresh water generator	
15.0694	电渗析法	electrodialysis method	
15.0695	反渗透法	reverse osmosis method	
15.0696	蒸馏法	distillation method	
15.0697	蒸馏装置	distillation plant	
15.0698	蒸馏器	distiller	
15.0699	压汽式蒸馏装置	vapor compression distillation plant	
15.0700	沸腾蒸发	boiling evaporation	
15.0701	闪发蒸发	flash evaporation	
15.0702	薄膜蒸发	thin film evaporation	
15.0703	单效蒸发	single effect evaporation	
15.0704	多效蒸发	multiple-effect evaporation	
15.0705	单级闪发	single stage flash evaporation	
15.0706	多级闪发	multiple-stage flash evaporation	
15.0707	加热蒸汽	heating steam	
15.0708	海水蒸发器	sea water evaporator	
15.0709	闪发室	flash chamber	
15.0710	排盐泵	blowdown pump	

序　码	汉　文　名	英　文　名	注　释
15.0711	防溅挡板	splash plate	
15.0712	抽气量	bleed air rate	
15.0713	排盐量	brine rate, blowdown rate	
15.0714	给水倍率	feed water ratio	
15.0715	加热水倍率	heating water ratio	
15.0716	冷却水倍率	cooling water ratio	
15.0717	循环水倍率	circulating water ratio	
15.0718	盐度计	salinometer	
15.0719	分油机	centrifugal oil separator	
15.0720	分水机	purifier	
15.0721	分杂机	clarifier	
15.0722	自清洗分油机	self-cleaning separator	
15.0723	分离盘	separating disc	
15.0724	分离筒	separating bowl	
15.0725	比重环	gravity disc	
15.0726	船舶系统	marine system, ship system	
15.0727	污水	bilge water	
15.0728	污水系统	bilge system	
15.0729	油水分离器	oily water separator	
15.0730	污水井	bilge well	
15.0731	机舱应急舱底水阀	engine room emergency bilge suction valve	
15.0732	污水自动排除装置	bilge automatic discharging device	
15.0733	污水柜	bilge tank	
15.0734	压载水	ballast water	
15.0735	压载水系统	ballast system	
15.0736	蒸汽供暖系统	steam heating system	
15.0737	热水供暖系统	hot water heating system	
15.0738	生活用水系统	domestic water system	
15.0739	淡水系统	fresh water system	
15.0740	饮用水系统	drinking water system	
15.0741	卫生水系统	sanitary system	
15.0742	海水系统	sea water service system	
15.0743	压力水柜	water pressure tank, elevated tank	
15.0744	热水柜	hot water tank	
15.0745	卫生水压力柜	sanitary pressure tank	

序 码	汉 文 名	英 文 名	注 释
15.0746	滤水柜	water filter tank	
15.0747	饮用水臭氧消毒器	drinking water ozone disinfector	
15.0748	船舶通风	ship ventilation	
15.0749	船舶自然通风	ship natural ventilation	
15.0750	船舶机械通风	ship mechanical ventilation	
15.0751	通风筒	ventilator	
15.0752	通风帽	ventilating cowl	
15.0753	货舱空气干燥系统	cargo hold dihumidification system	
15.0754	甲板水排泄管系	deck water piping system	
15.0755	甲板冲洗管系	deck washing piping system, wash deck piping	
15.0756	生活污水处理装置	sewage treatment unit	
15.0757	生活污水柜	sewage tank	
15.0758	生活污水排泄系统	sewage piping system	
15.0759	注入管	filling pipe, filling line	
15.0760	淡水注入管	fresh water filling pipe	
15.0761	燃油注入管	fuel oil filling pipe	
15.0762	滑油注入管	lubricating oil filling pipe	
15.0763	溢流管	overflow pipe	
15.0764	透气管	vent pipe	
15.0765	测深管	sounding pipe	
15.0766	生活污水标准排放接头	sewage standard discharge connection	
15.0767	残油标准排放接头	residual oil standard discharge connection	
15.0768	标准绝缘法兰接头	typical insulating flange joint	
15.0769	观察孔	sighting port	
15.0770	舱顶空档测量孔	ullage port	
15.0771	液货船管系	tanker piping system	
15.0772	货油装卸系统	cargo-pumping system, cargo oil pumping system	
15.0773	货油舱管系	cargo oil tank pipe line	

序 码	汉 文 名	英 文 名	注 释
15.0774	货油泵舱管系	cargo oil pump room pipe line	
15.0775	甲板货油管系	cargo oil deck pipe line	
15.0776	货油总管	main cargo oil line, cargo oil transfer main pipe line	
15.0777	直接装注油管	direct loading pipe line, direct filling line	
15.0778	货油软管	cargo hose, cargo oil hose	
15.0779	货油舱透气系统	cargo tank vapour piping system, cargo oil tank venting system	
15.0780	呼吸阀	breather valve	
15.0781	压力真空切断阀	pressure and vacuum breaker	
15.0782	货油舱扫舱系统	cargo oil tank stripping system	
15.0783	排油监控装置	oil discharge monitoring and control system	
15.0784	货油舱洗舱设备	cargo oil tank cleaning installation	
15.0785	洗舱机	tank washing machine	
15.0786	货油舱油气驱除装置	cargo oil tank gas-freeing installation	
15.0787	蒸汽喷射油气抽除装置	steam ejector gas-freeing system	
15.0788	蒸汽熏舱管系	tank steaming-out piping system	
15.0789	货油加热系统	cargo oil heating system	
15.0790	吸油口加热盘管	cargo oil suction heating coil	
15.0791	甲板洒水系统	deck sprinkler system, deck sprinkling system	
15.0792	货油阀	cargo oil valve, cargo valve	
15.0793	隔离阀	isolating valve	
15.0794	密封甲板阀	hermetic deck valve	
15.0795	泵舱通海阀	pump room sea valve, pump room sea suction valve	
15.0796	舱壁防爆填料函	anti-explosion bulkhead stuffing box	
15.0797	货油舱气压指示器	cargo oil tank gas pressure indicator	
15.0798	集中操纵货油装卸系统	centralized operation cargo oil pumping system	
15.0799	专用压载舱	segregated ballast tank, SBT	

序 码	汉 文 名	英 文 名	注 释
15.0800	专用压载系统	segregated ballast system	
15.0801	惰性气体系统	inert gas system, IGS	
15.0802	惰性气体发生器	inert gas generator	
15.0803	防火网	flame screen	
15.0804	自扫舱装置	self stripping unit	
15.0805	洗舱口	tank washing opening	
15.0806	测氧仪	oxygen analyser	
15.0807	油水界面探测仪	oil water interface detector	
15.0808	甲板水封	deck water seal	
15.0809	洗涤塔	scrubber	
15.0810	浮油层取样器	float oil layer sampler	
15.0811	管路附件	pipeline fittings	
15.0812	阀箱	valve chest	
15.0813	单联滤器	single strainer	
15.0814	双联滤器	duplex strainer	
15.0815	自动清洗滤器	auto-clean strainer	
15.0816	伸缩接头	expansion joint	
15.0817	球阀	globe valve	
15.0818	角阀	angle valve	
15.0819	闸阀	gate valve	
15.0820	蝶阀	butterfly valve	
15.0821	截止阀	stop valve	
15.0822	旁通阀	by-pass valve	
15.0823	转换阀	change-over valve	
15.0824	阻汽器	steam trap	
15.0825	残水旋塞	drain cock	
15.0826	通海接头	sea connection	
15.0827	通海阀	sea valve	
15.0828	通海阀箱	sea chest	
15.0829	舷外排水孔	overboard scupper	
15.0830	舷外排出阀	overboard discharge valve	
15.0831	船用轻柴油	marine gas oil	
15.0832	船用柴油	marine diesel oil	
15.0833	中间燃料油	intermediate fuel oil	
15.0834	残渣油	residual fuel oil	
15.0835	矿物油	mineral oil	
15.0836	合成油	synthetic oil	

序　码	汉　文　名	英　文　名	注　释
15.0837	柴油机机油	diesel engine lubricating oil	
15.0838	气缸油	cylinder oil	
15.0839	汽轮机油	turbine oil	
15.0840	齿轮油	gear oil	
15.0841	艉轴管油	stern tube lubricating oil	
15.0842	冷冻机油	refrigerator oil	
15.0843	压缩机油	compressor oil	
15.0844	液压油	hydraulic oil	
15.0845	润滑脂	lubricating grease	
15.0846	粘度	viscosity	
15.0847	十六烷值	cetane number	
15.0848	硫分	sulfur content	
15.0849	灰分	ash content	
15.0850	沥青分	asphaltenes content	
15.0851	钠和钒含量	sodium and vanadium content	
15.0852	残炭值	carbon residue	
15.0853	浊点	cloud point	
15.0854	倾点	pour point	
15.0855	凝点	solidification point, freezing point	
15.0856	机械杂质	mechanical impurities	
15.0857	水分	water content	
15.0858	低热值	lower calorific value	
15.0859	相容性	compatibility	
15.0860	粘度指数	viscosity index	
15.0861	总碱值	total base number, TBN	
15.0862	总酸值	total acid number, TAN	
15.0863	强酸值	strong acid number, SAN	
15.0864	抗乳化度	demulsification number	
15.0865	氧化安定性	oxidation stability	
15.0866	正庚烷不溶物	n-heptane insoluble	
15.0867	苯不溶物	benzene insoluble	
15.0868	污染指数	contamination index	
15.0869	滴点	drop point	
15.0870	稠度	consistency	
15.0871	清净分散剂	detergent/dispersant additive	
15.0872	油性极压剂	oilness extreme-pressure additive	
15.0873	增粘剂	viscosity index improver	

序　码	汉　文　名	英　文　名	注　释
15.0874	抗氧化抗腐蚀剂	anti-oxidant anti-corrosion additive	
15.0875	降凝剂	pour point depressant	
15.0876	消泡剂	anti-foam additive	
15.0877	粘度分级	viscosity classification	
15.0878	美国石油协会分级	American Petroleum Institute classification	
15.0879	船用物料	marine store	
15.0880	船舶轴系	marine shafting	
15.0881	直接传动	direct transmission	
15.0882	间接传动	indirect transmission	
15.0883	调距桨传动	controllable pitch propeller transmission	
15.0884	Z 型传动	Z transmission, Z drive	
15.0885	推力轴	thrust shaft	
15.0886	中间轴	intermediate shaft	
15.0887	艉轴	stern shaft, tail shaft	
15.0888	艉轴管	stern tube	
15.0889	中间轴承	intermediate bearing	
15.0890	艉轴承	stern bearing	
15.0891	铁梨木轴承	lignum vitae bearing	
15.0892	橡胶轴承	rubber bearing	
15.0893	白合金轴承	white metal bearing	
15.0894	艉轴管填料函	stern tube stuffing box	
15.0895	隔舱填料函	bulkhead stuffing box	
15.0896	单轴系	single shafting	
15.0897	双轴系	twin shafting	
15.0898	船用联轴器	marine coupling	
15.0899	船用齿轮箱	marine gear box	
15.0900	船用离合器	marine clutch	
15.0901	轴系制动器	shafting brake	
15.0902	传动轴系	transmission shafting	
15.0903	船舶推进轴系	marine propulsion shafting	
15.0904	水润滑	water lubricating	
15.0905	油润滑	oil lubricating	
15.0906	轴系校中	shafting alignment	
15.0907	螺距角指示器	pitch angle indicator	
15.0908	偏中值	misalignment value	

序 码	汉 文 名	英 文 名	注 释
15.0909	角偏差	angular misalignment	
15.0910	平行度偏差	parallel misalignment	
15.0911	螺旋桨静平衡	propeller statical equilibrium	
15.0912	推进装置	propulsion device	
15.0913	辅助装置	auxiliary device	
15.0914	船舶动力装置操纵性	marine power plant manoeuvrability	
15.0915	船舶动力装置可靠性	marine power plant service reliability	
15.0916	船舶动力装置可维修性	marine power plant maintainability	
15.0917	船舶动力装置经济性	marine power plant economy	
15.0918	动力装置燃油消耗率	power plant effective specific fuel oil consumption	
15.0919	动力装置[有效]热效率	power plant [effective] thermal efficiency	
15.0920	每吨海里燃油消耗量	fuel consumption per ton n mile	
15.0921	最佳航速	optimum speed	
15.0922	船舶阻力特性	hull resistance characteristic	
15.0923	螺旋桨特性	propeller characteristic	
15.0924	功率储备	power reserve, power margin	
15.0925	装载和污底工况管理	load and fouling hull operating mode management	
15.0926	大风浪航行工况管理	heavy weather navigation operating mode management	
15.0927	浅水与窄航道航行工况管理	shallow and narrow channel navigation operating mode management	
15.0928	拖曳作业工况管理	towing operating mode management	
15.0929	系泊工况管理	mooring operating mode management	
15.0930	起航与加速工况管理	starting and accelerating operating mode management	
15.0931	转向工况管理	turning operating mode manage-	

序　码	汉　文　名	英　文　名	注　释
		ment	
15.0932	倒航工况管理	astern running operating mode management	
15.0933	巡航工况管理	cruising operating mode management	
15.0934	战斗工况管理	combat operating mode management	
15.0935	主机故障应急处理	main engine fault emergency manoeuvre	
15.0936	发电机跳电应急处理	generator blackout emergency manoeuvre	
15.0937	应急空气压缩机	emergency air compressor	
15.0938	轮机日志	engine room log book	
15.0939	电气日志	electrical log book	
15.0940	副机日志	auxiliary engine log book	
15.0941	拆卸检修	overhaul	
15.0942	日常例行维修	routine maintenance	
15.0943	定期预防维修	preventive maintenance	
15.0944	视情维修	on-condition maintenance	
15.0945	故障诊断	fault diagnosis	
15.0946	趋势分析	trend analysis	
15.0947	给定值	set value, desired value	
15.0948	阶跃输入	step input	
15.0949	测量单元	measuring unit	
15.0950	比较单元	comparing unit	
15.0951	比较器	comparator	
15.0952	执行器	actuator	
15.0953	被控对象	controlled object	
15.0954	系统响应	system response	
15.0955	静态	static state	
15.0956	动态	dynamic state	
15.0957	稳态	steady [state]	
15.0958	瞬态	instantaneous state, transient state	
15.0959	最优控制	optimum control, optimal control	
15.0960	自适应控制	adaptive control	
15.0961	定值控制	stabilization control	
15.0962	随动控制	follow-up control	

序　码	汉　文　名	英　文　名	注　释
15.0963	程序控制	programmed control	
15.0964	开环系统	open-loop system	
15.0965	闭环系统	closed-loop system	
15.0966	负反馈控制系统	negative feed back control system	
15.0967	双位式调节器	on-off two position regulator	
15.0968	比例调节器	proportioner, proportional regulator	
15.0969	积分调节器	integral regulator	
15.0970	微分调节器	differential regulator, derivative regulator	
15.0971	比例积分微分调节器	P-I-D regulator	
15.0972	温度调节器	thermoregulator	
15.0973	恒温调节器	thermostat regulator	
15.0974	压力调节器	pressure regulator	
15.0975	电子调节器	electronic regulator	
15.0976	流量调节器	flow regulator	
15.0977	气动调节器	pneumatic regulator	
15.0978	油雾浓度探测器	oil mist detector	
15.0979	传感器	sensor, transducer	
15.0980	电－气变换器	electro-pneumatic transducer	
15.0981	电压电流变换器	voltage-current transducer	
15.0982	气动放大器	pneumatic amplifier	
15.0983	测速发电机	tachogenerator	
15.0984	机舱自动化	engine room automation	
15.0985	无人机舱	unmanned machinery space, unattended machinery space	
15.0986	柴油主机气动遥控系统	pneumatic remote control system for main diesel engine	
15.0987	驾驶台遥控系统	bridge remote control system	
15.0988	电－气式主机遥控系统	electric-pneumatic remote control system for main engine	
15.0989	微机控制主机遥控系统	microcomputer remote control system for main engine	
15.0990	电子式主机遥控系统	electronic remote control system for main engine	
15.0991	可调螺距桨控制	controllable pitch propeller control	

序 码	汉 文 名	英 文 名	注 释
	系统	system, CPP control system	
15.0992	自动负荷控制	automatic load control, ALC	
15.0993	粘度自动控制系统	viscosity automatic control system	
15.0994	辅锅炉自动控制系统	auxiliary boiler automatic control system	
15.0995	燃烧自动控制	automatic combustion control	
15.0996	泵自动切换装置	pump auto-change over device	
15.0997	空压机自动控制	air compressor auto-control	
15.0998	安全系统	safety system	
15.0999	滤器自动清洗	automatic filter cleaning	
15.1000	主车钟	main engine telegraph	
15.1001	副车钟	sub-telegraph	
15.1002	车钟发送器	telegraph transmitter	
15.1003	车钟接收器	telegraph receiver	
15.1004	车钟记录仪	telegraph logger	
15.1005	车钟记录簿	telegraph book	
15.1006	主机遥控屏	main engine remote control panel	
15.1007	控制室操纵屏	control room manoeuvring panel	
15.1008	车令指示器	engine telegraph order indicator	
15.1009	车钟报警	engine telegraph alarm	
15.1010	起动空气切断	starting air cut off	
15.1011	起动故障报警	start failure alarm	
15.1012	操纵部位转换	transfer of control station	
15.1013	遥控异常报警	remote control abnormal alarm	
15.1014	控制部位转换开关	control station change-over switch	
15.1015	电液伺服机构	electric-hydraulic servo actuator	
15.1016	换向联锁	reversing interlock	
15.1017	起动结束信号	start-finish signal	
15.1018	正常起动程序	normal starting sequence	
15.1019	重复起动程序	repeated starting sequence	
15.1020	换向起动程序	reverse starting sequence	
15.1021	慢转起动程序	slow turning starting sequence	
15.1022	自动减速	automatic slow down	
15.1023	加负荷程序	load-up program	
15.1024	减负荷程序	load-down program	

序　码	汉　文　名	英　文　名	注　释
15.1025	应急停车	emergency stop	
15.1026	应急操纵	emergency maneuvering	
15.1027	速度设定值	speed setting value	
15.1028	模拟试验	simulation test	
15.1029	起动联锁	starting interlock	
15.1030	微机	microcomputer	
15.1031	微处理器	micro processor	
15.1032	人－机通信系统	man-machine communication system	
15.1033	自检功能	self-checking function	
15.1034	中断系统	interrupt system	
15.1035	外围设备	peripheral equipment	
15.1036	信息处理	information processing	
15.1037	中断服务程序	interrupt service routine	
15.1038	微机控制系统	microcomputer control system	
15.1039	双机系统	dual system	
15.1040	集中监测器	centralized monitor	
15.1041	巡回监测器	circular monitor	
15.1042	主机工况监测器	condition monitor of main engine	
15.1043	工况监视器	condition monitor	
15.1044	工况显示器	condition indicator	
15.1045	工况报警	condition alarm	
15.1046	参数设定	parameter setting	
15.1047	闪光复位	flicker reset	
15.1048	功能试验	function test	
15.1049	报警打印	alarm printer	
15.1050	延伸报警	extension alarm	
15.1051	系统故障	system fail	
15.1052	自动报警	auto-alarm	
15.1053	局域网络	local area network	
15.1054	分站	substation	
15.1055	组合报警	group alarm	
15.1056	消磁按钮开关	degauss push button switch	
15.1057	锁定开关	key lock switch	
15.1058	报警监视系统	alarm monitoring system	
15.1059	监视屏	monitoring panel	
15.1060	操作指令	operational command	

序 码	汉 文 名	英 文 名	注 释
15.1061	慢闪光	slow flash light	
15.1062	应答信号	acknowledge signal	
15.1063	打印结束信号	printing finished signal	
15.1064	船舶电站	ship power station	
15.1065	直流电站	DC power station	
15.1066	交流电站	AC power station	
15.1067	应急电站	emergency power station	
15.1068	应急电源	emergency power source	
15.1069	发电机组	generating set	
15.1070	备用发电机	stand-by generator	
15.1071	应急发电机	emergency generator	
15.1072	应急电气设备	emergency electric equipment	
15.1073	轴带发电机	shaft-driven generator	
15.1074	废气涡轮发电机组	exhaust turbine generating set	
15.1075	超导发电机	superconducting generator	
15.1076	自励交流发电机	self-excited AC generator	
15.1077	同步发电机	synchronous generator	
15.1078	蓄电池	accumulator battery, storage battery	
15.1079	无刷交流发电机	brushless AC generator	
15.1080	原动机自动起动装置	prime mover automatic starter	
15.1081	主配电板	main switchboard	
15.1082	自动并联运行	automatic parallel operation	
15.1083	粗同步法	coarse synchronizing method	
15.1084	自动同步装置	automatic synchronizing device	
15.1085	同步合闸	synchroswitching-in	
15.1086	自动解列	automatic parallel off	
15.1087	有功负荷	power load	
15.1088	无功负荷	wattless load	
15.1089	有功功率自动分配装置	automatic distributor of active power	
15.1090	无功功率自动分配装置	automatic distributor of reactive power	
15.1091	最佳负荷分配	optimum load sharing	
15.1092	电动机起动阻塞	start blocking control	

序　码	汉　文　名	英　文　名	注　释
	控制		
15.1093	相序	phase sequence	
15.1094	发电机[控制]屏	generator control panel	
15.1095	配电屏	feeder panel	
15.1096	并车屏	paralleling panel	
15.1097	并车电抗器	parallel operation reactor	
15.1098	同步指示器	synchroscope, synchrometer	
15.1099	同步指示灯	synchro light	
15.1100	接地检查灯	ground detecting lamp	
15.1101	发电机励磁系统	generator excited system	
15.1102	可控相复励磁系统	controllable phase compensation compound excited system	
15.1103	自动电压调节器	automatic voltage regulator, AVR	
15.1104	可控硅励磁系统	thyristor excited system	
15.1105	可控自励恒压装置	controllable self-excited constant voltage device	
15.1106	汇流排	busbar	
15.1107	隔离开关	isolating switch	
15.1108	自动空气断路器	automatic air circuit breaker	
15.1109	装置式断路器	molded case circuit breaker	
15.1110	标定接通容量	rated making capacity	
15.1111	标定断开容量	rated breaking capacity	
15.1112	脱扣装置	trip device	
15.1113	长延时	long time delay	
15.1114	短延时	short time delay	
15.1115	起压	voltage build-up	
15.1116	电枢反应	armature reaction	
15.1117	三绕组变压器	three-winding transformer	
15.1118	过载试验	overload test	
15.1119	欠压试验	under-voltage test	
15.1120	逆功率试验	reverse power test	
15.1121	逆电流试验	reverse current test	
15.1122	分级卸载保护	classification unload protection	
15.1123	重要负载	important load	
15.1124	逆功率保护	reverse power protection	
15.1125	空载试验	no-load test	
15.1126	视功率	apparent power	

序 码	汉 文 名	英 文 名	注 释
15.1127	有功功率	active power, KW power	
15.1128	无功功率	reactive power, wattless power	
15.1129	岸电	shore power	
15.1130	岸电联锁保护	interlock protection of shore power connection	
15.1131	配电系统	distribution system	
15.1132	区配电板	section board	
15.1133	脱扣线圈	tripping coil	
15.1134	充磁开关	pre-exciting switch	
15.1135	均功调节	equalizing regulation	
15.1136	交流三相三线制	AC three-phase three-wire system	
15.1137	同步阻抗	synchronous impedance	
15.1138	复励阻抗	compounding impedance	
15.1139	选择性保护	selectivity protection	
15.1140	短路	short circuit	
15.1141	短路电流	short circuit current	
15.1142	中性点	neutral point	
15.1143	过电压	over voltage	
15.1144	过电流	over current	
15.1145	欠压	under-voltage	
15.1146	欠频	under-frequency	
15.1147	充电率	charging rate	
15.1148	放电率	discharging rate	
15.1149	放电特性曲线	discharge characteristic curve	
15.1150	电解液	electrolyte	
15.1151	甲板照明系统	deck lighting system	
15.1152	机舱照明系统	engine room lighting system	
15.1153	一般照明	general lighting	
15.1154	应急照明	emergency lighting	
15.1155	应急照明系统	emergency lighting system	
15.1156	防爆型	explosion proof type	
15.1157	防水型	water proof type	
15.1158	水密型	watertight type	
15.1159	防滴型	drip proof type	
15.1160	电力拖动	electric drive	
15.1161	伺服电动机	servo-motor	
15.1162	拖动电动机	drive motor	

序　码	汉　文　名	英　文　名	注　释
15.1163	电力推进	electric propulsion	
15.1164	电力拖动装置	electric drive apparatus	
15.1165	超导电力推进装置	superconductor electric propulsion plant	
15.1166	变流机组	converter set	
15.1167	可控硅变流机组	thyristor converter set	
15.1168	起动器	starter	
15.1169	无级调速	stepless speed regulation	
15.1170	磁场调速	speed regulation by field control	
15.1171	变极调速	speed regulation by pole changing	
15.1172	恒功率调速	speed regulation by constant power	
15.1173	恒转矩调速	speed regulation by constant torque	
15.1174	变频调速	speed regulation by frequency variation	
15.1175	串级调速	speed regulation by cascade control	
15.1176	可控硅调速	thyristor speed control	
15.1177	星－三角起动	star-delta starting	
15.1178	自耦变压器起动	auto-transformer starting	
15.1179	降压起动	reduced-voltage starting	
15.1180	能耗制动	dynamic braking	
15.1181	再生制动	supersynchronous braking, regenerative braking	
15.1182	反接制动	counter-current braking, plug braking	
15.1183	主令控制器	master controller	
15.1184	凸轮控制器	cam controller	
15.1185	鼓形控制器	drum controller	
15.1186	单相运行保护	protection against single-phasing	
15.1187	电气联锁	electrical interlocking	
15.1188	旋转磁场	rotating magnetic field	
15.1189	低电压保护	low-voltage protection	
15.1190	低电压释放	low-voltage release	
15.1191	脉动磁场	pulsating magnetic field	
15.1192	声力电话	sound powered telephone	
15.1193	船舶核动力装置	marine nuclear power plant	
15.1194	核反应堆	nuclear reactor	

序 码	汉 文 名	英 文 名	注 释
15.1195	核燃料	nuclear fuel	
15.1196	裂变能	fission energy	
15.1197	裂变产物	fission product	
15.1198	裂变中子	fission neutron	
15.1199	核反应堆中毒	nuclear reactor poisoning	
15.1200	燃耗	burn-up	
15.1201	燃耗深度	burn-up level	
15.1202	反应堆周期	reactor period	
15.1203	堆热功率	heat output of reactor	
15.1204	功率密度	power density	
15.1205	燃料烧毁	burn-out	
15.1206	烧毁热负荷	burn-out heat flux	又称"临界热负荷"。
15.1207	压力壳	pressure vessel	
15.1208	堆芯	core	
15.1209	吊篮	core barrel	
15.1210	反射层	reflector	
15.1211	燃料包壳	fuel cladding	
15.1212	燃料元件	fuel element	
15.1213	定位格架	location grid	
15.1214	控制棒	control rod	
15.1215	补偿棒	shim rod	
15.1216	调节棒	regulating rod	
15.1217	安全棒	safety rod	
15.1218	控制棒驱动机构	control rod drive mechanism	
15.1219	控制棒导管	control rod guide tube	
15.1220	可燃毒物元件	burnable poison element	
15.1221	辐照监督管	irradiation inspection tube	
15.1222	一回路	primary loop	
15.1223	主冷却剂系统	main coolant system	
15.1224	净化系统	purification system	
15.1225	废物处理系统	waste disposal system	
15.1226	补水系统	water charging system	
15.1227	一次屏蔽水系统	primary shield water system	
15.1228	化学物添加系统	chemical addition system	
15.1229	化学停堆系统	chemical shutdown system	
15.1230	去污系统	decontamination system	
15.1231	密封水系统	seal water system	

序　码	汉文名	英文名	注　释
15.1232	安全注射系统	safety injection system	
15.1233	气体衰变箱	gas decay tank	
15.1234	放射性废水箱	radioactive waste water tank	
15.1235	放射性废物箱	radioactive solid waste storage tank	
15.1236	二回路	secondary circuit	
15.1237	核反应堆控制系统	reactor control system	
15.1238	核测量系统	nuclear measurement system	
15.1239	核反应堆保护系统	reactor protective system	
15.1240	中子功率表	neutron power meter	
15.1241	周期测量系统	period measurement system	
15.1242	热屏蔽	thermal shielding	
15.1243	生物屏蔽	biological shielding	
15.1244	最大容许稳定运行功率	maximum permissible stable operation power	
15.1245	停堆深度	shut-down depth	
15.1246	物理起动	physical start-up	
15.1247	起动盲区	start-up blind-zone	
15.1248	临界棒栅	critical control rod lattice	
15.1249	提棒程序	control rod withdrawal sequence	
15.1250	热停堆	hot shut-down	
15.1251	冷停堆	cold shut-down	
15.1252	紧急停堆	emergency shut-down	
15.1253	瞬发临界事故	prompt critical accident	
15.1254	短周期事故	short period accident	
15.1255	提棒事故	control rod withdrawal accident	
15.1256	超功率事故	super-power accident	
15.1257	元件烧毁事故	element burnout accident	
15.1258	元件破损事故	element breakdown accident	
15.1259	失水事故	loss of coolant accident	
15.1260	冷水事故	cold-coolant accident	
15.1261	起动事故	start-up accident	
15.1262	临界实验	criticality test	
15.1263	零功率实验	zero-power experiment	

附 录

表1 蒲福风级表

蒲福风力等级	风 速(kn)	英 文 名	海 面 征 象
0	少于1	calm	海平如镜。
1	1—3	light air	明显鳞状波纹,波峰无白沫。
2	4—6	light breeze	较小小波,波长虽短但波纹已更明显,波峰透明但未开花。
3	7—10	gentle breeze	较大小波,波峰开始开花,水沫呈透明状,间或有稀疏的白浪。
4	11—16	moderate breeze	小浪,波长逐渐变长,白浪稍多。
5	17—21	fresh breeze	中浪,波长明显地变长,白浪很多(偶尔有水雾)
6	22—27	strong breeze	大浪,到处都是白沫浪头(往往有水雾)。
7	28—33	near gale	浪头高耸,开花浪的白沫开始随风成串飞溅。
8	34—40	gale	中高浪,波长更长,浪头边缘开始开花翻滚,白沫明显地随风成串飞溅。
9	41—47	strong gale	高浪,白沫密集地随风成串飞溅,浪头开始上下翻滚。水雾可能影响能见度。
10	48—55	storm	非常高的浪,大片大片的白沫密集地随风成串飞溅。整个海面呈白色,海面愈来愈汹涌澎湃。能见度受影响。
11	56—63	violent storm	特高浪(中小型船有时可能隐没在波浪后看不见),海面沿风方向白沫弥漫,所有浪头都被风吹成泡沫。能见度受影响。
12	64 和以上	hurricane	空中充满着白沫和水雾,海面白茫茫一片,能见度严重地受影响。

表2 热带气旋名称和等级标准

中心附近最大风力等级	热带气旋名称
6	热带低压　tropical depression
7	
8	热带风暴　tropical storm
9	
10	强热带风暴　severe tropical storm
11	
12 或大于 12	台风　typhoon

注:以蒲福风级表示

表3 浪级表

浪　级	名　称	浪高(m)
0	无浪　calm, glassy	0
1	微浪　calm, rippled	0—0.1
2	小浪　smooth sea	0.1—0.5
3	轻浪　slight sea	0.5—1.25
4	中浪　moderate sea	1.25—2.5
5	大浪　rough sea	2.5—4
6	巨浪　very rough sea	4—6
7	狂浪　high sea	6—9
8	狂涛　very high sea	9—14
9	怒涛　phenomenal sea	14 以上

表4 云的分类表

云 种	云 类	
	汉 文 名	英 文 名
低 云	积云	cumulus, Cu
	积雨云	cumulonimbus, Cb
	层积云	stratocumulus, Sc
	层云	stratus, St
	雨层云	nimbostratus, Ns
中 云	高层云	altostratus, As
	高积云	altocumulus, Ac
高 云	卷云	cirrus, Ci
	卷层云	cirrostratus, Cs
	卷积云	cirrocumulus, Cc

表5 能见度表

级 别	名 称	能 见 距 离
0	大雾 dense fog	$\frac{1}{4}$ cab
1	浓雾 thick fog	1cab
2	中雾 fog	$2\frac{1}{2}$ cab
3	轻雾 moderate fog	$\frac{1}{2}$ n mile
4	薄雾 thin fog or mist	1n mile
5	能见度不良 poor visibility	2n mile
6	中能见度 moderate visibility	5n mile
7	好能见度 good visibility	10n mile
8	良好能见度 very good visibility	30n mile
9	极好能见度 excellent visibility	30n mile 以外

表6 天气现象

天 气 现 象	
汉 文 名	英 文 名
晴天(云量 1/4 以下)	clear sky
少云(云量 1/4—1/2)	partly cloudy
多云(云量 1/2—3/4)	cloudy
阴天(云量 3/4 以上)	overcast
雨	rain
毛毛雨	drizzle
阵雨	shower
连续雨	continuous rain
间歇雨	intermittent rain
小雨	light rain
中雨	moderate rain
大雨	heavy rain
暴雨	torrential rain
闪电	lightning
雷	thunder
雷暴	thunderstorm
龙卷	spout
雪	snow
雹	hail
雾	fog
海雾	sea fog
轻雾	mist
霾	haze
露	dew

表7 车 令

序 号		口 令
1	备车	stand by engine
2	微速前进	dead slow ahead
3	前进一	slow ahead
4	前进二	half ahead
5	前进三	full ahead
6	停车	stop engine
7	微速后退	dead slow astern
8	后退一	slow astern
9	后退二	half astern
10	后退三	full astern
11	紧急进三	emergency full ahead
12	紧急退三	emergency full astern
13	完车	finished with engine
14	主机定速	ring off engine
15	首推全速向左	bow thrust full to port
16	首推全速向右	bow thrust full to starboard
17	首推半速向左	bow thrust half to port
18	首推半速向右	bow thrust half to starboard
19	首推停车	bow thrust stop

注:涉及双车的所有车令均应加上"双 both"一词,例如"双进三 full ahead both";需要单独操纵双车之一时,车令应指明左或右,例如"右进三 full ahead starboard"。

表 8 舵 令

序 号		口 令
1	正舵	midships
2	左舵 5	port five
3	左舵 10	port ten
4	左舵 15	port fifteen
5	左舵 20	port twenty
6	左舵 25	port twenty-five
7	左满舵	hard-a-port
8	右舵 5	starboard five
9	右舵 10	starboard ten
10	右舵 15	starboard fifteen
11	右舵 20	starboard twenty
12	右舵 25	starboard twenty-five
13	右满舵	hard-a-starboard
14	回到 5	ease to five
15	回到 10	ease to ten
16	回到 15	ease to fifteen
17	回到 20	ease to twenty
18	把定	steady
19	照直走	steady as she goes
20	把…放在左/右舷	keep the…on port/starboard side
21	舵灵吗	how does she answer
22	舵灵	answer good
23	舵很慢	answer slow
24	舵不灵	no answer
25	用舵完毕	finished with the wheel
26	走 082	steer zero eight two
27	朝…走	steer on…

注:①发布的所有舵令,均应由舵工复诵;

②值班驾驶员应确保舵工正确和立即执行。

表9 抛起锚口令

序 号	口 令	
1	准备左/右锚	stand by port/starboard anchor
2	抛左/右锚	let go port/starboard anchor
3	1/2/3…节锚链入水/在锚链筒/在甲板	put one/two/three…shackles in the water/in the pipe/on deck
4	放出锚链	pay out the cable
5	刹住锚链	hold on the cable
6	锚链放松	slack away chain
7	准备起锚	stand by heave away anchor
8	绞锚	heave away
9	停止绞锚	stop heaving
10	锚链方向?	where is the cable leading?
11	还有几节?	how many shackles are left?
12	锚清爽	anchor clear
13	锚离底	anchor up and down
14	锚离水	anchor is clear of water
15	锚绞缠	anchor fouled
16	锚抓牢	anchor brought up

表10 带缆口令

序 号	口 令	
1	左舷/右舷靠	berthing port/starboard side
2	带…头缆/尾缆/横缆	put out head/stern/breast lines
3	带…前/后倒缆	put out…fore/aft spring(s)
4	准备撤缆	have heaving lines ready
5	绞…缆	heave on…line
6	…缆收紧	pick up the slack on…line
7	绞	heave away
8	停绞	stop heaving
9	松…缆	slack away…line
10	刹住…缆	hold on…line
11	慢慢绞	heave easy
12	保持缆绳受力	keep the lines tight
13	单绑	single up
14	全部解掉	let go every thing
15	解…缆	let go…line
16	…缆溜一溜	check…line
17	挽牢	make fast
18	…缆上车	put…line on winch

英 汉 索 引

A

AAIC 账务机构识别码 14.0181

AB 一级水手 13.0370

abandonment 委付 13.0191

abandonment of ship 弃船 13.0179

abandon ship drill 弃船救生演习 08.0408

abeam 正横 02.0070

abeam approaching method 正横接近法 12.0177

abeam replenishing rig 横向补给装置 12.0182

abeam replenishment at sea 航行横向补给 12.0168

able-bodied seaman 一级水手 13.0370

abnormal injection 异常喷射 15.0170

above deck equipment 舱外设备 14.0258

absolute delay 绝对延迟 06.0227

absolute humidity 绝对湿度 07.0013

absolute log 绝对计程仪 06.0169

absorbent material 吸收剂 15.0622

absorption agent 吸收剂 15.0622

absorption refrigeration 吸收制冷 15.0616

accelerometer 加速度计 06.0137

accommodation 居住舱 08.0027

accommodation deck 起居甲板 08.0040

accommodation ladder 舷梯 08.0045

accommodation ladder winch 舷梯绞车 15.0538

accounting authority identification code 账务机构识别码 14.0181

accumulated rate 积差 03.0112

accumulator battery 蓄电池 15.1078

accuracy of position 船位精度 02.0182

acknowledge 收妥 14.0027

acknowledge signal 应答信号 15.1062

acoustic correlation log 声相关计程仪 06.0174

acoustic depth finder 回声测深仪 06.0148

AC power station 交流电站 15.1066

acquisition 捕获 06.0315

AC three-phase three-wire system 交流三相三线制

15.1136

activated anti-rolling tank stabilization system 主动水舱式减摇装置 15.0545

active power 有功功率 15.1127

actual carrier 实际承运人 13.0109

actual total loss 实际全损 13.0202

actual track 实际航迹向 02.0058

actuator 执行器 15.0952

adaptive autopilot 自适应操舵仪 06.0185

adaptive control 自适应控制 15.0960

additional charge 附加运费 11.0324

additional secondary phase factor 附加二次相位因子 06.0243

address 收报人名址 14.0129

addressee 收报人 14.0128

ADE 舱外设备 14.0258

ADF 自动测向仪 04.0022

adjustable vane 可调叶片 15.0319

admissible error 容许误差 02.0198

ad valorem rate 从价运费 11.0318

advance 纵距，＊进距 09.0011

advanced bill of lading 预借提单 13.0061

advanced freight 预付运费 11.0316

AF 天文船位 02.0177

aft 后 08.0012

aft peak tank 艉尖舱 08.0024

aft side light 艉航灯 09.0220

aground 搁浅 09.0144

ahead 向前 08.0011，前方 08.0010，正车 15.0140

ahead gas turbine 正车燃气轮机 15.0292

ahead manoeuvring valve 正车操纵阀 15.0267

ahead steam turbine 正车汽轮机 15.0216

a hoist 一挂 14.0049

aids to navigation 助航标志 01.0011

air compressor 空气压缩机 15.0137

air compressor auto-control 空压机自动控制 15.0997

air conditioning evaporator 空气调节装置蒸发器 15.0678

air container 通气箱 11.0210

air-cooled condenser 风冷式冷凝器 15.0635

air cooler 空气冷却器 15.0102

air cooling machine 冷风机 15.0641

aircraft carrier 航空母舰 08.0162

aircraft station 航空器电台 14.0204

air-cushion vehicle 气垫船 08.0144

air distributor 空气分配器 15.0687

air draft 净空高度 10.0014

air floatation correction coefficient 空气浮力修正系数 11.0159

air heater 空气加热器 15.0679

air inlet unit 进气装置 15.0298

air intake casing 进气壳体 15.0312

air jet diffuser 集散式布风器 15.0689

airjet ship 喷气推进船 08.0178

air lift 吸泥器 12.0110

air mass 气团 07.0059

air preheater 空气预热器 15.0377

air resistance 空气阻力 09.0029

air temperature 气温 07.0007

airtight 气密 11.0273

airtight test 气密试验 13.0263

alarm monitoring system 报警监视系统 15.1058

alarm printer 报警打印 15.1049

ALC 自动负荷控制 15.0992

alert data 报警数据 14.0176

alert phase 告警阶段 12.0010

aligning angle 看齐角 05.0042

all direction propeller 全向推进器 09.0047

all risks 船舶一切险 13.0198

all-round light 环照灯 09.0215

almucantar 高度圈，＊地平纬圈 03.0036

aloft 高处 08.0008

aloft work 高空作业 08.0466

alongshore mark 沿岸标 10.0033

alongside wharf 靠码头 09.0102

alphabetical flag 字母旗 14.0039

alter course 转向 02.0054

alternating current 往复流 07.0232

altitude circle 高度圈，＊地平纬圈 03.0036

altitude correction of zenith difference 异顶差 03.0144

altitude difference 高度差 03.0044

altitude difference method 高度差法 03.0043

ambiguity 多值性 04.0019

American Petroleum Institute classification 美国石油协会分级 15.0878

amidships engined ship 中机型船 08.0067

amphidromic point 无潮点 07.0213

amplitude shift keying 幅移键控 14.0282

AMVER 船舶自动互救系统 14.0058

anabatic 上升风 07.0110

analytic inertial navigation system 解析式惯性导航系统 06.0190

anchor 锚 08.0313

anchorage 锚地 07.0361

anchor and chain gear 锚设备 08.0312

anchor ball 锚球 08.0344

anchor capstan 起锚系缆绞盘 15.0523

anchor chain 锚链 08.0323

anchored vessel 锚泊船 09.0207

anchor embedded 淤锚 09.0087

anchor gear 起锚设备 15.0521

anchor holding power to weight ratio 锚抓重比 08.0321

anchor ice 锚冰 07.0120

anchoring 锚泊 09.0072

anchoring in fog 雾泊，＊扎雾 10.0080

anchoring orders 抛起锚口令 08.0345

anchoring test 抛锚试验 13.0271

anchor position 锚位 07.0349

anchor recess 锚穴 08.0331

anchor rope 锚缆 08.0330

anchor watch 锚更 09.0089

anchor windlass 起锚机 15.0522

anemograph 风速计 06.0071

anemometer 风速表 06.0072

anemorumbograph 风向风速计 06.0073

anemorumbometer 风向风速表 06.0074

angle of maximum stability lever 最大稳性力臂角 11.0060

angle of repose　休止角　11.0187

angle valve　角阀　15.0818

angular misalignment　角偏差　15.0909

angular position sensor　角度传感器　06.0135

animal or plant quarantine　动植物检疫　13.0345

ANMS　自动航海通告系统　14.0059

annual aberration　周年光行差　03.0072

annual parallax　[恒星]周年视差　03.0074

annual survey　年度检验　13.0248

annular combustor　环形燃烧室　15.0303

answering pendant　回答旗　14.0042

antenna effect　天线效应　04.0028

antenna switch　天线开关　14.0297

antenna tuning　天线调谐　14.0308

anti-clutter rain　雨雪干扰抑制　06.0309

anti-clutter sea　海浪干扰抑制　06.0308

anticyclone　反气旋　07.0049

anti-dated bill of lading　倒签提单　13.0060

anti-explosion bulkhead stuffing box　舱壁防爆填料函　15.0796

anti-foam additive　消泡剂　15.0876

anti-icing equipment　防冰装置　15.0310

anti-oxidant anti-corrosion additive　抗氧化抗腐蚀剂　15.0874

anti-rolling tank stabilization system　水舱式减摇装置　15.0543

anti-roll pump　减摇泵　15.0437

anti-rust　防锈　08.0458

AP　锚位　07.0349

aperiodic compass　非周期罗经　06.0079

aperiodic transitional condition　非周期过渡条件　06.0107

aphelion　远日点　03.0058

apogee　远地点　03.0077

apparatus for on-board communication　船内通信设备　14.0203

apparent altitude　视高度　03.0133

apparent position　视位置　03.0071

apparent power　视功率　15.1126

apparent rise and set　视出没　03.0053

apparent [solar] time　视[太阳]时　03.0090

apparent sun　视太阳　03.0092

apparent wind　视风　07.0115

appendage resistance　附体阻力　09.0030

applicable law of ship collision　船舶碰撞准据法　13.0167

appraisal of traffic safety　交通安全评估　13.0310

apprentice　练习生　13.0352

aquaculture　水产养殖　12.0142

arbitration clause　仲裁条款　13.0140

archipelagic sea area　群岛水域　13.0023

area code　区域码　14.0157

arena　动界　13.0304

Argo positioning system　阿果定位系统　06.0389

armature reaction　电枢反应　15.1116

ARPA　自动雷达标绘仪　06.0301

ARQ　自动请求重发方式　14.0228

arrest of ship　扣押船舶　13.0386

arrival notice　到货通知　11.0298

arrival point　推算终点　02.0138

articulated loading tower　铰接式装油塔　12.0162

articulated tower mooring system　铰接塔系泊系统　12.0159

artificial island　人工岛　12.0141

ascending node　升交点　03.0067

ash content　灰分　15.0849

ASK　幅移键控　14.0282

ASO　船舶辅助观测　07.0028

ASPF　附加二次相位因子　06.0243

asphaltenes content　沥青分　15.0850

assigned frequency　指配频率　14.0264

assigned frequency band　指配频带　14.0263

assistant by helicopter　直升机援助　12.0025

assistant engineer　轮助　13.0362

assistant officer　驾助　13.0357

assumed latitude　选择纬度　03.0148

assumed longitude　选择经度　03.0149

assumed position　选择船位　03.0147

assurer　保险人　13.0204

astern　后方　08.0013, 向后　08.0014, 倒车　15.0141

astern approaching method　尾部接近法　12.0178

astern exhaust chest sprayer　倒车排汽室喷雾器　15.0255

astern gas turbine　倒车燃气轮机　15.0293

astern guarding valve　倒车隔离阀　15.0269

astern manoeuvring valve 倒车操纵阀 15.0268

astern power 倒车功率 15.0043

astern replenishing rig 纵向补给装置 12.0183

astern replenishment at sea 航行纵向补给
12.0169

astern running operating mode management 倒航工
况管理 15.0932

astern steam turbine 倒车汽轮机 15.0217

astern trial 倒车试验 13.0269

astronomical coordinate 天文坐标 02.0022

astronomical fix 天文船位 02.0177

astronomical latitude 天文纬度 02.0023

astronomical longitude 天文经度 02.0024

astronomical triangle 天文三角形 03.0040

AT 原子时 03.0096

athwartships 横向 08.0007

athwartships magnet 横向磁棒 06.0019

atmosphere 大气 07.0001

atmospheric pressure 气压 07.0008

atomic time 原子时 03.0096

atomizer 雾化器 15.0387

attemperator 减温器 15.0374

attitude angle 姿态角 06.0143

auction of ship 拍卖船舶 13.0387

auto-alarm 自动报警 15.1052

auto-barring 自动盘车 15.0278

auto-clean strainer 自动清洗滤器 15.0815

autolevelling assembly 自动校平装置 06.0096

automated mutual assistance vessel rescue system 船
舶自动互救系统 14.0058

automatic air circuit breaker 自动空气断路器
15.1108

automatic call 自动呼叫 14.0117

automatic combustion control 燃烧自动控制
15.0995

automatic constant tension towing winch 恒张力拖
缆机 15.0529

automatic dial-up two-way telephony 自动拨号双向
电话 14.0078

automatic direction finder 自动测向仪 04.0022

automatic distributor of active power 有功功率自动
分配装置 15.1089

automatic distributor of reactive power 无功功率自

动分配装置 15.1090

automatic expansion valve 自动膨胀阀 15.0647

automatic filter cleaning 滤器自动清洗 15.0999

automatic fire alarm system 失火自动报警系统
08.0436

automatic keying device 自动拍发器 14.0219

automatic load control 自动负荷控制 15.0992

automatic mooring winch 自动系泊绞车 15.0527

automatic notice to mariners system 自动航海通告
系统 14.0059

automatic parallel off 自动解列 15.1086

automatic parallel operation 自动并联运行
15.1082

automatic radar plotting aids 自动雷达标绘仪
06.0301

automatic repetition request mode 自动请求重发方
式 14.0228

automatic service 自动业务 14.0081

automatic slow down 自动减速 15.1022

automatic sprinkler fire detection system 自动洒水
探火系统 08.0435

automatic synchronizing device 自动同步装置
15.1084

automatic telex test 自动用户电报试验 14.0261

automatic tide gauge 自动验潮仪 07.0225

automatic tuning 自动调谐 14.0309

automatic voltage regulator 自动电压调节器
15.1103

autopilot 自动操舵仪 06.0182

auto scanning 自动扫描 14.0311

auto-starting air compressor 自动起动空气压缩机
15.0491

auto-stop 自动停车 15.0178

auto-transformer starting 自耦变压器起动
15.1178

autumnal equinox 秋分点 03.0061

auxiliary boiler 辅锅炉 15.0357

auxiliary boiler automatic control system 辅锅炉自
动控制系统 15.0994

auxiliary condenser circulating pump 辅冷凝器循环
泵 15.0424

auxiliary device 辅助装置 15.0913

auxiliary engine log book 副机日志 15.0940

auxiliary gyro　副陀螺　06.0141

auxiliary ship observation　船舶辅助观测　07.0028

auxiliary steam turbine　辅汽轮机　15.0208

auxiliary towing line　副拖缆　10.0061

average adjuster　海损理算人　13.0224

average guarantee　海损担保函　13.0223

average void depth　平均空档深度　11.0174

AVR　自动电压调节器　15.1103

away from　远离　11.0277

awning　天幕　08.0274

axial displacement protective device　轴向位移保护装置　15.0272

axial-flow compressor　轴流式压气机　15.0300

axial-flow pump　轴流泵　15.0459

axial-flow turbine　轴流式涡轮　15.0305

axial-piston hydraulic motor　轴向柱塞式液压马达　15.0580

azimuth　[天体]方位角　03.0037

azimuth circle　方位圈　06.0041

azimuth gyro　方位陀螺　06.0138

B

background light　背景亮光　09.0176

backing an anchor　串联锚　09.0078

backing power　倒车功率　15.0043

backing rudder ship　倒车舵船　08.0179

back pressure regulator　蒸发压力调节阀, *背压调节阀　15.0652

back pressure steam turbine　背压式汽轮机　15.0212

backsplice　绳头插接　08.0299

back track　尾迹　09.0263

balanced gyroscope　平衡陀螺仪　06.0100

balanced valve　平衡阀　15.0606

bale capacity　包装容积　11.0121

ballast pump　压载泵　15.0405

ballast system　压载水系统　15.0735

ballast tank　压载舱　08.0026

ballast water　压载水　15.0734

ballistic error　冲击误差　06.0116

bamboo raft　竹排　10.0073

bank effect　岸壁效应, *岸推, *岸吸　09.0136

bareboat charter　光船租赁　13.0112

bareboat charter registration　光船租赁登记　13.0242

bareboat charter with hire purchase　船舶租购　13.0155

barge train　驳船队　10.0050

barge train formation　驳船队编组　10.0054

baring　出白　08.0461

barograph　气压计　06.0064

barometer　气压表　06.0065

barred-speed range　转速禁区　15.0060

barrel　卷筒　15.0533

baseline　基线　06.0223

baseline delay　基线延迟　06.0226

baseline extension　基线延长线　06.0224

baseline of territorial sea　领海基线　13.0013

base point　基点　13.0012

base station　基地电台　14.0199

basic freight　基本运费　11.0319

basic repetition frequency　基本重复频率　06.0229

bathymetric survey　水深测量　12.0117

battle ship　战列舰　08.0159

bay　排位, *行位　11.0216

BDC　下止点　15.0018

BDE　舱内设备　14.0259

beach　海滩　07.0344

beacon　立标　07.0251

beam distance between ships　舰间间隔　05.0046

beam trawl　桁拖网　12.0053

bearing　方位　02.0059

bearing beam　承推架　10.0066

bearing clearance　轴承间隙　15.0057

bearing formation　方位队　05.0023

bearing line　方位线　02.0060

bearing resolution　方位分辨力　06.0312

Beaufort [wind] scale　蒲福风级　07.0022

bedplate　机座　15.0084

beginning of morning twilight　晨光始　03.0116

Beijing coordinate system　北京坐标系　02.0004

bell　号钟　09.0238

below deck equipment　舱内设备　14.0259

bench mark　水准点　07.0273

bends and hitches　绳结　08.0276

benzene insoluble　苯不溶物　15.0867

berth charter party　泊位租船合同　13.0121

berthing　系泊　09.0099

berth term　泊位条款　13.0129

bifurcation area　叉河口　10.0020

bilge automatic discharging device　污水自动排除装置　15.0732

bilge bracket　舭肘板　08.0204

bilge keel　舭龙骨　08.0205

bilge pump　舱底泵，＊污水泵　15.0404

bilge system　污水系统　15.0728

bilge tank　污水柜　15.0733

bilge water　污水　15.0727

bilge well　污水井　15.0730

bill of lading　提单　13.0048

binoculars　双筒望远镜　06.0043

biological shielding　生物屏蔽　15.1243

bitts　缆桩　08.0371

BL　方位线　02.0060

B/L　提单　13.0048

Black current　黑潮　07.0245

Black stream　黑潮　07.0245

blade wheel rotor　轮型转子　15.0246

blank bill of lading　不记名提单　13.0058

bleed air rate　抽气量　15.0712

bleeding steam turbine　抽汽式汽轮机　15.0213

blind sending　盲发　14.0143

blind zone　盲区　06.0334

block　贴图　07.0408，滑车　08.0266

blowdown pump　排盐泵　15.0710

blowdown rate　排盐量　15.0713

blue peter　开船旗　14.0022

boat boom　系艇杆　08.0393

boat davit　吊艇架　08.0392

boating　操艇　08.0416

boat sailing　驶风　08.0417

boat station bill　船舶救生部署表　08.0390

boatswain　水手长　13.0368

boat winch　吊艇机　15.0530

boiler automatic control system　锅炉自动控制系统

15.0400

boiler auxiliary steam system　锅炉辅助蒸汽系统 15.0395

boiler blow down valve　锅炉排污阀　15.0388

boiler blower　锅炉鼓风机　15.0484

boiler body　锅炉本体　15.0361

boiler burner pump　锅炉燃油泵　15.0417

boiler casing　锅炉外壳　15.0362

boiler clothing　锅炉外壳　15.0362

boiler dry pipe　锅炉干汽管　15.0389

boiler feed check valve　锅炉给水止回阀　15.0380

boiler feed pump　锅炉给水泵　15.0416

boiler feed system　锅炉给水系统　15.0392

boiler firing equipment　锅炉点火设备　15.0385

boiler fittings　锅炉附件　15.0381

boiler forced-circulating pump　锅炉强制循环泵 15.0420

boiler fuel oil pump　锅炉燃油泵　15.0417

boiler fuel oil system　锅炉燃油系统　15.0393

boiler heating surface　锅炉受热面　15.0366

boiler ignition oil pump　锅炉点火泵　15.0419

boiler induced-draft fan　锅炉引风机　15.0486

boiler jacket　锅炉外壳　15.0362

boiler lighting up　锅炉点火　15.0386

boiler main steam system　锅炉主蒸汽系统 15.0394

boiler room　锅炉舱　08.0029

boiler safety valve　锅炉安全阀　15.0383

boiler secondary air blower　锅炉二次鼓风机 15.0485

boiler stay　锅炉牵条　15.0390

boiler stay tube　锅炉牵条管　15.0391

boiler uptake　锅炉烟箱　15.0369

boiler water gauge　锅炉水位表　15.0382

boiler water level regulator　锅炉水位调节器 15.0399

boiler water wall　锅炉水冷壁　15.0370

boiling evaporation　沸腾蒸发　15.0700

boiling like water　泡水　10.0024

bollard　缆桩　08.0371

bonded store　保税库　11.0100

bond room　保税库　11.0100

booster pump　升压泵　15.0415

boosting pump　升压泵　15.0415

boot-topping paint　水线漆　08.0485

bore maximum wear　缸径最大磨损　15.0185

Bosch filter paper smoke meter　烟迹式烟度计　15.0195

Bosch helix-controlled fuel pump　回油孔式喷油泵　15.0096

Bosch injection pump　回油孔式喷油泵　15.0096

bosun　水手长　13.0368

bosun's chair　坐板　08.0463

bosun's chair hitch　坐板升降结　08.0289

both to blame collision　双方责任碰撞　13.0165

both to blame collision clause　互有责任碰撞条款　13.0133

bottom current　底层流　07.0237

bottom dead center　下止点　15.0018

bottom longitudinal　船底纵骨　08.0199

bottom paint　船底漆　08.0487

bottom plate　船底板　08.0194

bottom profiler　剖面测量仪　06.0188

bottom track　海底跟踪　06.0176

bottom trawl　底拖网　12.0049

bound from　下行　10.0076

bound to　上行　10.0075

bow　艏舷　08.0016,　艏　08.0002

bow anchor　艏锚　08.0316

bower　艏锚　08.0316

bowline　单套结　08.0294

bowline on the bight　双套结　08.0295

bow ramp　艏门跳板　11.0245

BP　基点　13.0012

brake mean effective pressure　平均有效压力　15.0029

brash ice　碎冰　07.0125

break bulk cargo　件杂货　11.0102

breakers　浪花　07.0180

breaking strength　破断强度　08.0308

breakwater　防波堤　07.0323

breast line　横缆　08.0361

breather valve　呼吸阀　15.0780

breech buoy　围裙救生圈　08.0399

bridge　驾驶台，*桥楼　08.0022

bridge control　驾驶台控制　15.0146

bridge deck　驾驶台甲板　08.0042

bridge gauge　桥规　15.0199

bridge gauge value　桥规值　15.0181

bridge opening mark　桥涵标　10.0039

bridge remote control system　驾驶台遥控系统　15.0987

bridge-to-bridge communication　驾驶台间通信　14.0169

bridle moor　八字锚泊　09.0075

brine pump　盐水泵　15.0432

brine rate　排盐量　15.0713

broach to　打横　09.0128

broken space　亏舱　11.0123

broken stowage　亏舱　11.0123

brushless AC generator　无刷交流发电机　15.1079

BS　破断强度　08.0308

bubble sextant　气泡六分仪　06.0045

bulbous bow　球鼻[型]艏　08.0231

bulk capacity　散装容积　11.0122

bulk cargo clause　散装货条款　13.0097

bulk-cargo ship　散货船　08.0090

bulk carrier　散货船　08.0090

bulkhead　舱壁　08.0224

bulkhead plan　舱壁图　08.0192

bulkhead resistant to fire　防火舱壁　11.0280

bulkhead resistant to water　水密舱壁　11.0281

bulkhead stuffing box　隔舱填料函　15.0895

bulldog grip　绳头卸扣，*钢丝绳轧头　08.0264

bulwark　舷墙　08.0212

bundle of bulk grain　散装谷物捆包　11.0182

buoy　浮标　07.0257

buoyancy　浮力　08.0056

buoyancy test for buoyant apparatus　救生浮具浮力试验　13.0278

buoyancy test for lifebuoy　救生圈试验　13.0279

buoyancy test for life-jacket　救生衣试验　13.0280

buoyant smoke signal　漂浮烟雾信号　08.0406

buoy tender　航标船　08.0135

burden of proof　举证责任　13.0093

burnable poison element　可燃毒物元件　15.1220

burner　燃烧器　15.0372

burn-out　燃料烧毁　15.1205

burn-out heat flux　烧毁热负荷，*临界热负荷

15.1206

burn-up 燃耗 15.1200

burn-up level 燃耗深度 15.1201

busbar 汇流排 15.1106

bush burning-out 轴瓦烧熔 15.0169

bush mosaic cracking 轴瓦龟裂 15.0167

bush scrape 轴瓦擦伤 15.0168

butterfly valve 蝶阀 15.0820

butterworth pump 洗舱泵 15.0435

butt turning 顶岸掉头 09.0096

by-pass governing 旁通调节 15.0265

by-pass valve 旁通阀 15.0822

by point 偏点 02.0078

C

C&F 成本加运费价格 11.0309

CA 计划航迹向 02.0056

cab 链 02.0081

cabin 居住舱 08.0027

cabin fan 舱室通风机 15.0482

cabin luggage 自带行李 11.0357

cabin passenger 客舱旅客 11.0355

cabin ventilator 舱室通风机 15.0482

cable 链 02.0081

cable holder 导链轮 08.0335

cable layer 布缆船 08.0115

cable mark 锚链标记 08.0326

cable releaser 弃链器 08.0337

C/A code C/A 码 06.0372

cadet 实习生 13.0351

calculated altitude 计算高度 03.0128

calculated azimuth 计算方位 03.0127

calculated wind pressure lever 计算风力力臂 11.0052

calculated wind pressure moment 计算风力力矩 11.0051

calendar line 日界线 03.0108

call attempt 呼叫尝试 14.0118

called party 被呼方 14.0126

calling 呼叫 14.0025

calling-in-point 呼叫点 14.0034

calling party 呼叫方 14.0127

call sign 呼号 14.0130

cam 凸轮 15.0093

camber 梁拱 08.0222

cam controller 凸轮控制器 15.1184

camshaft 凸轮轴 15.0092

canal light 运河灯 09.0223

canal tonnage 运河吨位 11.0016

can annular type combustor 环管形燃烧室 15.0304

cancel 撤销 14.0029

cancelling 解约 13.0131

cancelling date 解约日 13.0115

canvas 帆布 08.0272

canvas and rope work 帆缆作业 08.0275

canvassion 揽货 11.0079

capacity adjusting valve 能量调节阀 15.0631

cape 岬角 07.0341

captain 船长 13.0353

carbon residue 残炭值 15.0852

carbon ring gland 碳环式密封 15.0244

cardinal mark 方位标志 07.0259

cardinal point 罗经基点 02.0075

cardioid polar diagram 心形[方向]特性图 04.0027

cargo boat note 过驳清单 11.0303

cargofall 吊货索 08.0377

cargo hold 货舱 08.0025

cargo hold dihumidification system 货舱空气干燥系统 15.0753

cargo hose 货油软管 15.0778

cargo list 装货清单 11.0293

cargo oil deck pipe line 甲板货油管系 15.0775

cargo oil heating system 货油加热系统 15.0789

cargo oil hose 货油软管 15.0778

cargo oil pump 货油泵 15.0441

cargo oil pumping system 货油装卸系统 15.0772

cargo oil pump room pipe line 货油泵舱管系 15.0774

cargo oil suction heating coil 吸油口加热盘管

15.0790

cargo oil tank cleaning installation　货油舱洗舱设备　15.0784

cargo oil tank gas-freeing installation　货油舱油气驱除装置　15.0786

cargo oil tank gas pressure indicator　货油舱气压指示器　15.0797

cargo oil tank pipe line　货油舱管系　15.0773

cargo oil tank stripping system　货油舱扫舱系统　15.0782

cargo oil tank venting system　货油舱透气系统　15.0779

cargo oil transfer main pipe line　货油总管　15.0776

cargo oil valve　货油阀　15.0792

cargo plan　配载图，＊积载图　11.0081

cargo-pumping system　货油装卸系统　15.0772

cargo runner　吊货索　08.0377

cargo's apparent order and condition　货物外表状态　13.0104

cargo ship　货船　08.0084

cargo tank vapour piping system　货油舱透气系统　15.0779

cargo tracer　货物查询单　11.0301

cargo valve　货油阀　15.0792

cargo war risk　货物战争险　13.0210

cargo winch　起货机　15.0509

cargo worthiness　适货　13.0102

carpenter　木匠　13.0369

carriage of life saving appliances on board　救生设备配备　08.0411

carriage of passenger　旅客运输　11.0353

carrier　承运人　13.0075

carrier frequency　载波频率　14.0265

carrier power　载波功率　14.0288

carrying capacity of craft　艇筏乘员定额　08.0412

carrying way with engine stopped　淌航　09.0061

CAS　自动避碰系统　09.0266

catalog of charts and publications　航海图书目录　07.0398

catamaran　双体船　08.0145

catching season　渔汛　12.0037

catenary anchor leg mooring　悬链锚腿系泊　12.0158

cattle container　动物箱　11.0208

caulking　捻缝　08.0462

cavitation erosion　气蚀，＊穴蚀，＊空泡腐蚀　15.0165

CB　罗方位　02.0063

CBRS　通播接收台　14.0232

CBSS　通播发射台　14.0230

CBT　清洁压载舱　11.0165

CC　罗航向　02.0047

CE　天文钟误差　03.0109

celestial altitude　[天体]高度　03.0038

celestial axis　天轴　03.0011

celestial body　天体　03.0001

celestial body apparent motion　天体视运动　03.0045

celestial equator　天赤道　03.0013

celestial fix　天文船位　02.0177

celestial fixing　天文定位　02.0173

celestial horizon　真地平圈　03.0033

celestial meridian　[测者]子午圈　03.0017

celestial navigation　天文航海　01.0004

celestial observation　天文观测　03.0002

celestial parallel　赤纬圈　03.0024

celestial pole　天极　03.0012

celestial sphere　天球　03.0010

cell guide　导柱　11.0242

cement box　堵漏水泥箱　08.0446

cementing　搪水泥　08.0490

center-expand display　中心扩大显示　06.0332

center girder　中桁材，＊内龙骨　08.0196

center line　中心线　06.0225

center of buoyancy　浮心　11.0019

center of gravity　重心　11.0018

centi-lane　分巷　06.0274

central air conditioner　集中式空气调节器　15.0674

central air conditioning system　集中式空气调节系统　15.0669

central cooling system　中央冷却系统　15.0119

centralized monitor　集中监测器　15.1040

centralized operation cargo oil pumping system　集中操纵货油装卸系统　15.0798

centrifugal compressor　离心式压气机　15.0299

centrifugal oil separator　分油机　15.0719

centrifugal pump　离心泵　15.0457

centrifugal refrigerating compressor　离心式制冷压缩机　15.0626

certificated lifeboat person　持证艇员　08.0410

certificate of seafarer　船员证书　13.0322

cesser clause of charterer's liability　承租人责任终止条款　13.0132

cetane number　十六烷值　15.0847

CF　联合船位　02.0176

CFS　集装箱货运站　11.0230

CFS to CFS　站到站　11.0233

chain　台链　06.0219

chain block　机械滑车，＊神仙葫芦　08.0268

chain cable fairlead　导链轮　08.0335

chain hook　锚链钩　08.0334

chain locker　锚链舱　08.0339

chain pipe　锚链管　08.0333

chain scope　出链长度　09.0065

chain stopper　制链器，＊锚链制　08.0336

chain stripper　分链器　15.0532

change-over valve　转换阀　15.0823

changing formation　队形变换　05.0048

changing plate　换板　08.0493

channel　水道　07.0345，频道　14.0300

channel boat signal　航道艇信号　09.0222

channel request　信道申请　14.0146

channel storage　信道存储　14.0310

character　灯质　07.0268

characteristic curve at constant speed　恒速特性曲线　15.0479

characteristic number　特性数，＊帕森数　15.0230

chargeable time　计费时间　14.0180

charging rate　充电率　15.1147

chart　海图　07.0277

chart card　海图卡片　07.0298

chart datum　海图基准面　07.0291

chart datum for inland navigation　内河航行基准面　10.0009

charterer　承租人　13.0110

chart legend　海图标题栏　07.0299

chart number　图号　07.0289

chart of inland waterway　内河航道图　10.0002

chart scale　海图比例尺　07.0294

chart work　航迹绘算，＊海图作业　02.0135

chart work tools　海图作业工具　06.0063

check digit　核对数字　11.0228

check gate light　节制闸灯　10.0046

check valve　单向止回阀　15.0589

chemical addition system　化学物添加系统　15.1228

chemical cargo ship　化学品船　08.0096

chemical shutdown system　化学停堆系统　15.1229

chief engineer　轮机长　13.0358

chief mate　大副　13.0354

chief officer　大副　13.0354

chief steward　客运主任　13.0374

choking　阻塞　15.0324

chronometer　天文钟　06.0059

chronometer error　天文钟误差　03.0109

chronometer rate　日差　03.0111

CIF　到岸价格　11.0310

CIP　呼叫点　14.0034

circle of equal altitude　等高圈　03.0041

circle of position　船位圈　03.0042

circle of uncertainty　[船位]误差圈　02.0188

circularity　圆度　15.0187

circular monitor　巡回监测器　15.1041

circulating tank　循环柜　15.0127

circulating water ratio　循环水倍率　15.0717

circumference of rope　缆绳周径　08.0307

civil twilight　民用晨昏朦影　03.0122

CL　航向线　02.0043

claim for salvage　救助报酬请求　13.0173

clarifier　分杂机　15.0721

classification survey　入级检验　13.0236

classification unload protection　分级卸载保护　15.1122

class of emission　发射类别　14.0276

class of ship　船级　13.0235

clean ballast pump　清洁压载泵　15.0406

clean ballast tank　清洁压载舱　11.0165

clean bill of lading　清洁提单　13.0055

clearance　结关　13.0337

clearance certificate　结关单　11.0099

clearing from buoy　离浮筒　09.0112

clearing hawse　清解锚链　09.0084

climate　气候　07.0043

climate routing　气候航线　02.0128

clipper bow　飞剪[型]艏　08.0229

clipper stem　飞剪[型]艏　08.0229

closed and pressured fuel system　加压式燃油系统　15.0117

closed container　封闭箱　11.0196

closed cup test　闭杯试验　11.0268

closed-loop system　闭环系统　15.0965

closed-type hydraulic system　闭式液压系统　15.0582

close haul　抢风　09.0188

close pack ice　密集流冰　07.0130

close quarters situation　紧迫局面　09.0160

closest point of approach　最近会遇点　09.0259

closing cylinder　封缸　15.0173

closing to meeting manoeuvre　接近相遇机动　05.0006

cloud amount　云量　07.0015

cloud atlas　云图　07.0018

cloud form　云状　07.0017

cloud height　云高　07.0016

cloud point　浊点　15.0853

clove hitch　丁香结　08.0284

coarse/ acquisition code　C/A 码　06.0372

coarse alignment　粗对准　06.0196

coarse synchronizing method　粗同步法　15.1083

coast　岸　07.0316

coastal chart　沿岸图　07.0301

coastal current　沿岸流　07.0241

coastal effect　海岸效应, *陆地效应　06.0203

coastal feature　沿岸地形　07.0318

coastal navigation　沿岸航行　02.0205

coastal state　沿海国　13.0027

coastal zone　海岸带　13.0026

coast earth station identification　海岸地球站识别码　14.0307

coaster　沿海船　08.0173

coastline　岸线　07.0317

coast station　海岸电台　14.0200

coastwise survey　沿岸测量　12.0114

coating　涂料　08.0480

cocked hat　[船位]误差三角形　02.0189

code division system　码分隔制　04.0018

code phase　码相位　06.0368

coding delay　编码延迟　06.0228

coefficient of cargo handling　货物操作系数　11.0347

coefficient of deviation　自差系数　06.0027

coefficient of hold　舱容系数　11.0116

coefficient of refrigerating performance　制冷系数　15.0667

cold advection　冷平流　07.0037

cold air mass　冷气团　07.0061

cold blow-off operation　冷吹运行　15.0331

cold-coolant accident　冷水事故　15.1260

cold current　寒流　07.0244

cold front　冷锋　07.0056

cold high　冷高压　07.0051

cold shut-down　冷停堆　15.1251

cold starting　冷态起动　15.0280

cold wave　寒潮　07.0104

collective broadcast receiving station　通播接收台　14.0232

collective broadcast sending station　通播发射台　14.0230

collision angle　碰角　09.0272

collision avoiding system　自动避碰系统　09.0266

collision bulkhead　防撞舱壁　08.0236

collision mat　堵漏毯　08.0443

collision speed　碰撞速度　09.0269

collision warning　碰撞警报　09.0264

combating navigation service　战斗航海勤务　05.0056

combat operating mode management　战斗工况管理　15.0934

combined diesel and gas turbine power plant　柴油机和燃气轮机联合动力装置　15.0297

combined fix　联合船位　02.0176

combined frame system　混合骨架式　08.0186

combined labyrinth and carbon gland　组合式密封　15.0245

combined steam engine and exhaust turbine installation

蒸汽机－废汽汽轮机联合装置　15.0338

combined steam-gas turbine [propulsion] plant　汽轮机－燃气轮机联合装置　15.0218

combined transport bill of lading　多式联运提单　13.0065

combined transport operator　多式联运经营人　13.0157

combustion chamber　燃烧室　15.0368

combustion efficiency　燃烧效率　15.0327

combustor outer casing　燃烧室外壳　15.0322

commanding ship　指挥舰　05.0028

commence search point　起始搜寻点　12.0016

commodity freight　分货种运费　11.0320

common calling channel　公共呼叫频道　14.0144

common danger　共同危险　13.0227

common maritime adventure　同一航程　13.0226

common peril　共同危险　13.0227

common safety　共同安全　13.0228

common text message　同文电报　14.0098

communication log　通信记录　14.0163

companding　压扩　14.0303

comparator　比较器　15.0951

comparing unit　比较单元　15.0950

compass　罗经　06.0001

compass bearing　罗方位　02.0063

compass binnacle　罗经柜　06.0016

compass bowl　罗经盆　06.0014

compass card　罗经盘　06.0015

compass course　罗航向　02.0047

compass error　[磁]罗差　02.0040

compass liquid　罗经液体　06.0017

compass north　罗北　02.0032

compass point　罗经点　02.0074

compass repeater　分罗经　06.0091

compatibility　相容性　15.0859

compensation current　补偿流　07.0238

complement code　补充码　14.0012

composite boiler　组合式锅炉　15.0359

composite sailing　混合航线算法　02.0123

composite unit　组合体　09.0228

compound expansion steam engine　双胀式蒸汽机　15.0335

compounding impedance　复励阻抗　15.1138

compound pump　药剂泵　15.0447

compressed gas　压缩气体　11.0251

compression air starting system　压缩空气起动系统　15.0130

compression chamber volume　压缩室容积　15.0019

compression pressure　压缩压力　15.0050

compression ratio　压缩比　15.0021

compression ring　压缩环　15.0071

compressor oil　压缩机油　15.0843

compressor surging test　压气机喘振试验　15.0332

compulsory pilotage　强制引航　13.0290

compulsory removal of wreck　强制打捞　13.0180

computed altitude　计算高度　03.0128

computed azimuth　计算方位　03.0127

concentrate　精矿　11.0184

concurrent line　同潮时线　07.0214

condensate pump　凝水泵　15.0425

condensate recirculating pipe line　凝水再循环管路　15.0287

condensate system　凝水系统　15.0396

condenser vacuum　冷凝器真空度　15.0237

condensing steam turbine　凝汽式汽轮机　15.0211

condition alarm　工况报警　15.1045

condition indicator　工况显示器　15.1044

condition monitor　工况监视器　15.1043

condition monitor of main engine　主机工况监测器　15.1042

conducting liquid　导电液体　06.0089

conical projection　圆锥投影　07.0313

connecting fitting　连接件　11.0241

connecting line　连接缆　10.0062

connecting link　连接链环　08.0329

connecting-rod　连杆　15.0076

connecting shackle　连接卸扣　08.0328

consignee　收货人　13.0077

consistency　稠度　15.0870

Consol　康索尔,＊扇区无线电指向标　06.0208

Consolan　康索兰　06.0209

consolidated pack ice　密结流冰　07.0128

constant deviation　固定自差　06.0028

constant of aberration　光行差常数　03.0073

constellation　星座　03.0007

constructive classification　建造入级　13.0239

constructive total loss　推定全损　13.0203

contact damage　触损　09.0141

container　集装箱，＊货柜　11.0195

container country code　国家代号　11.0226

container freight station　集装箱货运站　11.0230

container freight station to container freight station
站到站　11.0233

containerized cargo　集装货　11.0113

container load plan　集装箱装箱单　11.0237

container owner code　箱主代号　11.0225

container serial number　箱序号　11.0227

container service charge　集装箱服务费　11.0326

container ship　集装箱船，＊货柜船　08.0101

container yard　集装箱堆场　11.0229

container yard to container yard　场到场　11.0232

contamination index　污染指数　15.0868

contiguous zone　毗连区　13.0021

continental shelf　大陆架　13.0020

continuous deck　统长甲板，＊连续甲板
08.0043

continuous service rating　连续输出功率　15.0034

continuous survey　循环检验　13.0251

contour chart　等压面图　07.0071

contour lines　等高线　07.0357

contributory fault　自身过失　11.0367

contributory value of general average　共同海损分摊
价值　13.0217

control air compressor　控制用空气压缩机
15.0490

controllable passive tank stabilization system　可控被
动水舱式减摇装置　15.0544

controllable phase compensation compound excited sys-
tem　可控相复励磁系统　15.1102

controllable pitch propeller　可调螺距桨，＊调距桨
09.0044

controllable pitch propeller control system　可调螺距
桨控制系统　15.0991

controllable pitch propeller transmission　调距桨传动
15.0883

controllable self-excited constant voltage device　可控
自励恒压装置　15.1105

controlled object　被控对象　15.0953

control point　控制点　07.0320

control rod　控制棒　15.1214

control rod drive mechanism　控制棒驱动机构
15.1218

control rod guide tube　控制棒导管　15.1219

control rod withdrawal accident　提棒事故
15.1255

control rod withdrawal sequence　提棒程序
15.1249

control room manoeuvring panel　控制室操纵屏
15.1007

control station change-over switch　控制部位转换开
关　15.1014

control tower　控制塔　11.0234

conventional radio service　常规无线电业务
14.0071

convergence　辐合　07.0034

convergence line　辐合线　07.0076

convergent area of main and branch　干支流交汇水域
09.0180

conversion of directions　向位换算　02.0071

converter set　变流机组　15.1166

convoy　护航　05.0062

convoy in ice　冰中护航　09.0153

coolant　载冷剂　15.0621

cooling medium　载冷剂　15.0621

cooling method　冷却法　08.0426

cooling system　冷却系统　15.0116

cooling water ratio　冷却水倍率　15.0716

coordinate conversion device　坐标变换器　06.0142

coordinated creep line search　协作横移线搜寻
12.0021

coordinated universal time　协调世界时　03.0097

corange line　等潮差线　07.0215

core　堆芯　15.1208

core barrel　吊篮　15.1209

corner fitting　角件　11.0238

correction of geocentric latitude　地心纬度改正量
02.0026

corrective loop　修正回路　06.0145

corroded limit　蚀耗极限　08.0491

corrosion　腐蚀　08.0457

corrosives　腐蚀性物质　11.0263

COSPAS-SARSAT system　低极轨道卫星搜救系统

14.0252

cost and freight　成本加运费价格　11.0309

cost insurance and freight　到岸价格　11.0310

counter-current braking　反接制动　15.1182

counter mark　副标志　11.0125

counter rudder　压舵　08.0352

counter rudder angle　反舵角　08.0348

course　航向　02.0042

course autopilot　航向自动操舵仪　06.0183

course changing ability　改向性　09.0007

course changing ability test　改向性试验　09.0008

course line　航向线　02.0043

course of advance　计划航迹向　02.0056

course over ground　实际航迹向　02.0058

course recorder　航向记录器　06.0090

course stability　航向稳定性　09.0004

course up　航向向上　06.0348

COW　原油洗舱　11.0162

CPA　最近会遇点　09.0259

CPP　可调螺距桨, ＊调距桨　09.0044

CPP control system　可调螺距桨控制系统
　15.0991

CQD　习惯装卸速度　11.0137

crabbing　偏航　02.0145

crane　起重机, ＊吊车, ＊克令吊　08.0387

crane boom　起重机起重臂　15.0516

crane radius　起重机伸距　15.0517

crankcase　曲轴箱　15.0088

crankcase explosion　曲轴箱爆炸　15.0157

crankcase explosion relief door　曲轴箱防爆门
　15、0091

crankshaft　曲轴　15.0080

crankshaft counterweight　曲轴平衡重　15.0112

crankshaft deflection dial gauge　臂距千分表
　15.0198

crankshaft fatigue fracture　曲轴疲劳断裂
　15.0174

crankshaft shrinkage slip-off　曲轴红套滑移
　15.0175

crank web deflection　臂距差　15.0180

crash maneuvering　特急操纵　15.0151

crash stopping distance　紧急倒车冲程　09.0024

crew　船员　13.0349

crew list　船员名单　13.0350

criterion of service numeral　业务衡准数　11.0078

critical capsizing lever　临界倾覆力臂　11.0049

critical capsizing moment　临界倾覆力矩　11.0050

critical control rod lattice　临界棒栅　15.1248

critical height of center of gravity　极限重心高度
　11.0063

critical initial metacentric height　临界初稳性高度
　11.0064

criticality test　临界实验　15.1262

critical pressure ratio　临界压力比　15.0227

critical relative bearing　临界舷角　05.0007

cross-current mark　横流标　10.0045

crosshead　十字头　15.0077

crosshead type diesel engine　十字头式柴油机
　15.0003

crossing　穿越　09.0183

crossing ahead　横越　09.0203

crossing area　横驶区　10.0090

crossing mark　过河标　10.0032

crossing river point　过河点　10.0084

crossing situation　交叉相遇局面　09.0202

cross scavenging　横流扫气　15.0121

crown knot　绳头结　08.0298

crude oil washing　原油洗舱　11.0162

cruiser　巡洋舰　08.0160

cruiser stern　巡洋舰[型]艉　08.0233

cruising operating mode management　巡航工况管理
　15.0933

cruising radius　续航力　08.0062

CS　呼号　14.0130

CSS　海面搜寻协调船　12.0001

current rose　海流花　07.0249

customary quick despatch　习惯装卸速度　11.0137

custom of port　港口习惯　11.0139

customs　海关　13.0334

customs duties　关税　11.0098

customs seal　关封　11.0101

cutting　切割　08.0497

cutting away wreck　切除残损物　13.0232

CY　集装箱堆场　11.0229

cycle matching　周波重合　06.0239

cycloidal propeller　平旋推进器　09.0046

cyclone 气旋 07.0045

cylinder block 气缸体 15.0069

cylinder blow-by 气缸窜气 15.0164

cylinder bore 气缸直径 15.0014

cylinder cover 气缸盖 15.0062

cylinder liner 气缸套 15.0066

cylinder lubricator 气缸油注油器 15.0081

cylinder oil 气缸油 15.0838

cylinder oil transfer pump 气缸油输送泵 15.0431

cylinder scraping 拉缸 15.0152

cylinder starting valve 气缸起动阀 15.0133

cylinder sticking 咬缸 15.0153

cylinder total volume 气缸总容积 15.0020

cylindrical projection 圆柱投影 07.0312

cylindricity 圆柱度 15.0188

CY to CY 场到场 11.0232

D

daily rate 日差 03.0111

daily tank 日用柜 15.0124

damage cargo list 货物残损单 11.0300

damage caused by waves 浪损 09.0142

damage control plan 海损管制示意图 08.0445

damaged stability 破舱稳性 08.0452

damage for short lift 短装损失 13.0127

damage from oil pollution 油污损害 13.0389

damage repair 事故修理 08.0472

damped method of horizontal axis 水平轴阻尼法 06.0108

damped method of vertical axis 垂直轴阻尼法 06.0110

damper 风门 15.0378

damping factor 阻尼系数 06.0112

damping pollution 倾倒污染 13.0393

damping weight 阻尼重物 06.0111

danger 危险物 07.0373

dangerous cargo 危险货 11.0111

dangerous cargo anchorage 危险货物锚地 07.0364

dangerous cargo list 危险品清单 11.0296

dangerous goods in limited quantity 限量危险品 11.0250

dangerous mark 危险标志 11.0127

dangerous quadrant 危险象限 07.0099

dangerous semicircle 危险半圆 07.0100

data communication 数据通信 14.0192

date line 日界线 03.0108

datum ship 基准舰 05.0029

daylight saving time 夏令时 03.0107

day mark 日标 07.0250

DCPA 最近会遇距离 09.0261

DC power station 直流电站 15.1065

dead reckoning position 积算船位 02.0139

dead weight 总载重量 11.0011

Dec 赤纬 03.0028

Decca 台卡 06.0215

Decca chain 台卡链 06.0275

Decca chart 台卡海图 07.0287

Decca data sheet 台卡活页资料 06.0278

Decca fix 台卡船位 06.0277

Decca navigator 台卡导航仪 06.0216

Decca period diagram 台卡定位精度图表 06.0279

Decca position line 台卡位置线 06.0276

deck 甲板 08.0032

deck beam 横梁 08.0214

deck cargo 甲板货 11.0115

deck girder 甲板纵桁 08.0216

deck house 甲板室 08.0021

deck lighting system 甲板照明系统 15.1151

deck line 甲板线 11.0003

deck longitudinal 甲板纵骨 08.0217

deck machinery 甲板机械 15.0402

deck paint 甲板漆 08.0486

deck passenger 甲板旅客 11.0356

deck plan 甲板图 08.0189

deck plate 甲板板 08.0213

deck sprinkler system 甲板洒水系统 15.0791

deck sprinkling system 甲板洒水系统 15.0791

deck strake 甲板板 08.0213

deck washing piping system 甲板冲洗管系 15.0755

deck water piping system 甲板水排泄管系

15.0754

deck water seal   甲板水封   15.0808

declaration   报关   13.0335

declaration of dead weight tonnage of cargo   宣载
13.0118

declaration of port   宣港   13.0117

declination   赤纬   03.0028

decometer   台卡计   06.0268

decompression of diving   潜水减压   12.0098

decontamination system   去污系统   15.1230

decoupling of cylinder   封缸   15.0173

deductible   绝对免赔额   13.0192

deep current   深层流   07.0236

deep water trawl   深水拖网   12.0051

deep water way   深水航路   07.0385

default in management of the ship   管理船舶过失
13.0069

default in navigation of the ship   驾驶船舶过失
13.0068

deflector   偏转仪   06.0035

defrost receiver   融霜贮液器   15.0658

degaussing range   消磁场   07.0389

degauss push button switch   消磁按钮开关
15.1056

degree of admission   进汽度   15.0346

degree of partial admission   部分进汽度   15.0228

degree of reaction   反动度   15.0220

dehumidifier   除湿器   15.0684

delay in delivery   延迟交货   13.0072

delay of turning response   应舵时间   09.0062

delivery   交付   11.0086

delivery of vessel   交船   13.0142

delivery order   提货单   11.0299

delta   三角洲   07.0343

demulsification number   抗乳化度   15.0864

demurrage   滞期   11.0135

dense traffic zone   通航密集区   13.0288

Dep   东西距   02.0146

departure   东西距   02.0146

departure from these rules   背离规则   09.0162

departure point   推算始点   02.0137

depressed pole   俯极   03.0021

depression   低压   07.0046

depth autopilot   深度自动操舵仪   06.0184

depth contour   等深线   07.0358

depth indicator   深度指示器   06.0150

depth recorder   深度记录器   06.0151

depth signal mark   水深信号标   10.0044

deratting   除鼠   13.0342

derivative regulator   微分调节器   15.0970

derived envelope   导出包络   06.0236

derrick   吊杆   08.0374

descending node   降交点   03.0068

designed latitude   设计纬度   06.0106

desired value   给定值   15.0947

despatch   速遣   11.0136

de-spread   解扩   06.0371

destination code   目的地码   14.0155

destroyer   驱逐舰   08.0161

desuperheater   减温器   15.0374

detection   探测   06.0314

detergent/dispersant additive   清净分散剂
15.0871

determination of range of audibility of sound signal   号
笛音响度测定   13.0272

determination of range of visibility for navigation light
号灯照距测定   13.0273

detonation   爆燃   15.0154

deviation   自差   06.0026,   绕航   13.0071

deviation compensation device   自差补偿装置
04.0035

deviation curve   自差曲线   06.0038

deviation of the vertical   垂线偏角   12.0132

deviation report   绕航变更报告   13.0316

deviation table   自差表   06.0037

dew-point [temperature]   露点[温度]   07.0014

DGPS   差分全球定位系统   06.0375

diaphragm   横隔板   15.0075

diesel engine lubricating oil   柴油机机油   15.0837

diesel knock   敲缸   15.0155

difference crank spread   臂距差   15.0180

difference of latitude   纬差   02.0020

difference of longitude   经差   02.0021

difference of meridianal parts   纬度渐长率差
07.0280

differential block   机械滑车，＊神仙葫芦

08.0268

differential cylinder 差动油缸 15.0576

differential GPS 差分全球定位系统 06.0375

differential Loran-C 差转罗兰 C 06.0241

differential Omega 差奥米伽 06.0289

differential regulator 微分调节器 15.0970

diffuser 扩压器 15.0314

digital line system 数字有线系统 14.0196

digital radio system 数字无线系统 14.0195

digital selective calling 数字选择呼叫 14.0113

digital selective calling installation 数字选择呼叫设
备 14.0225

dip 眼高差，＊海地平俯角 03.0139

dipper dredger 斗式挖泥船 08.0112

dip to 落旗致敬 14.0047

direct acting steam pump 蒸汽直接作用泵
15.0453

direct bill of lading 直达提单 13.0052

direct cargo 直达货 11.0092

direct evaporating air cooler 直接蒸发式空气冷却
器 15.0682

direct filling line 直接装注油管 15.0777

directional control valve 方向控制阀 15.0588

directional gyro 方位陀螺 06.0138

directional gyroscope 方位[陀螺]仪 06.0081

directional radio beacon 定向无线电信标 06.0207

direction effect 方向效应 06.0287

direction finder sensitivity 测向灵敏度 04.0036

directive error of magnetic compass 磁罗经指向误
差 06.0040

directive force 指向力 06.0039

direct loading pipe line 直接装注油管 15.0777

direct transhipment 直接换装 11.0350

direct transmission 直接传动 15.0881

discharge 卸载 11.0084

discharge characteristic curve 放电特性曲线
15.1149

discharge current 排出流 09.0053

discharge head 排出压头 15.0470

discharging rate 放电率 15.1148

disc ratio 盘面比 09.0051

displacement 排水量 11.0007

display mode 显示方式 06.0345

disposal of wastes 处置废物 13.0294

distance abeam 正横距离 02.0105

distance between twin trawl 网档间距 12.0082

distance by engine's RPM 主机航程 02.0086

distance by log 计程仪航程 02.0085

distance line 距离索 12.0186

distance made good 推算航程 02.0082

distance meter 测距仪 06.0054

distance run 航程 02.0079

distance table 里程表 07.0399

distance to closest point of approach 最近会遇距离
09.0261

distance to the horizon from height of eye 测者能见
地平距离 02.0102

distance to the horizon from object 物标能见地平距
离 02.0103

distant fishery 远洋渔业 12.0035

distillation method 蒸馏法 15.0696

distillation plant 蒸馏装置 15.0697

distiller 蒸馏器 15.0698

distress 遇险 14.0031

distress alerting 遇险报警 14.0165

distress call 遇险呼叫 14.0114

distress call procedure 遇险呼叫程序 14.0020

distress message 遇险报告 14.0109

distress phase 遇险阶段 12.0012

distress priority 遇险优先等级 14.0173

distress signal 遇险信号 09.0249

distress telephone call 遇险电话呼叫 14.0115

distress telex call 遇险电传呼叫 14.0116

distribution system 配电系统 15.1131

diurnal [apparent] motion 周日视运动 03.0046

diurnal phase change 相位日变化 06.0284

diurnal tide 全日潮 07.0185

diver 潜水员 12.0097

divergence 辐散 07.0035

divergence line 辐散线 07.0077

diver's helmet 潜水头盔 12.0102

diving 潜水 12.0096

diving apparatus 潜水装具 12.0101

diving bell 潜水钟 12.0104

diving boat 潜水工作船 08.0118

diving equipment 潜水设备 12.0100

diving suit 潜水服 12.0103

DMP 纬度渐长率差 07.0280

docking 进坞 08.0498

docking maneuver 进坞操纵 09.0151

docking survey 坞内检验 13.0249

docking system 船舶靠泊系统 06.0186

dock receipt 场站收据 11.0235

dock repair 坞修 08.0473

domestic water system 生活用水系统 15.0738

donkey boiler 辅锅炉 15.0357

door to door 门到门 11.0231

Doppler count 多普勒计数 06.0377

Doppler log 多普勒计程仪 06.0173

dot pattern 点图 14.0318

double-acting cylinder 双作用油缸 15.0575

double banking width limit 并靠限度 13.0328

double boat purse seine 双船围网 12.0079

double bottom 双层底 08.0193

double cam reversing 双凸轮换向 15.0144

double check valve 双向止回阀 15.0590

double column 双纵队 05.0025

double drum winch 双卷筒绞车 15.0535

double line abreast 双横队 05.0026

double non-return valve 双向止回阀 15.0590

double-pipe condenser 套管式冷凝器 15.0633

double-state compass 双态罗经 06.0082

doubling 覆板 08.0494

doubling angle on the bow 船首倍角法 02.0201

doubling plate 覆板 08.0494

down-bound vessel 下行船 09.0193

down stream 顺水 10.0078

downstream vessel 顺流船 09.0195

downwelling 下降流 07.0240

DR 积算船位 02.0139

dracone 弹性拖曳体 09.0230

draft 吃水 08.0055

dragging anchor 拖锚 09.0064，走锚 09.0090

drain cock 残水旋塞 15.0825

draining method 排水法 08.0447

draining system 疏水系统 15.0259

draught survey 水尺检量 11.0190

draw bridge 曳开桥 07.0330

dredged channel 人工航槽 07.0348

dredger 挖泥船 08.0111

dredging pump 泥浆泵 15.0442

drier 干燥器 15.0644

drift angle 流压差 02.0142，漂角 09.0014

drift fishing 流网作业 12.0075

drift fishing boat 漂流渔船 08.0154

drift ice 流冰 07.0127

drifting 漂航 09.0133

drift net 流刺网 12.0065

drilling platform 钻井平台 12.0148

drilling rigs at sea 海上钻井架 12.0146

drilling vessel 钻探船 08.0114

drinking water ozone disinfector 饮用水臭氧消毒器 15.0747

drinking water pump 饮水泵 15.0413

drinking water system 饮用水系统 15.0740

drip proof type 防滴型 15.1159

drive motor 拖动电动机 15.1162

drogue 海锚 08.0413

drop point 滴点 15.0869

drop test 坠落试验 11.0284

drum 卷筒 15.0533

drum controller 鼓形控制器 15.1185

drum rotor 鼓形转子 15.0247

dry bulk container 干散货箱 11.0206

dry cargo ship 干货船 08.0085

dry certificate 干舱证书 11.0160

dry compass 干罗经 06.0012

dry dock 干船坞 08.0476

drying height 干出高度 07.0356

drying rock 干出礁 07.0338

dry powder fire extinguishing system 干粉灭火系统 08.0432

dry-type evaporator 干式蒸发器 15.0638

DSC 数字选择呼叫 14.0113

dual-duct air conditioning system 双风管空气调节系统 15.0672

dual-fuel diesel engine 双燃料柴油机 15.0009

dual system 双机系统 15.1039

ducted propeller 导管推进器 09.0048

due diligence 谨慎处理 13.0091

dumb card compass 哑罗经 06.0013

dummy piston 平衡活塞 15.0254

dumping ground　垃圾倾倒区　07.0368

dunnage　衬垫　11.0087

duplex　双工　14.0302

duplex strainer　双联滤器　15.0814

dust-tight　尘密　11.0274

DW　总载重量　11.0011

dye marker　海水染色标志　09.0253

dyke　堤坝　07.0324

dynamical heeling angle　动横倾角　11.0056

dynamical heeling lever　动横倾力臂　11.0058

dynamical heeling moment　动横倾力矩　11.0057

dynamical stability lever　动稳性力臂　11.0046

dynamic braking　能耗制动　15.1180

dynamic head　动压头　15.0467

dynamic state　动态　15.0956

E

Earth　地球　02.0001

earth axis　地轴　02.0011

earth ellipsoid　地球椭圆体　02.0007

earth-ionospheric waveguide　地球－电离层波导　06.0281

earth pole　地极　02.0012

earth shape　地球形状　02.0002

easterly wave　东风波　07.0103

ebb current　落潮流　07.0228

ebb stream　落潮流　07.0228

ebb [tide]　落潮　07.0197

EBL　电子方位线　06.0328

eccentric gear　偏心传动装置　15.0340

eccentricity of earth　地球偏心率　02.0010

ECD　包周差　06.0237

ECDIS　电子海图显示与信息系统　06.0320

echelon formation　梯队　05.0022

echo sounder　回声测深仪　06.0148

echo sounder error　测深仪误差　06.0160

ecliptic　黄道　03.0056

ecliptic pole　黄极　03.0063

economical power　经济功率　15.0044

economic speed　经济航速　02.0092

economizer　经济器，＊省煤器　15.0376

ED　疑存　07.0352

eddy　涡水　10.0025

eddy making resistance　涡流阻力　09.0028

effective efficiency　有效效率　15.0030

effective head　净压头，＊有效压头　15.0471

effective mean pressure　平均有效压力　15.0029

effective power　有效功率　15.0026

effective radiated power　有效辐射功率　14.0289

[effective] specific fuel consumption　[有效]燃油消耗率　15.0031

efficient sound signal　有效声号　09.0240

EGC　强化群呼　14.0119

EIRP　等效全向辐射功率　14.0290

ejector　喷射泵　15.0461

electrical engineer　电机员　13.0367

electrical interlocking　电气联锁　15.1187

electrical log book　电气日志　15.0939

electric cargo winch　电动起货机　15.0511

electric defrost　电热融霜　15.0656

electric defrost timer　电热融霜定时器　15.0659

electric drive　电力拖动　15.1160

electric drive apparatus　电力拖动装置　15.1164

electric-hydraulic servo actuator　电液伺服机构　15.1015

electric-pneumatic remote control system for main engine　电－气式主机遥控系统　15.0988

electric propulsion　电力推进　15.1163

electric propulsion ship　电力推进船　08.0073

electric steering engine　电动舵机　15.0495

electrodialysis method　电渗析法　15.0694

electro-hydraulic directional control valve　电液换向阀　15.0596

electro-hydraulic servo valve　电液伺服阀　15.0598

electro-hydraulic steering engine　电动液压舵机　15.0497

electrolyte　电解液　15.1150

electromagnetically controlled gyrocompass　电磁控制式罗经　06.0080

electromagnetic deviation　电磁自差　06.0032

electromagnetic log　电磁计程仪　06.0171

electromagnetic pendulum　电磁摆　06.0105

electromagnetic wave distance measuring instrument
电磁波测距仪　06.0055

electronic bearing line　电子方位线　06.0328

electronic bill of lading　电子提单　13.0049

electronic chart　电子海图　06.0321

electronic chart data base　电子海图数据库
06.0322

electronic chart display and information system　电子
海图显示与信息系统　06.0320

electronic governor　电子式调速器　15.0108

electronic mail service　电子邮递业务　14.0072

electronic navigation　电子航海　01.0005

electronic regulator　电子调节器　15.0975

electronic remote control system for main engine　电
子式主机遥控系统　15.0990

electro-pneumatic transducer　电-气变换器
15.0980

electrostrictive effect　电致伸缩效应　06.0155

element breakdown accident　元件破损事故
15.1258

element burnout accident　元件烧毁事故　15.1257

elements of ship formation pattern　舰艇编队队形要
素　05.0038

elevated pole　仰极　03.0020

elevated tank　压力水柜　15.0743

elevation　高程　07.0355

elevation of light　灯高　07.0272

elliptical stern　椭圆[型]艉　08.0232

emergency　紧急　14.0032

emergency air compressor　应急空气压缩机
15.0937

emergency antenna　应急天线　14.0296

emergency blower　应急鼓风机　15.0487

emergency brake　紧急刹车　15.0150

emergency compass　应急罗经　06.0009

emergency electric equipment　应急电气设备
15.1072

emergency fire pump　应急消防泵　15.0409

emergency generator　应急发电机　15.1071

emergency lighting　应急照明　15.1154

emergency lighting system　应急照明系统
15.1155

emergency maneuvering　应急操纵　15.1026

emergency phase　紧急阶段　12.0011

emergency position-indicating radiobeacon　紧急无线
电示位标　14.0212

emergency power source　应急电源　15.1068

emergency power station　应急电站　15.1067

emergency shut-down　紧急停堆　15.1252

emergency shut-down device　应急停车装置
15.0275

emergency starting　应急起动　15.0282

emergency steering gear　应急操舵装置　15.0508

emergency stop　应急停车　15.1025

emergency warning　紧急警报　07.0090

emission　发射　14.0270

EM log　电磁计程仪　06.0171

employment and indemnity clause　使用赔偿条款
13.0148

employment of salvage service　雇佣救助　13.0171

encounter rate　会遇率　13.0305

end of evening twilight　昏影终　03.0117

endorsement in blank　空白背书　13.0084

endorsement of bill of lading　提单背书　13.0082

endurance　续航力　08.0062

engine block　机体　15.0086

engine control room control　集控室控制　15.0147

engineering ship　工程船　08.0110

engine orders　车令　08.0357

engine room　机舱　08.0028

engine room automation　机舱自动化　15.0984

engine room emergency bilge suction valve　机舱应急
舱底水阀　15.0731

engine room lighting system　机舱照明系统
15.1152

engine room log book　轮机日志　15.0938

engine speed　主机航速　02.0094

engine telegraph　车钟　08.0356

engine telegraph alarm　车钟报警　15.1009

engine telegraph order indicator　车令指示器
15.1008

engine trial　试车　13.0266

enhanced group call　强化群呼　14.0119

enhanced group calling receiver　增强群呼接收机
14.0235

ensign 国旗 14.0045

entrance prohibited 不准入境 11.0366

entry guide 导口 11.0243

envelope to cycle difference 包周差 06.0237

EP 推算船位 02.0140

EPIRB 紧急无线电示位标 14.0212

equalizing regulation 均功调节 15.1135

equation of time 时差 03.0095

equator 赤道 02.0013

equatorial mile 赤道里 02.0087

equiangle projection 等角投影 07.0314

equinoctial coordinate system 赤道坐标系 03.0022

equinoctial tide 分点潮 07.0202

equipment number 舾装数 08.0340

equipment receipt 设备交接单 11.0236

equivalent 等效 13.0282

equivalent isotropically radiated power 等效全向辐射功率 14.0290

error ellipse of position [船位]误差椭圆 02.0186

error of observed position 观测船位误差 02.0185

error of transferring 位置线移线误差 02.0190

error parallelogram [船位]误差平行四边形 02.0187

escape trunk 逃生通道 08.0031

escorting 海上护送 13.0182

estimated course 推算航迹向 02.0057

estimated latitude 推算纬度 02.0149

estimated longitude 推算经度 02.0150

estimated position 推算船位 02.0140

estuary 河口 07.0342

ET 时差 03.0095

evacuation pump 真空泵 15.0445

evaporating coil 蒸发盘管 15.0636

evaporator pressure regulator 蒸发压力调节阀, *背压调节阀 15.0652

evaporator tube bank 蒸发管束 15.0365

evasion manoeuvre 规避机动 05.0016

examination of leakage and breakage 漏损检测 11.0337

excavating holes alongside the wreck 打千斤洞 12.0109

exception clause 除外条款, *免责条款 13.0092

excess of hour angle increment 超差 03.0115

exclusive economic zone 专属经济区 13.0019

exclusive fishery zone 专属渔区 12.0027

excursion boat 游览船 08.0083

exemption 豁免 09.0254

exemption clause 除外条款, *免责条款 13.0092

exercise area 演习区 07.0369

ex factory 工厂交货 11.0305

exhaust casing 排气壳体 15.0316

exhaust chest 排汽室 15.0241

exhaust gas boiler 废气锅炉 15.0358

exhaust gas heat exchanger 废气锅炉 15.0358

exhaust hood 排气壳体 15.0316

exhaust port 排气口 15.0068

exhaust smoke 排气烟度 15.0052

exhaust steam system 排汽系统 15.0257

exhaust temperature 排气温度 15.0051

exhaust turbine generating set 废气涡轮发电机组 15.1074

exhaust turbo compound system 废气涡轮复合系统 15.0103

exhaust unit 排气装置 15.0309

exhaust valve 排气阀 15.0064

existence doubtful 疑存 07.0352

ex-meridian 近中天 03.0050

ex mill 工厂交货 11.0305

expanding square search 扩展方形搜寻 12.0022

expansion joint 伸缩接头 15.0816

expansion ratio 膨胀比 15.0328

expansion space 膨胀余量 11.0154

expansion tank 膨胀柜 15.0126

ex pier 目的港码头交货 11.0312

explosimeter 测爆仪 08.0455

explosion prevention 防爆 08.0453

explosion proof fan 防爆式风机 15.0489

explosion proof type 防爆型 15.1156

explosive 爆炸品 11.0249

explosive signal 爆炸信号 09.0250

export permit 出口许可 11.0344

ex quay 目的港码头交货 11.0312

ex ship 目的港船上交货 11.0311

extended protest 延伸海事声明 13.0376

extension alarm　延伸报警　15.1050

extension shaft　中介轴，＊延伸轴　15.0318

extension survey　展期检验　13.0253

external characteristic of steam turbine　汽轮机外特性　15.0289

extratropical cyclone　温带气旋　07.0047

ex wharf　目的港码头交货　11.0312

ex works　工厂交货　11.0305

eye splice　眼环[插]接　08.0306

F

facsimile weather chart　传真天气图　07.0068

factor of subdivison　分舱因数　11.0077

fading　衰落　14.0299

fairing by flame　火工矫形　08.0488

fairlead　导缆器　08.0369

fairway　航道　07.0346

false echo　假回波　06.0336

false point　三字点　02.0077

FAS　船边交货　11.0307

fast ice　固定冰　07.0126

fast settling device　快速稳定装置　06.0095

fault diagnosis　故障诊断　15.0945

fault signal　故障信号　06.0264

favourable wind　顺风　09.0189

FCL　整箱货　11.0219

FEC　前向纠错方式　14.0229

feeder　添注漏斗　11.0178

feeder charge　集散运费　11.0328

feeder panel　配电屏　15.1095

feed water ratio　给水倍率　15.0714

fender　碰垫，＊靠把　08.0271

ferry　渡船　08.0107

fetch　风区　07.0176

fiber rope　纤维绳，＊纤维索　08.0248

figure of eight knot　8字结　08.0290

figure of eight polar diagram　8字形[方向]特性　04.0026

figure of mark pronunciation　数字拼读法　14.0018

figure of the earth　地球形状　02.0002

filing date　交发日期　14.0131

filing time　交发时间　14.0132

filling line　注入管　15.0759

filling pipe　注入管　15.0759

final course　终航向　02.0053

final diameter　旋回直径　09.0016

final report　最终报告　13.0317

fine alignment　精对准　06.0197

finishing signal　终结信号　14.0024

finned-surface evaporator　肋片式蒸发器　15.0637

fin shaft　鳍轴　15.0551

fin stabilizer　减摇鳍装置　15.0546

fin-tilting gear　转鳍机构　15.0550

fire alarm　失火警报，＊消防警报　08.0439

fire boat　消防船　08.0130

fire control plan　防火控制图　08.0423

fire control station　消防控制站　08.0421

fire extinguisher　灭火器　08.0438

fire fighting drill　消防演习　08.0424

fire fighting station　消防部署　08.0422

fireman's outfit　消防员装备　08.0437

fire patrol system　消防巡逻制度　08.0425

fire proof bulkhead　防火舱壁　11.0280

fire pump　消防泵　15.0408

fire-tight　耐火　11.0269

fire tube boiler　火管锅炉　15.0354

first aid at sea　海上急救　08.0419

first quarter　上弦　03.0081

fish buying boat　收鱼船　08.0155

fisherman's bend　锚结，＊渔人结　08.0281

fishery administration　渔政　12.0032

fishery administration vessel　渔政船　08.0148

fishery agreement　渔业协定　12.0028

fishery research vessel　渔业调查船　08.0147

fishery resources　水产资源　12.0036

fishery rules and regulations　渔业法规　12.0026

fish finder　鱼探仪　06.0165

fish group indicating buoy　渔群指示标　12.0071

fishing area　渔区　12.0043

fishing chart　渔场图　12.0044

[fishing] closed season　禁渔期　12.0039

fishing gear 渔具 12.0047

fishing ground 渔场 12.0042

fishing harbor 渔港 12.0029

fishing light boat 灯光船 08.0152

fishing machinery 捕捞机械 15.0539

[fishing] mass migration 鱼类回游 12.0040

[fishing] migration route 回游路线 12.0041

fishing season 渔汛 12.0037

[fishing] season off 休渔期 12.0038

fishing stake 渔栅 07.0325

fishing supervision 渔监 12.0030

fishing technology 捕鱼技术 12.0072

fishing vessel 渔船 08.0146

fishing zone 渔区 12.0043

fish reef 渔礁 07.0326

fission energy· 裂变能 15.1196

fission neutron 裂变中子 15.1198

fission product 裂变产物 15.1197

fix 船位 02.0174

fixed deck foam system 固定式甲板泡沫系统 08.0434

fixed-displacement oil motor 定量油马达 15.0577

fixed gas fire extinguishing system 固定式气体灭火系统 08.0431

fixed loop antenna 固定环形天线 04.0025

fixed oil production platform 固定式采油生产平台 12.0149

fixed pitch propeller 固定螺距桨, * 定距桨 09.0043

fixed range rings 固定距标 06.0326

fixing 定位 02.0165

fixing by bearing and distance 方位距离定位 02.0169

fixing by cross bearings 方位定位 02.0167

fixing by distances 距离定位 02.0168

fixing by horizontal angle 水平角定位 02.0170

fixing by landmark 陆标定位 02.0166

fixing by vertical angle 垂直角定位 02.0171

flag at halfmast 下半旗 14.0048

flag discrimination 船旗歧视 13.0035

flag of convenience 方便旗 13.0034

flag signalling 旗号通信 14.0003

flag state 船旗国 13.0028

flame and water forming 水火成形 08.0489

flame screen 防火网 15.0803

flammable liquid 易燃液体 11.0254

flammable solid 易燃固体 11.0255

flammable solid liable to spontaneous combustion 易自燃固体 11.0256

flammable solid when wet 遇水易燃固体 11.0257

flash chamber 闪发室 15.0709

flash evaporation 闪发蒸发 15.0701

flashing light 闪光灯 09.0216

flashing light for signalling 通信闪光灯 14.0053

flashing light signalling 灯光通信 14.0004

flat-surface probe 平面传感器 06.0172

flat-surface sensor 平面传感器 06.0172

flattening of earth 地球扁率 02.0009

fleet NET 船队通信网 14.0061

flemish knot 8 字结 08.0290

flexibility gyrocompass 挠性罗经 06.0083

flexibility gyroscope 挠性陀螺仪 06.0102

flexible rotor 柔性转子 15.0249

flexible stay plate 柔性支持板 15.0238

flicker reset 闪光复位 15.1047

Flinders' bar 佛氏铁 06.0022

float 浮子 12.0060

floating crane 起重船, * 浮吊 08.0122

floating dock 浮船坞 08.0477

floating oil loading hose 浮式输油软管 12.0164

floating oil production platform 浮式采油生产平台 12.0150

floating production storage unit 浮式生产储油装置 09.0113

floating substance 漂浮物 13.0292

floating trawl 浮拖网 12.0052

float line 浮子纲 12.0056

float oil layer sampler 浮油层取样器 15.0810

float on/float off 浮装 11.0215

floe ice 浮冰 07.0137

floodable length 可浸长度 11.0075

flood current 涨潮流 07.0227

flooded evaporator 浸没式蒸发器 15.0640

flooding angle 进水角 11.0062

flooding method 灌注法 08.0448

flood mark 泛滥标 10.0038

173

flood peak　洪峰　10.0027

flood stream　涨潮流　07.0227

flood [tide]　涨潮　07.0196

floor　肋板　08.0195

flow-control valve　流量控制阀　15.0607

flow moisture point　流动水分点　11.0188

flow regulator　流量调节器　15.0976

fluid motor　液压[油]马达　15.0560

flush deck vessel　平甲板船　08.0063

flux gate compass　磁通门罗经　06.0006

fly wheel　飞轮　15.0113

foam fire extinguishing system　泡沫灭火系统　08.0433

FOB　离岸价格，*船上交货　11.0308

fog signal　雾号　07.0372

fog warning　雾警报　07.0089

folding fin stabilizer　折叠式减摇鳍装置　15.0549

following at a distance　尾随行驶　09.0182

follow-up control　随动控制　15.0962

follow-up ship　后续舰　05.0033

follow-up speed　随动速度　06.0128

follow-up system　随动系统　06.0092

food stuff refrigerated storage　伙食冷库　15.0663

foot line　下纲　12.0055

forbidden fishing zone　禁渔区　12.0045

forbidden zone　禁航区　07.0359

forced circulation boiler　强制循环锅炉　15.0353

force majeure　不可抗力　13.0163

fore-and-aft distance between ships　舰间纵距　05.0045

fore-and-aft line　艏艉线　08.0015

fore-and-aft magnet　纵向磁棒　06.0018

fore-and-aft sail　纵帆　09.0196

forecastle　艏楼　08.0018

forecastle deck　艏楼甲板　08.0037

foreman　装卸长　11.0143

fore peak tank　艏尖舱　08.0023

formation angle　队列角　05.0041

formation bearing　队列方位　05.0040

formation coefficient　驳船编队系数　10.0056

formation line　队列线　05.0039

forward　前　08.0009，发出　14.0133

forward error correction mode　前向纠错方式　14.0229

forward ship　前行舰　05.0032

foul bill of lading　不清洁提单　13.0056

foul ground　险恶地　07.0334

fouling　污底　08.0460

fouling hawse　锚链绞缠　09.0083

fouling resistance　污底阻力　09.0031

four point bearing　四点方位法　02.0202

four stroke diesel engine　四冲程柴油机　15.0010

fourth engineer　三管轮　13.0361

FPA　货物平安险　13.0208

FPP　固定螺距桨，*定距桨　09.0043

FPSU　浮式生产储油装置　09.0113

frame　肋骨　08.0208，机架　15.0085

frame for intangling net　挂网架　12.0068

frame space　肋距　08.0209

franchise　相对免赔额　13.0193

free alongside ship　船边交货　11.0307

freeboard　干舷　11.0001

free from particular average　货物平安险　13.0208

free gyroscope　自由陀螺仪　06.0099

free on board　离岸价格，*船上交货　11.0308

free on rail　车上交货　11.0306

free on truck　车上交货　11.0306

free piston gas turbine　自由活塞燃气轮机　15.0296

free surface　自由液面　11.0032

free surface correction　自由液面修正值　11.0033

free turbine　动力涡轮　15.0308

freezing point　凝点　15.0855

freight　运费　11.0314

freight all kinds　不分货种运费　11.0321

freighter　货船　08.0084

freight insurance　运费保险　13.0205

freight manifest　运费清单　11.0295

freight payable at destination　到付运费　11.0315

freon　氟利昂　15.0619

frequency division system　频率分隔制　04.0017

frequency shift keying　频移键控　14.0283

frequency standard　频率标准　14.0267

frequency tolerance　频率容限　14.0266

fresh air　新风　15.0685

fresh water circulating pump　淡水循环泵　15.0422

fresh water filling pipe 淡水注入管 15.0760

fresh water generator 海水淡化装置 15.0693

fresh water pump 淡水泵 15.0412

fresh water system 淡水系统 15.0739

frictional resistance 摩擦阻力 09.0026

frigate 护卫舰 08.0163

front 锋 07.0054

FSK 频移键控 14.0283

FTL 整车货 11.0221

fuel cladding 燃料包壳 15.1211

fuel consumption 燃油消耗量 15.0038

fuel consumption per ton n mile 每吨海里燃油消耗量 15.0920

fuel element 燃料元件 15.1212

fuel injection nozzle 喷油器 15.0098

fuel injection valve cooling pump 喷油器冷却泵 15.0428

fuel injector 喷油器 15.0098

fuel oil filling pipe 燃油注入管 15.0761

fuel oil heater 燃油加热器 15.0371

fuel oil transfer pump 燃油输送泵 15.0418

fuel valve 喷油器 15.0098

fuel valve dribbling 喷油器滴漏 15.0166

full and down 满舱满载 11.0132

full carrier emission 全载波发射 14.0278

full container load 整箱货 11.0219

full dress 挂满旗 14.0046

full load displacement 满载排水量 11.0009

full moon 满月，＊望 03.0082

full truck load 整车货 11.0221

fumigation 薰舱 13.0341

function test 功能试验 15.1048

fundamental fuel lower calorific value 基准燃油低热值 15.0203

funnel paint 烟囱漆 08.0482

furnace 炉膛，＊炉胆 15.0367

G

GA 共同海损 13.0212

gale warning 大风警报 07.0085

gangway 舷梯 08.0045

garbage boat 垃圾船 08.0131

gas collector 燃气稳压箱 15.0315

gas decay tank 气体衰变箱 15.1233

gases dissolved under pressure 加压溶解气体 11.0253

gas-freeing 驱气 11.0166

gas generator 燃气发生器 15.0307

gas turbine ship 燃气轮机船 08.0074

gate valve 闸阀 15.0819

Gauss-Krüger projection 高斯－克吕格投影 07.0310

GB 陀罗方位 02.0064

GC 陀罗航向 02.0048

GCB 大圆方位 02.0065

GCC 大圆航向 02.0051

GDOP 精度几何因子 04.0009

gear oil 齿轮油 15.0840

gear pump 齿轮泵 15.0454

general atmospheric circulation 大气环流 07.0041

general average 共同海损 13.0212

general average act 共同海损行为 13.0229

general average adjustment 共同海损理算 13.0220

general average adjustment statement 共同海损理算书 13.0225

general average clause 共同海损条款 13.0136

general average contribution 共同海损分摊 13.0221

general average deposit 共同海损分摊保证金 13.0222

general average disbursement insurance 共同海损保险 13.0206

general average expenditure 共同海损费用 13.0215

general average loss or damage 共同海损损失 13.0230

general average sacrifice 共同海损牺牲 13.0214

general average security 共同海损担保 13.0218

general cargo 杂货 11.0103

general cargo ship 杂货船 08.0086

general certificate 通用证书 14.0183

general chart　总图　07.0304

general direction of traffic flow　船舶总流向 07.0379

general lighting　一般照明　15.1153

general radio communication　常规无线电通信 14.0089

general service pump　通用泵　15.0410

generating set　发电机组　15.1069

generator blackout emergency manoeuvre　发电机跳 电应急处理　15.0936

generator control panel　发电机[控制]屏　15.1094

generator excited system　发电机励磁系统 15.1101

geocentric latitude　地心纬度　02.0025

geodesic　测地线　04.0008

geodetic survey　大地测量　12.0123

geographical area group call　地理区域群呼 14.0120

geographical range of an object　物标地理能见距离 02.0104

geographic coordinate　地理坐标　02.0017

[geographic] latitude　[地理]纬度　02.0018

[geographic] longitude　[地理]经度　02.0019

geoid　大地水准面　02.0005

geoidal height map　大地水准面高度图　06.0374

geomagnetic pole　地磁极　02.0027

geometric inertial navigation system　几何式惯性导 航系统　06.0192

geometry dilution of precision　精度几何因子 04.0009

geo-navigation　地文航海　01.0003

geopotential height　位势高度　07.0032

geopotential meter　位势米　07.0033

geostrophic wind　地转风　07.0040

GHA　格林[尼治]时角　03.0027

ghost signal　假信号　06.0262

gill net　刺网　12.0064

gimballing error　框架误差　06.0118

girder depth　桁材深度　11.0177

girding　横拖　09.0070

give-way vessel　让路船　09.0205

glass ice　冰壳　07.0140

global maritime distress and safety system　全球海上 遇险安全系统　14.0236

global-mode coverage　全球覆盖　14.0305

global positioning system　全球定位系统　06.0357

globe valve　球阀　15.0817

GMDSS　全球海上遇险安全系统　14.0236

GMT　世界时　03.0101

gnomonic chart　大圆海图　07.0281

gnomonic projection　日晷投影　07.0311

gong　号锣　09.0239

good seamanship　良好船艺　09.0177

goose neck　吊杆转轴，＊鹅颈头　08.0378

governing stage　调节级　15.0261

government telegram　政务电报　14.0096

GPS　全球定位系统　06.0357

GPS fix　GPS船位，＊全球定位系统船位 06.0381

grab dredger　斗式挖泥船　08.0112

graded fairway　等级航道　10.0010

graded region　内河分级航区　10.0089

gradient of position line　位置线梯度　02.0183

gradient wind　梯度风　07.0039

grain capacity　散装容积　11.0122

grain-tight　谷密　11.0275

grain transverse volumetric upsetting moment　谷物横 倾体积矩　11.0172

grain upsetting arm　谷物倾侧力臂　11.0171

gravity anomaly chart　重力异常图　12.0133

gravity disc　比重环　15.0725

gravity tank　重力柜　15.0125

great circle bearing　大圆方位　02.0065

great circle chart　大圆海图　07.0281

great circle course　大圆航向　02.0051

great circle distance　大圆距离　02.0119

great circle sailing　大圆航线算法　02.0116

Greenwich hour angle　格林[尼治]时角　03.0027

Greenwich meridian　格林[尼治]子午线　02.0014

Greenwich sidereal time　格林恒星时　03.0100

GRI　组重复周期　06.0231

gross error　粗差　02.0200

gross tonnage　总吨位　11.0014

ground-based navigational system　陆基导航系统 04.0005

ground detecting lamp　接地检查灯　15.1100

ground ice 锚冰 07.0120

ground rope 沉子纲 12.0057

ground tackle 锚设备 08.0312

ground wave 地波 06.0249

ground wave to skywave correction 地天波改正量 06.0253

group alarm 组合报警 15.1055

group call broadcast service 群呼广播业务 14.0080

group of waves 群波 07.0170

group repetition interval 组重复周期 06.0231

GST 格林恒星时 03.0100

GT 总吨位 11.0014

guide vane 导向叶片 15.0321

gulf 海湾 07.0340

gust 阵风 07.0024

guy 稳索 08.0376

GW 大风警报 07.0085

gyro 陀螺仪 06.0097

gyrocompass 陀螺罗经, ＊电罗经 06.0075

gyrocompass bearing 陀罗方位 02.0064

gyrocompass course 陀罗航向 02.0048

gyrocompass error 陀罗差 02.0041

gyrocompass north 陀罗北 02.0033

gyro drift 陀螺漂移 06.0194

gyro-magnetic compass 陀螺磁罗经, ＊电磁罗经 06.0008

gyropilot 自动操舵仪 06.0182

gyroscope 陀螺仪 06.0097

gyroscopic inertia 定轴性 06.0103

gyroscopic precession 旋进性, ＊进动性 06.0104

gyro sextant 陀螺六分仪 06.0046

gyrosphere 陀螺球 06.0085

gyro[scopic] stabilizer 陀螺式减摇装置 15.0542

H

HA 时角 03.0025

half beam 半梁 08.0215

half-convergency 大圆改正量 02.0120

half height container 半高箱 11.0200

half hitch 半结 08.0277

half lethal concentration 半致死浓度 11.0152

half lethal dose 半致死剂量 11.0151

hand expansion valve 手动膨胀阀 15.0646

hand flare 手持火焰信号 08.0405

hand line 手钓 12.0088

handling 搬运 11.0082

harbor 港口 07.0321

harbor area 港区 13.0285

harbor boat 港作船 08.0119

harbor boundary 港界 13.0286

harbor launch 港作船 08.0119

harbor limit 港界 13.0286

harbor plan 港泊图 07.0302

harbor pump 停泊泵 15.0434

harbor radar 港口雷达 06.0353

harbor speed 港内速度 09.0060

harbor superintendency administration 港务监督 13.0032

harbor survey 港湾测量 12.0113

harbor watch 停泊值班 13.0348

hard-over angle 最大舵角 15.0504

harmful cargo 有害货 11.0112

harmful substance 有害物质 13.0399

harmonic emission 谐波发射 14.0274

hatch boom 舱口吊杆 08.0383

hatch coaming 舱口围板 08.0218

hatch cover 舱盖 08.0220

hatch cover [handling] winch 舱口盖绞车 15.0520

hatch end beam 舱口端梁 08.0219

hatch survey 舱口检验 11.0336

hauling net 起网 12.0081

having up against the rapids 绞[湍]滩 10.0087

hawsepipe 锚链筒 08.0332

hawser 缆 08.0247

hazardous weather message 危险天气通报 07.0083

Hdg 艏向 02.0044

HDOP 水平精度[几何]因子 04.0011

head and stern mark　首尾导标　10.0035

heading　艏向　02.0044

heading and attitude unit　平台罗经　06.0131

heading marker　艏标志　06.0325

headland　岬角　07.0341

head light　艏灯　09.0218

head line　艏缆，＊头缆　08.0359，上纲 12.0054

head-on situation　对遇局面　09.0201

head up　艏向上　06.0347

heat balance　热平衡　15.0053

heat fatigue cracking　热疲劳裂纹　15.0176

heat-humidity ratio　热湿比　15.0691

heating container　加热箱　11.0204

heating steam　加热蒸汽　15.0707

heating water ratio　加热水倍率　15.0715

heat output of reactor　堆热功率　15.1203

heat rate　耗热率　15.0236

heave to　滞航　09.0132

heaving　垂荡　09.0120

heaving line　撇缆　08.0254

heaving line slip knot　撇缆活结　08.0296

heavy and lengthy cargo carrier　重大件运输船 08.0087

heavy derrick　重吊杆　08.0386

heavy lift derrick cargo winch　重吊起货机 15.0513

heavy lifts and awkward clause　重大件条款 13.0100

heavy weather　恶劣天气　07.0084

heavy weather navigation operating mode management 大风浪航行工况管理　15.0926

hectopascal　百帕　07.0010

heeling adjustor　倾差仪　06.0036

heeling angle　横倾角　11.0053

heeling deviation　倾斜自差　06.0031

heeling error　倾斜自差　06.0031

heeling error instrument　倾差仪　06.0036

heeling moment　横倾力矩　11.0054·

height clearance　净空高度　10.0014

height difference　潮高差　07.0219

height of center of buoyancy　浮心高度　11.0024

height of center of gravity　重心高度　11.0023

height of eye　眼高　03.0138

height of tide　潮高　07.0207

height rate　潮高比　07.0220

helical flow pump　旋涡泵　15.0460

helicopter rescue strop　直升机救生套　12.0187

helium-oxygen diving　氮氧潜水　12.0105

hermetically sealed refrigerating compressor unit　全封闭式制冷压缩机　15.0630

hermetic deck valve　密封甲板阀　15.0794

HF communication　高频通信　14.0188

HHW　高高潮　07.0192

Hi-Fix system　哈－菲克斯系统　06.0387

high and low pressure relay　高低压继电器 15.0650

higher high water　高高潮　07.0192

higher low water　高低潮　07.0194

high precision positioning system　高精度定位系统 06.0385

high [pressure]　高压　07.0050

high sea　公海　13.0017

high temperature corrosion　高温腐蚀　15.0159

high velocity induction air conditioning system　高速诱导空气调节系统　15.0673

high water　高潮　07.0190

high water time　高潮时　07.0199

Himalaya clause　喜玛拉雅条款　13.0088

history of marine navigation　航海史　01.0041

HLW　高低潮　07.0194

hogging　中拱　11.0072

holder of bill of lading　提单持有人　13.0079

holding down bolt　地脚螺栓　15.0090

holding power of anchor　锚抓力　08.0322

holding power of chain　链抓力　08.0324

home port　船籍港　13.0031

hook　钩　08.0259

hook cycle　钩吊周期　08.0382

horizon　地平　02.0098

horizontal beam width　水平波束宽度　06.0343

horizontal coordinate system　地平坐标系　03.0032

horizontal dilution of precision　水平精度[几何]因子 04.0011

horizontal parallax　地平视差　03.0142

hose sweeping　扫线　12.0190

hose sweeping ball 扫线球 12.0191

hose test 冲水试验 13.0259

hot brine defrost 热盐水融霜 15.0657

hot gas defrost 热气融霜 15.0655

hot shut-down 热停堆 15.1250

hot starting 热态起动 15.0281

hot water circulating pump 热水循环泵 15.0414

hot water heating system 热水供暖系统 15.0737

hot water tank 热水柜 15.0744

hot well 热水井 15.0398

hour angle 时角 03.0025

hour circle 时圈 03.0023

house flag 公司旗 14.0044

hovercraft 气垫船 08.0144

hull maintenance 船体保养 08.0456

hull resistance characteristic 船舶阻力特性 15.0922

hull war risk 船舶战争险 13.0200

humidifier 加湿器 15.0683

hummock 冰丘 07.0133

hummocked ice 堆积冰 07.0122

HW 高潮 07.0190

hybrid navigation system 混合导航系统 06.0383

hydraulic accumulator 液压蓄能器 15.0564

hydraulic actuating gear 液压执行机构 15.0569

hydraulic actuator 液压执行机构 15.0569

hydraulically actuated exhaust valve mechanism 液压式排气阀传动机构 15.0094

hydraulic amplifier 液压放大器 15.0565

hydraulic blocking device 液压锁闭装置 15.0570

hydraulic booster 液压升压器 15.0566

hydraulic brake 液压制动器 15.0567

hydraulic buffer 液压缓冲器 15.0568

hydraulic cargo winch 液压起货机 15.0512

hydraulic control non-return valve 液控单向阀 15.0591

hydraulic control valve 液压控制阀 15.0587

hydraulic directional control valve 液压换向阀 15.0595

hydraulic efficiency 水力效率 15.0475

hydraulic [friction] clutch 液压离合器 15.0585

hydraulic governor 液压式调速器 15.0107

hydraulic hatch cover 液压舱盖 15.0586

hydraulic joint 液压接头 15.0584

hydraulic lock 液压锁 15.0571

hydraulic moment converter 液压变矩器 15.0561

hydraulic moment variator 液压变矩器 15.0561

hydraulic motor 液压[油]马达 15.0560

hydraulic oil 液压油 15.0844

hydraulic oil tank 液压油柜 15.0573

hydraulic operated cargo valve 液压操纵货油阀 15.0611

hydraulic operated valve 液压操纵阀 15.0583

hydraulic pressure test 液压试验 11.0286

hydraulic pump 液压泵 15.0559

hydraulic reduction gear 液压减速[传动]装置 15.0557

hydraulic servo-motor 液压伺服马达 15.0562

hydraulic servo valve 液压伺服阀 15.0597

hydraulic steering engine 液压舵机 15.0496

hydraulic system 液压系统 15.0555

hydraulic telemotor 液压遥控传动装置 15.0556

hydraulic transmission [drive] 液压传动 15.0553

hydraulic [transmission] gear 液压传动装置 15.0554

hydraulic transmitter 液压发送器 15.0572

hydraulic variable speed driver 液压变速[传动]装置 15.0558

hydrocylinder 液压缸 15.0563

hydrodynamic force 水动力 09.0036

hydrodynamic force coefficient 水动力系数 09.0037

hydrofoil craft 水翼艇 08.0143

hydrographic survey 海道测量，＊水道测量 01.0020

hydrography 海道测量，＊水道测量 01.0020

hydrojet boat 喷水推进船 08.0177

hygrograph 湿度计 06.0066

hygrometer 湿度表 06.0067

hyperbolic navigation system 双曲线导航系统 06.0210

hyperbolic position line 双曲线位置线 06.0256

ice anchor 冰锚 09.0088

ice atlas 冰况图集 07.0153

ice avalanche 冰崩 07.0134

iceberg 冰山 07.0142

icebound 冰困 09.0154

ice boundary 冰区界限线 07.0151

icebreaker 破冰船 08.0123

icebreaker bow 破冰[型]艏 08.0230

icebreaker stem 破冰[型]艏 08.0230

ice clause 冰冻条款 13.0139

ice cover 冰盖 07.0148

icecovered area 冰封区域 13.0396

ice edge 冰缘线 07.0150

ice fathometer 回声测冰仪 06.0164

ice field 冰原 07.0139

ice free 无冰区 07.0136

ice navigation 冰区航行 02.0214

ice period 冰冻期 07.0147

ice rind 冰壳 07.0140

ice sheet 冰原 07.0139

ice shelf 冰架 07.0141

ice thickness 冰厚 07.0146

ice warning 冰情警报 07.0088

identification of Loran ground and sky waves 罗兰天
地波识别 06.0260

identify 识别 14.0026

identity signal 识别信号 09.0246

idle time 惰转时间 15.0285

IG 惰性气体 11.0161

ignition point 燃点 11.0149

IGS 惰性气体系统 15.0801

illegitimate last vayage 最后不合法航次 13.0153

immediate danger 紧急危险 09.0161

immersion suit 救生服 08.0402

immunity of state-owned vessel 国有船舶豁免权
13.0011

IMO class 国际海事组织类号 11.0290

important load 重要负载 15.1123

import permit 进口许可 11.0345

impulse stage 冲动级 15.0221

impulse steam turbine 冲动式汽轮机 15.0209

inboard boom 舱口吊杆 08.0383

inclining test 倾斜试验 13.0274

incomplete combustion 燃烧不完全 15.0179

index error 指标差 03.0135

index of adjoining chart 邻图索引 07.0290

index of cooperation 合作指数 14.0291

indicated mean effective pressure 平均指示压力
15.0023

indicated power 指示功率 15.0022

indicated specific fuel oil consumption 指示燃油消
耗率 15.0024

indicated thermal efficiency 指示热效率 15.0025

indicator valve 示功阀 15.0065

indirect air cooler 间接冷却式空气冷却器
15.0681

indirect echo 间接回波 06.0339

indirect transhipment 间接换装 11.0351

indirect transmission 间接传动 15.0882

induction ratio 诱导比 15.0692

induction unit 诱导器 15.0690

inert gas 惰性气体 11.0161

inert gas blower 惰性气体风机 15.0483

inert gas generator 惰性气体发生器 15.0802

inert gas system 惰性气体系统 15.0801

inertial navigation system 惯性导航系统 06.0189

inertial stopping distance 停车冲程 09.0022

inertial trial 惯性试验，＊冲程试验 13.0267

infectious substance 感染性物质 11.0261

inflatable liferaft 气胀[救生]筏 08.0397

information flow 信息流 14.0313

information processing 信息处理 15.1036

inherent vice 固有缺陷 11.0341

initial alignment 初始对准 06.0195

initial classification 初次入级 13.0240

initial course 始航向 02.0052

initial metacenter 初稳心 11.0028

initial metacentric height 初稳性高度，＊初重稳距

11.0031

initial metacentric height above baseline　初稳心高度　11.0029

initial metacentric radius　初稳心半径　11.0030

initial report　初始报告　13.0314

initial steam parameter　初始蒸汽参数　15.0225

initial survey　初次检验　13.0246

injection timing　喷油正时　15.0054

injector testing equipment　喷油器试验台　15.0115

inland navigation　内河航行　10.0001

inland vessel　内河船　08.0174

inland waters　内水　13.0014

inland waterway　内陆水道　09.0156

inland waterway navigation aids　内河航标　10.0030

inland waterway navigation and pilotage　内河引航　09.0155

inlet valve　进气阀　15.0063

INMARSAT　国际海事卫星系统　14.0241

INMARSAT A ship earth station　国际海事卫星 A 船舶地球站　14.0244

INMARSAT B ship earth station　国际海事卫星 B 船舶地球站　14.0245

INMARSAT CES　国际海事卫星海岸地球站　14.0249

INMARSAT coast earth station　国际海事卫星海岸地球站　14.0249

INMARSAT C ship earth station　国际海事卫星 C 船舶地球站　14.0246

INMARSAT land earth station　国际海事卫星陆地地球站　14.0248

INMARSAT LES　国际海事卫星陆地地球站　14.0248

INMARSAT M ship earth station　国际海事卫星 M 船舶地球站　14.0247

INMARSAT network coordination station　国际海事卫星网络协调站　14.0250

INMARSAT SES　国际海事卫星船舶地球站　14.0243

inner bottom construction plan　内底结构图　08.0190

inner bottom longitudinal　内底纵骨　08.0200

inner bottom plate　内底板　08.0201

inner sea　内海　13.0015

input axis　输入轴　06.0133

INS　惯性导航系统　06.0189

inshore traffic zone　沿岸通航带　07.0382

inside admission　内进汽　15.0342

in sight of one another　互见中　09.0170

inspection by boarding　登轮检查　13.0320

inspection by notary public　公证鉴定　11.0331

inspection of chamber　舱室鉴定　11.0335

inspection of hold　货舱鉴定　11.0333

inspection of package　包装鉴定　11.0340

inspection of port state control　港口国管理检查　13.0319

inspection of rat evidence　鼠患检查　13.0343

inspection of tank　液舱鉴定　11.0334

inspection of weight　重量鉴定　11.0332

inspection on hatch and/or cargo　载损鉴定　11.0338

instantaneous state　瞬态　15.0958

instrument error　[六分仪]器差　03.0136

insubmersibility　不沉性　08.0058

insulating container　隔热箱　11.0201

insurance claim　保险索赔　13.0188

insurer　保险人　13.0204

integral regulator　积分调节器　15.0969

integrated barge　分节驳船　10.0049

integrated barge train　分节驳船队　10.0053

integrated mode　组合模式　06.0384

integrated navigation system　组合导航系统　06.0382

integrating gyroscope　积分陀螺仪　06.0132

intended track　计划航迹向　02.0056

interaction between ships　船吸效应　09.0137

intercardinal point　隅点　02.0076

intercept　高度差　03.0044

intercept method　高度差法　03.0043

INTERCO　信号码组符号　14.0010

interference between longer and shorter circle path signal　长短大圆信号干扰　06.0283

interlock protection of shore power connection　岸电联锁保护　15.1130

intermediate bearing　中间轴承　15.0889

intermediate casing　中间壳体　15.0313

intermediate fuel oil 中间燃料油 15.0833

intermediate point 三字点 02.0077

intermediate point of great circle 大圆分点
02.0117

intermediate shaft 中间轴 15.0886

intermodulation products 互调产物 14.0275

internal efficiency 内效率 15.0233

internal power 内功率 15.0231

internal sea 内海 13.0015

internal waters 内水 13.0014

internal wave 内波 07.0171

international code symbol 信号码组符号 14.0010

international custom and usage 国际惯例 13.0040

international ice patrol bulletin 国际冰况巡查报告
14.0091

international information service 国际信息业务
14.0070

International Maritime Organization class 国际海事
组织类号 11.0290

international maritime satellite 国际海事卫星
14.0242

international maritime satellite ship earth station 国
际海事卫星船舶地球站 14.0243

international maritime satellite system 国际海事卫
星系统 14.0241

international NAVTEX service 国际航行警告业务
14.0068

international safety NET 国际安全通信网
14.0062

international sea area 国际海域 13.0024

international shore connection 国际通岸接头
08.0430

international signal code 国际信号码 14.0009

international signal flag 国际信号旗 14.0038

interpellation clause 质询条款 13.0126

interrupt service routine 中断服务程序 15.1037

interrupt system 中断系统 15.1034

intertropical convergence zone 热带辐合带
07.0102

intervening obstruction 居间障碍物 09.0184

ionosphere 电离层 07.0004

ionospheric refraction correction 电离层折射改正
06.0366

irradiation inspection tube 辐照监督管 15.1221

ISO ambient reference condition 国际标准环境状态
15.0201

isobar 等压线 07.0073

isobaric surface 等压面 07.0072

isogonic chart 等磁差图 07.0307

isolated danger mark 孤立危险物标志 07.0260

isolating method 隔离法 08.0428

isolating switch 隔离开关 15.1107

isolating valve 隔离阀 15.0793

isotherm 等温线 07.0074

ITCZ 热带辐合带 07.0102

J

jacket cooling water pump 缸套冷却水泵
15.0426

jacking system 升降系统 12.0154

jackstay 主钢缆, *承载索 12.0184

Jason clause 杰森条款 13.0134

jet pump 喷射泵 15.0461

jetting pipeline 冲桩管线 12.0155

jettison 抛弃 13.0231

jetty 突码头 07.0391

jig 滚钩 12.0086

joining link 连接链环 08.0329

joining shackle 连接卸扣 08.0328

joint and several liability 连带责任 11.0343

joint inspection 联检 13.0326

jumbo boom 重吊杆 08.0386

jurisdiction clause 管辖权条款 13.0094

jurisdiction of ship collision 船舶碰撞管辖权
13.0166

jurisdiction over ship 船舶管辖权 13.0036

K

katabatic　下降风　07.0111

kedge anchor　小锚，＊移船锚　08.0320

keelson　中桁材，＊内龙骨　08.0196

kerosine test　涂煤油试验　13.0261

key lock switch　锁定开关　15.1057

kick　偏距，＊反移量　09.0013

kn　节　02.0096

knot　节　02.0096

Kuroshio　黑潮　07.0245

KW power　有功功率　15.1127

L

label　标签　11.0128

labyrinth gland　曲径式密封　15.0243

lamp attracting　灯光诱鱼　12.0083

land breeze　陆风　07.0109

land effect　海岸效应，＊陆地效应　06.0203

landing permit　登岸证　13.0346

landing ship　登陆舰　08.0165

landing through surf　浅浪登陆　08.0415

landmark　陆标　02.0156

land-origin ice　陆源冰　07.0144

land station　陆地电台　14.0198

lane　巷　06.0270

lane fraction　分巷　06.0274

lane identification　巷识别　06.0269

lane identification meter　巷识别计　06.0267

lane letter　巷号　06.0273

lane set　巷设定　06.0294

lane slip　滑巷　06.0295

lanewidth　巷宽　06.0271

lap　余面　15.0343

large correction chart　改版图　07.0285

laser sounder　激光测探仪　06.0149

LASH　载驳船，＊子母船　08.0103

lashing　绑扎　11.0089

last quarter　下弦　03.0083

Lat　[地理]纬度　02.0018

latent defect　潜在缺陷　11.0342

lateral mark　侧面标志　07.0258

latitude correction　纬度改正量　02.0154

latitude effect　纬度效应　06.0288

latitude error　纬度误差　06.0114

latitude error corrector　纬度误差校正器　06.0121

launch　交通艇　08.0128

law of the flag　船旗国法　13.0043

laydays　受载期　13.0114

laytime　装卸期限　13.0116

laytime statement of fact　装卸时间事实记录　13.0119

lay up　闲置船　08.0183

L/C　信用证　11.0313

LCL　拼箱货　11.0220

lead　导程　15.0344

leading beacon　导标　07.0265

leading block　引导滑车　08.0270

leading ship　前导舰　05.0030

lead lane　冰间水道　07.0152

leakage test　渗漏试验　11.0285

leak stopper　堵漏器材　08.0444

leak stopping　堵漏　08.0440

leaving bodily　平离　09.0110

leaving bow first　艏离　09.0108

leaving stern first　艉离　09.0109

leaving wharf　离码头　09.0107

lee anchor　惰锚　09.0080

leeway and drift angle　风流压差　02.0143

leeway angle　风压差　02.0141

leeway coefficient　风压差系数　02.0144

left flank ship　左翼舰　05.0036

left-hand rotation diesel engine　左旋柴油机　15.0006

legal time　法定时　03.0106

legitimate last vayage　最后合法航次　13.0152

length between perpendiculars　垂线间长，＊两柱间长　08.0047

length of formation　队形长度　05.0043

length of tow　拖带长度　09.0229

length overall　总长　08.0046

less than container load　拼箱货　11.0220

less than truck load　拼车货　11.0222

let go anchor　抛锚　08.0342

letter of credit　信用证　11.0313

letter of indemnity　保函　13.0086

letter pronunciation　字母拼读法　14.0017

level ice　平整冰　07.0121

leveling survey　水准测量　12.0124

lever of form stability　形状稳性力臂　11.0044

lever of weight stability　重量稳性力臂　11.0045

LHA　地方时角　03.0026

LHW　低高潮　07.0193

LI　巷识别　06.0269

liability of towage　拖带责任　13.0185

liberty to deviate clause　自由绕航条款　13.0124

lien　留置权　13.0073

lifeboat　救生艇　08.0395

lifeboat compass　救生艇罗经　06.0010

lifeboat deck　救生艇甲板　08.0041

lifebuoy　救生圈　08.0398

lifejacket　救生衣　08.0400

liferaft　救生筏　08.0396

life salvage　人命救助　13.0170

life saving appliance　救生设备　08.0391

life saving signal　救生信号　14.0023

lifting by floating crane　起重船打捞　12.0094

lift on/lift off　吊装　11.0214

light　号灯　09.0209

light beacon　灯桩　07.0256

light displacement　空船排水量　11.0008

lighted mark　灯标　07.0253

lighter aboard ship　载驳船，＊子母船　08.0103

lighthouse　灯塔　07.0255

lighting　过驳　11.0085

light-purse seine　光诱围网　12.0063

light range　灯光射程　07.0269

light signal　灯光信号　09.0233

light-vessel　灯船　07.0264

light weight　空船重量　11.0010

lignum vitae bearing　铁梨木轴承　15.0891

limitation of liability　责任限制　13.0074

limited characteristic　限制特性　15.0046

limit error　极限误差　02.0197

limiting latitude　限制纬度　02.0126

limiting relative bearing　极限舷角　05.0009

limiting speed　限速　13.0307

limit mark　界限标　10.0043

limit of liability for loss of or damage to luggage　行李损坏赔款限额　11.0360

limit of liability for personal injury　人身伤亡赔款限额　11.0359

limit of sector　光弧界限　07.0333

line fishing boat　钓船　08.0153

line of equal bearing　恒位线　02.0159

line of position　位置线　02.0157

liner service　班轮运输　13.0046

liner term　班轮条款　13.0128

[liner] wear rate　[缸套]磨损率　15.0186

linethrowing appliance　抛绳设备　08.0407

line throwing gun　撇缆枪，＊抛缆枪　08.0265

liquefied gas　液化气体　11.0252

liquefied gas carrier　液化气船　08.0098

liquefied natural gas　液化天然气　11.0192

liquefied natural gas carrier　液化天然气船　08.0099

liquefied petroleum gas　液化石油气　11.0191

liquefied petroleum gas carrier　液化石油气船　08.0100

liquid bulk cargo　液体散货　11.0106

liquid cargo ship　液货船　08.0092

liquid chemical tanker　液体化学品船　08.0097

liquid compass　液体罗经　06.0011

liquid container　贮液缸　06.0087

liquid damping vessel　液体阻尼器　06.0109

liquid floated gyroscope　液浮陀螺仪　06.0101

liquid pump　液货泵　15.0440

liquid-suction heat exchanger　回热器，＊气液热交换器　15.0645

liquid-tight　液密　11.0272

list of coast station　海岸电台表　14.0055

list of lights　航标表　07.0401

list of radio signals　无线电信号表　07.0394

list of ship station　船舶电台表　14.0056

lithium bromide water absorption refrigerating plant
溴化锂吸收式制冷装置　15.0661

littoral current　沿岸流　07.0241

livestock cargo　活动物货　11.0114

livestock carrier　牲畜运输船　08.0089

living ground in winter　越冬场　12.0046

living resources　生物资源　13.0397

living resources of the sea　海洋生物资源　12.0139

LLW　低低潮　07.0195

LMT　地方[平]时　03.0098

LNG　液化天然气　11.0192

LOA　总长　08.0046

load and fouling hull operating mode management　装
载和污底工况管理　15.0925

load characteristic　负荷特性　15.0048

load-down program　减负荷程序　15.1024

loading　装载　11.0083

loading list　装货清单　11.0293

load line　载重线　11.0004

load line area　载重线区域　11.0005

load line mark　载重线标志　11.0006

load on top　顶装法　11.0163

load-up program　加负荷程序　15.1023

local area network　局域网络　15.1053

local clause　地区条款　13.0105

local control　机旁控制·15.0148

local hour angle　地方时角　03.0026

local magnetic disturbance　异常磁区　02.0036

local mean time　地方[平]时　03.0098

local-mode coverage　区域覆盖　14.0304

local scale　局部比例尺　07.0295

local sidereal time　地方恒星时　03.0099

local user terminal　本地用户终端　14.0256

local water level　当地水位　10.0011

locating　寻位　14.0168

location grid　定位格架　15.1213

locking maneuver　进闸操纵　09.0150

lock water area　船闸水域　10.0092

log　计程仪　06.0167

log book　航海日志　07.0403

logical valve　逻辑阀　15.0610

log raft　排筏　08.0180

log reading　计程仪读数　02.0083

Long　[地理]经度　02.0019

long form bill of lading　长式提单　13.0064

longitude correction　经度改正量　02.0155

longitudinal distance of center of buoyancy from
midship　浮心距中距离　11.0026

longitudinal distance of center of floatation from
midship　漂心距中距离　11.0027

longitudinal distance of center of gravity from midship
重心距中距离　11.0025

longitudinal frame system　纵骨架式　08.0185

longitudinal metacenter　纵稳心　11.0034

longitudinal metacentric height　纵稳性高度，＊纵
重稳距　11.0037

longitudinal metacentric height above baseline　纵稳
心高度　11.0040

longitudinal metacentric radius　纵稳心半径
11.0036

longitudinal section plan　纵剖面图　08.0187

longitudinal stability lever　纵稳性力臂　11.0039

longitudinal strength　纵强度　11.0069

longitudinal vibration damper　轴向减振器
15.0111

long line　延绳钓　12.0084

long splice　长[插]接　08.0304

long-stroke diesel engine　长行程柴油机　15.0012

long time delay　长延时　15.1113

look-out　瞭望　09.0173

look-out on forecastle　瞭头　09.0174

loop alignment error　环形天线装调误差　04.0031

loop antenna　环形天线　04.0023

loop scavenging　回流扫气　15.0122

loose cargo　单件货　11.0224

LOP　位置线　02.0157

Loran-A　罗兰 A　06.0211

Loran-A receiver　罗兰 A 接收机　06.0212

Loran-C　罗兰 C　06.0213

Loran-C alarm　罗兰 C 告警　06.0240

Loran chart　罗兰海图　07.0286

Loran-C receiver　罗兰 C 接收机　06.0214

Loran fix　罗兰船位　06.0259

Loran position line　罗兰位置线　06.0257

Loran table 罗兰表 06.0258

loss of coolant accident 失水事故 15.1259

LOT 顶装法 11.0163

loud speaker signalling 扬声器通信 14.0007

lower branch of meridian 子圈 03.0019

lower calorific value 低热值 15.0858

lower high water 低高潮 07.0193

lower low water 低低潮 07.0195

lower meridian passage 下中天 03.0049

lower reach 下游 10.0017

lower transit 下中天 03.0049

low-lubricating oil pressure trip device 低滑油压力保护装置 15.0274

low [pressure] 低压 07.0046

low pressure steam generator 低压蒸汽发生器 15.0360

low temperature corrosion 低温腐蚀 15.0160

low-vacuum protective device 低真空保护装置 15.0273

low-voltage protection 低电压保护 15.1189

low-voltage release 低电压释放 15.1190

low water 低潮 07.0191

low water time 低潮时 07.0200

LPG 液化石油气 11.0191

LPP 垂线间长，＊两柱间长 08.0047

LST 地方恒星时 03.0099

LTL 拼车货 11.0222

Luban's hitch 鲁班结 08.0285

lubber line error 基线误差 06.0119

lubricating grease 润滑脂 15.0845

lubricating oil filling pipe 滑油注入管 15.0762

lubricating oil pump 滑油泵 15.0429

lubricating oil transfer pump 滑油输送泵 15.0430

lubrication system 润滑系统 15.0118

luggage 行李 11.0358

lumber cargo ship 木材船 08.0088

luminescence of the sea 海发光 07.0160

luminous range 光力射程 07.0270

lumpsum freight 总付运费 11.0317

lunar month 朔望月 03.0085

lunar phases 月相 03.0078

lunation 朔望月 03.0085

LUT 本地用户终端 14.0256

LW 低潮 07.0191

lying on the keel block 落墩，＊坐墩 08.0500

M

magnetic annual change 年差 02.0035

magnetic anomaly 异常磁区 02.0036

magnetic bearing 磁方位 02.0062

magnetic compass 磁罗经 06.0002

magnetic compass adjustment 磁罗经校正 06.0034

magnetic course 磁航向 02.0046

magnetic deflection 磁偏角 02.0038

magnetic dip 磁倾角 02.0037

magnetic equator 磁赤道 02.0028

magnetic meridian 磁子午线 02.0029

magnetic north 磁北 02.0031

magnetic storm 磁暴 02.0039

[magnetic] variation 磁差 02.0034

magnetization of transducer 换能器充磁 06.0156

magnetostrictive effect 磁致伸缩效应 06.0153

magnitude 星等 03.0005

mailbox service 邮箱业务 14.0083

mail ship 邮船 08.0080

main antenna 主用天线 14.0294

main bearing 主轴承 15.0082

main boiler 主锅炉 15.0356

main cargo oil line 货油总管 15.0776

main channel 主航道 07.0354

main condenser circulating pump 主冷凝器循环泵 15.0423

main coolant system 主冷却剂系统 15.1223

main deck 主甲板 08.0033

main engine fault emergency manoeuvre 主机故障应急处理 15.0935

main engine remote control panel 主机遥控屏 15.1006

main engine revolution speedometer 主机转速表 09.0057

main engine telegraph　主车钟　15.1000

main gas turbine　主燃气轮机　15.0291

main mark　主标志　11.0124

main receiver　主用收信机　14.0213

main rotor　主转子　15.0317

main starting valve　主起动阀　15.0131

main steam turbine　主汽轮机　15.0207

main stream　主流　10.0021

main switchboard　主配电板　15.1081

main towing line　主拖缆　10.0060

main transmitter　主用发信机　14.0215

making way through water　对水移动　09.0231

mandatory pilotage　强制引航　13.0290

maneuverability　操纵性　08.0060

maneuverability indices　船舶操纵性指数　09.0001

maneuvering board　船舶运动图　09.0273

maneuvering in canal　运河操纵　09.0134

maneuvering in narrow channel　狭水道操纵
　　09.0135

maneuvering light signal　操纵灯号　09.0244

maneuvering signal　操纵信号　09.0241

manhole　人孔　08.0202

manifest　载货清单，＊舱单　11.0294

Manila rope　白棕绳　08.0251

man-machine communication system　人－机通信系
　　统　15.1032

manning of lifecraft　艇筏配员　08.0409

manoeuvre　机动操纵　15.0284

manoeuvring　船舶操纵　01.0014

manoeuvring ship　机动舰　05.0002

man overboard　人员落水　09.0146

manrope knot　握索结　08.0300

manual telex service　人工用户电报业务　14.0075

Mareva Injunction　玛瑞瓦禁令　13.0168

margin line　限界线　08.0451

margin plate　内底边板　08.0203

marine accident analysis　海事分析　13.0384

marine accident report　海事报告　13.0377

marine air conditioning　船舶空气调节　15.0668

marine and air navigation light　海空两用灯标
　　07.0254

marine auxiliary machinery　船舶辅机　15.0401

marine clutch　船用离合器　15.0900

marine communication　水上通信　01.0032

marine coupling　船用联轴器　15.0898

marine diesel engine　船用柴油机　15.0002

marine diesel oil　船用柴油　15.0832

marine ecological investigation　海洋生态调查
　　12.0136

marine electric installation　船舶电气设备　01.0035

marine engineering　海洋工程　01.0021

marine engineering management　轮机管理
　　01.0033

marine engineering survey　海洋工程测量
　　12.0126

marine environmental protection　海洋环境保护
　　01.0042

marine environment investigation　海洋环境调查
　　12.0137

marine fishery　海洋渔业　01.0022

marine forecast　海上预报　14.0090

marine gas oil　船用轻柴油　15.0831

marine gas turbine　船用燃气轮机　15.0290

marine gear box　船用齿轮箱　15.0899

marine gravimetric survey　海洋重力测量　12.0121

marine hydrology　海洋水文　01.0010

marine insurance　海上保险　01.0030

marine investigation　海洋调查　12.0134

marine magnetic survey　海洋磁力测量　12.0122

marine main engine　船舶主机　15.0001

marine medicine　航海医学　01.0039

marine monitoring　海洋监测　13.0394

marine natural reserves　海上自然保护区　12.0143

marine navigation　航海学　01.0002

marine navigation expert system　航海专家系统
　　06.0319

marine nuclear power plant　船舶核动力装置
　　15.1193

marine pollutant　海洋污染物　11.0266

marine pollution　海洋污染　13.0391

marine power plant　船舶动力装置　01.0034

marine power plant economy　船舶动力装置经济性
　　15.0917

marine power plant maintainability　船舶动力装置可
　　维修性　15.0916

marine power plant manoeuvrability　船舶动力装置

操纵性 15.0914

marine power plant service reliability 船舶动力装置可靠性 15.0915

marine propulsion shafting 船舶推进轴系 15.0903

marine psychology 航海心理学 01.0038

marine pump 船用泵 15.0403

marine radio navigation 船舶无线电导航 04.0002

marine refrigerating plant 船舶制冷装置 15.0612

marine resources investigation 海洋资源调查 12.0135

marine safety supervision 海上安全监督 01.0029

marine salvage 海难救助[打捞] 01.0018

marine science and technology 海洋科学技术 12.0138

marine search and rescue 海上搜救 01.0019

marine shafting 船舶轴系 15.0880

marine steam boiler 船舶蒸汽锅炉 15.0351

marine steam engine 船舶蒸汽机 15.0333

marine steam turbine 船用汽轮机 15.0206

marine store 船用物料 15.0879

marine surveillance 海洋监视 13.0395

marine system 船舶系统 15.0726

marine transportation 水上运输 01.0016

marine weather data 海上气象数据 14.0175

maritime arbitration 海事仲裁 13.0385

maritime assistance 海事援助 14.0162

maritime cargo insurance 海运货物保险 13.0207

maritime case 海事判例 13.0039

maritime claim 海事请求 13.0037

maritime code 海商法 01.0026

maritime declaration of health 航海健康申报书 13.0339

maritime distress channel 海上遇险信道 14.0174

maritime enquiry 海上询问 14.0125

maritime identification digits 海上识别数字 14.0317

maritime investigation 海事调查 13.0379

maritime jurisdiction 海事管辖 13.0381

maritime law 海商法 01.0026

maritime lien 船舶优先权 13.0044

maritime litigation 海事诉讼 13.0380

maritime mediation 海事调解 13.0382

maritime mobile satellite service 卫星海上移动业务 14.0066

maritime mobile service 海上移动业务 14.0065

maritime reconciliation 海事和解 13.0383

maritime rules and regulations 航海法规 01.0024

maritime safety information 海上安全信息 14.0108

maritime sovereignty 海洋主权 13.0010

marline spike hitch 绳锥结 08.0293

mast 桅 08.0372

master 船长 13.0353

master controller 主令控制器 15.1183

master pedestal 主台座 06.0247

master signal 主台信号 06.0245

master station 主台 06.0221

masthead light 桅灯 09.0211

materials hazardous in bulk 散装时危险物质 11.0264

material which may liquefy 易流态化物质 11.0183

mate's receipt 收货单，＊大副收据 11.0292

matrix signal 矩阵信号 14.0008

maximum breadth 最大宽度 08.0049

maximum continuous rating 最大持续功率 15.0033

maximum explosion pressure gauge 最高爆发压力表 15.0196

maximum explosive pressure 最高爆发压力 15.0049

maximum height 最大高度 08.0054

maximum height of lift 最大起升高度 15.0519

maximum measuring depth 最大测量深度 06.0158

maximum permissible stable operation power 最大容许稳定运行功率 15.1244

maximum radar range 雷达最大作用距离 06.0310

maximum stability lever 最大稳性力臂 11.0059

MB 磁方位 02.0062

MC 磁航向 02.0046

MCC 任务控制中心 14.0257

mean error 平均误差 02.0195

mean high water interval 平均高潮间隙 07.0209

mean latitude 平均纬度 02.0148

mean low water interval 平均低潮间隙 07.0210

mean piston speed 活塞平均速度 15.0041

mean pressure meter 平均压力计 15.0194

mean sea level 平均海面 07.0211

mean sun 平太阳 03.0093

mean time 平时 03.0094

measurement cargo 容积货物 11.0119

measurement ton 容积吨 11.0117

measuring the explosive limit 测爆 08.0454

measuring unit 测量单元 15.0949

mechanical efficiency 机械效率 15.0028

mechanical governor 机械式调速器 15.0106

mechanical impurities 机械杂质 15.0856

mechanically actuated valve mechanism 机械式气阀传动机构 15.0095

mechanical purchase 机械滑车，＊神仙葫芦 08.0268

medical advice 医疗指导 14.0160

medical assistance 医疗援助 14.0161

Meiyu 梅雨 07.0105

Mercator chart 墨卡托海图 07.0278

Mercator projection 墨卡托投影 07.0309

Mercator sailing 墨卡托算法 02.0125

merchant ship 商船 08.0078

merchant ship flag 商船旗 14.0043

meridian 子午线，＊经线 02.0015

meridianal parts 纬度渐长率 07.0279

meridian altitude 中天高度 03.0051

meridian gyro 主陀螺，＊子午陀螺 06.0140

meridian passage 中天 03.0047

meridian-seeking moment 指向力矩 06.0125

meridian-seeking torque 指向力矩 06.0125

message format 电文格式 14.0147

message marker 信文标志 14.0037

messenger 引缆，＊导索 08.0255

metacenter 稳心 11.0020

meteorological element 气象要素 07.0006

meteorological radar 气象雷达 06.0300

meteorology echo 气象回波 06.0338

metering pump 计量泵 15.0446

method of altering course along tangents 旋转法 05.0052

method of altering course by two half-angles 两半角

[转向]法 05.0053

method of altering course in single file 鱼贯转[向]法 05.0050

method of altering course together 齐转法 05.0051

method of altering course with a concentric circle 同心圆[转向]法 05.0054

method of altering course withstation-kept 保持阵位[转向]法 05.0055

method of internal compensation 内补偿法 06.0124

method of intersection 交会法 12.0128

method of intersection by sextant 六分仪交会法 12.0129

method of outer compensation 外补偿法 06.0120

MF communication 中频通信 14.0187

MF/HF radio installation 中/高频无线电设备 14.0224

MFNT 最惠国待遇 13.0042

MF radio installation 中频无线电设备 14.0223

MHWI 平均高潮间隙 07.0209

microcomputer 微机 15.1030

microcomputer control system 微机控制系统 15.1038

microcomputer remote control system for main engine 微机控制主机遥控系统 15.0989

micro processor 微处理器 15.1031

microwave ranging system 微波测距系统 06.0386

MID 海上识别数字 14.0317

middle latitude 中分纬度 02.0147

middle reach 中游 10.0016

mid-latitude sailing 中分纬度算法 02.0124

midship 舯 08.0004

mid-water trawl 中层拖网 12.0050

military navigation 军事航海 01.0006

mine hunter 猎雷舰 08.0164

mine-laying navigation service 布雷航海勤务 05.0057

mineral oil 矿物油 15.0835

mineral resources of the sea 海洋矿物资源 12.0140

mine-sweeping formation 扫雷队形 05.0061

mine-sweeping navigation service 扫雷航海勤务 05.0058

minimum distance　最近距离　02.0106

minimum freight　最低运费　11.0322

minimum freight bill of lading　最低运费提单　13.0067

minimum freight ton　最低运费吨　13.0160

minimum measuring depth　最小测量深度　06.0159

minimum radar range　雷达最小作用距离　06.0311

minimum safe manning　最低安全配员　13.0324

minimum stable engine speed　最低稳定转速　15.0036

minimum starting pressure　最低起动压力　15.0283

minimum steady speed　最低稳定转速　15.0036

misalignment value　偏中值　15.0908

miscellaneous dangerous substance　杂类危险物质　11.0265

mission control center　任务控制中心　14.0257

mixed cargo　混合货　11.0223

mixed frame system　混合骨架式　08.0186

mixed tide　混合潮　07.0187

mixing governing　混合调节　15.0264

MLWI　平均低潮间隙　07.0210

mobile station　移动电台　14.0197

modulus of midship section　中剖面模数　11.0071

molded breadth　型宽　08.0050

molded case circuit breaker　装置式断路器　15.1109

molded depth　型深　08.0052

mole　突堤　07.0375

moment compensator　力矩平衡器　15.0110

moment of hydrodynamic force　水动力力矩　09.0038

moment of wind resistance　风阻力矩　09.0035

moment to change trim per centimeter　每厘米纵倾力矩　11.0041

monitoring panel　监视屏　15.1059

monsoon　季风　07.0106

moon rise　月出　03.0119

moon's age　月龄　03.0079

moon's apparent motion　月球视运动　03.0075

moon set　月没　03.0121

moon's path　白道　03.0065

moor　一字锚泊　09.0074

mooring buoy　系船浮[筒]　09.0105

mooring capstan　系泊绞盘　15.0524

mooring head and stern　艏艉锚泊　09.0076

mooring line　系缆　08.0358

mooring operating mode management　系泊工况管理　15.0929

mooring orders　带缆口令　08.0370

mooring to two anchors　一字锚泊　09.0074

mooring trial　系泊试验　13.0264

mooring winch　系泊绞车　15.0526

Morse code　莫尔斯码　14.0011

mortgage registration　抵押登记　13.0241

most favored nation treatment　最惠国待遇　13.0042

most probable position　最概率船位　02.0180

motor man　机工　13.0372

motor revolution error　电机转速误差　06.0162

motor sailer　机帆船　08.0077

motor vessel　内燃机船　08.0071

movable relieving hook　活动解拖钩，*脱钩　10.0069

movable sand heap　沙包　10.0028

moving blade　动叶片　15.0251

moving-weight stabilizer　移动重量式减摇装置　15.0541

MP　纬度渐长率　07.0279

MP mode chain　MP型链　06.0266

MPP　最概率船位　02.0180

MSI　海上安全信息　14.0108

MSL　平均海面　07.0211

mud penetrator　攻泥器　12.0111

mud pump　吸泥器　12.0110

multi-beam sounding system　多波束测深系统　06.0147

multimodal transportation　多式联运　13.0156

multimodal transport bill of lading　多式联运提单　13.0065

multimodal transport operator　多式联运经营人　13.0157

multipath propagation　多径传播　14.0298

multiple-effect evaporation　多效蒸发　15.0704

multiple reflection echo 多次反射回波 06.0340

multiple-stage flash evaporation 多级闪发 15.0706

multi-point mooring system 多点系泊系统 12.0156

multi-pulse mode chain MP 型链 06.0266

multipurpose cargo vessel 多用途货船 08.0102

multipurpose fishing boat 多用途渔船 08.0151

multipurpose towing ship 多用途拖船 08.0125

multi-stage compressor 多级压缩机 15.0493

muster list 应变部署表 08.0389

muting 哑控 14.0262

MV 内燃机船 08.0071

N

nadir 天底 03.0016

named endorsement 记名背书 13.0083

narrow-band direct-printing telegraph equipment 窄带直接印字电报设备 14.0227

narrow channel 狭水道 09.0178

national enquiry 国家询问 14.0124

national safety NET 国家安全通信网 14.0063

natural circulation boiler 自然循环锅炉 15.0352

natural feature 自然地貌 07.0319

natural fiber rope 植物纤维绳 08.0249

nautical almanac 航海天文历 03.0113

nautical charts and publications 航海图书资料 01.0012

nautical history 航海史 01.0041

nautical instrument 航海仪器 01.0007

nautical meteorology 航海气象 01.0009

nautical mile 海里 02.0080

nautical science 航海科学 01.0001

nautical service 航海保证 01.0008

nautical table 航海表 07.0400

nautical twilight 航海晨昏朦影 03.0123

naval pipe 锚链管 08.0333

naval ship 军船 08.0169

NAVAREA 航行警告区 14.0177

NAVAREA warning 航行警告区警告 14.0178

navigable bridge-opening 通航桥孔 10.0091

navigable semicircle 可航半圆 07.0101

navigable waters 通航水域 13.0070

navigating in fog 雾中航行 02.0209

navigating in heavy weather 风暴中航行 02.0208

navigating in narrow channel 狭水道航行 02.0206

navigating in rocky water 岛礁区航行 02.0210

navigation aids 导航设备 04.0003

navigation aids on canal 运河航标 07.0276

navigational chart 航用海图 07.0300

navigational plan 航行计划 02.0107

navigational planet 航用行星 03.0003

navigational satellite 导航卫星 06.0355

navigational watch 航行值班 13.0347

navigation management 航行管理 01.0023

navigation mark 航[行]标[志] 10.0031

navigation parameter 导航参数 04.0007

navigation radar 导航雷达 06.0297

navigation safety communication 航行安全通信 14.0107

navigation service for landing 登陆航海勤务 05.0060

navigation sonar 导航声呐 06.0179

navigation table 航海表 07.0400

navigation wind 航行风 07.0113

NAVTEX 航行警告[电传]系统 14.0234

Navy Navigation Satellite System 海军导航卫星系统，*子午仪系统 06.0356

NBDP 窄带直接印字电报设备 14.0227

NDW 净载重量 11.0012

neap rise 小潮升 07.0205

neap tide 小潮 07.0189

necessary bandwidth 必要带宽 14.0268

negative feed back control system 负反馈控制系统 15.0966

neobulk cargo 件散货 11.0104

net dead weight 净载重量 11.0012

net monitor 网位仪 06.0166

net positive suction head 净正吸入压头 15.0473

net positive suction height 净正吸高 15.0472

netting 网衣 12.0069

net tonnage　净吨位　11.0015

network liability system　网状责任制　13.0159

neutral current　中性流　07.0247

neutral point　中性点　15.1142

neutron power meter　中子功率表　15.1240

new danger mark　新危险物标志　07.0263

new edition chart　新版图　07.0284

New Jason clause　新杰森条款　13.0135

new moon　新月，＊朔　03.0080

next ship on the left　左邻舰　05.0034

next ship on the right　右邻舰　05.0035

n-heptane insoluble　正庚烷不溶物　15.0866

night effect　夜间效应　06.0202

night order book　夜航命令薄　07.0404

night vision sextant　夜视六分仪　06.0047

nip　冰夹　07.0135

n mile　海里　02.0080

NNSS　海军导航卫星系统，＊子午仪系统
　06.0356

no cure-no pay　无效果－无报酬　13.0177

no-load test　空载试验　15.1125

nominal range　额定光力射程　07.0271

non-displacement craft　非排水船舶　09.0163

non-line connection　无缆系结　10.0057

non-living resources　非生物资源　13.0398

non-navigational chart　航用参考图　07.0303

non-retractable fin stabilizer　非收放型减摇鳍装置
　15.0547

non-reversible diesel engine　不可倒转柴油机
　15.0008

normal starting sequence　正常起动程序　15.1018

north gyro　北向陀螺　06.0139

north up　北向上　06.0346

notarial survey　公证检验　13.0255

notice mark　注意标志　11.0126

notice of readiness　准备就绪通知书　11.0131

notice to mariners　航海通告　07.0395

notify party　通知方　13.0080

noxious cargo　有害货　11.0112

nozzle　喷嘴　15.0242

nozzle chamber　喷嘴室　15.0240

nozzle governing　喷嘴调节　15.0263

nozzle valve　喷嘴阀　15.0270

NR　小潮升　07.0205

NT　净吨位　11.0015

nuclear fuel　核燃料　15.1195

nuclear measurement system　核测量系统　15.1238

nuclear [powered] ship　核动力船　08.0075

nuclear reactor　核反应堆　15.1194

nuclear reactor poisoning　核反应堆中毒　15.1199

nuclear submarine　核潜艇　08.0168

null point　哑点　06.0201

numeral flag　数字旗　14.0040

nutation　章动　03.0070

O

obligation to render salvage service　救助义务
　13.0174

oblique distance between ships　舰间斜距　05.0047

obliquity of the ecliptic　黄赤交角　03.0064

obliquity of the moon path　黄白交角　03.0066

obscured sector　遮蔽光弧　07.0332

observation　留验　13.0344

observed altitude　观测高度　03.0130

observed altitude correction　观测高度改正
　03.0132

observed density　视密度　11.0155

observed latitude　观测纬度　02.0152

observed longitude　观测经度　02.0153

observed position　观测船位　02.0151

obstruction　碍航物　07.0339

obstruction sounding　障碍物探测　12.0119

occasional survey　临时检验　13.0252

occluded front　锢囚锋　07.0058

occupied bandwidth　占用带宽　14.0269

ocean current　海流　07.0233

ocean current chart　洋流图　07.0306

oceaneering　海洋工程　01.0021

oceangoing vessel　远洋船　08.0171

ocean monitoring ship　海洋监测船　08.0138

ocean navigation　大洋航行　02.0203

oceanographic research vessel　海洋调查船
　08.0137

ocean passage　大洋航路　02.0131

ocean region code　洋区码　14.0158

ocean sounding chart　大洋水深图　07.0305

ocean station vessel　海洋定点船　14.0092

ocean trader　远洋船　08.0171

ocean weather report　海洋气象报告　14.0104

ocean weather vessel　海洋大气船　08.0139

O/D　收报局　14.0137

off-centered display　偏心显示　06.0331

off course　偏航　02.0145

off-hire　停租　13.0146

office of destination　收报局　14.0137

office of origin　发报局　14.0135

off-sea fishery　外海渔业　12.0034

offshore anchor　开锚　09.0066

offshore connection　海上连接　12.0166

offshore drilling operation　近海钻井作业　12.0147

offshore fishery　近海渔业　12.0033

offshore navigation　近海航行　02.0204

offshore survey　近海测量　12.0115

offshore terminal　近岸设施　12.0145

offshore wind　吹开风　09.0104

off way　偏航　02.0145

oil boom　围油栏　13.0390

oil burning unit　燃烧器　15.0372

oil discharge monitoring and control system　排油监控装置　15.0783

oil fence　围油栏　13.0390

oil lubricating　油润滑　15.0905

oil mist detector　油雾浓度探测器　15.0978

oil motor　液压[油]马达　15.0560

oilness extreme-pressure additive　油性极压剂　15.0872

oil pollution　油污染　13.0392

oil pollution risk　船舶油污险　13.0199

oil pressure differential controller　油压压差控制器　15.0654

oil separator　油分离器　15.0642

oil skimmer　浮油回收船　08.0132

oil storage platform　储油平台　12.0152

oil sump　油底壳　15.0087

oil tank coating　油舱涂料　08.0484

oil tanker　油船　08.0093

[oil] tanker anchorage　油船锚地　07.0365

oil-tight　油密　11.0271

oil water interface detector　油水界面探测仪　15.0807

oily water disposal boat　油污水处理船　08.0133

oily water separator　油水分离器　15.0729

Omega　奥米伽　06.0217

Omega chart　奥米伽海图　07.0288

Omega fix　奥米伽船位　06.0290

Omega navigator　奥米伽导航仪　06.0218

Omega propagation correction　奥米伽传播改正量　06.0292

Omega signal format　奥米伽信号格式　06.0280

Omega table　奥米伽表　06.0291

omnidirectional radio beacon　全向无线电信标　06.0206

on board bill of lading　已装船提单　13.0050

once on demurrage always on demurrage　滞期时间连续计算　13.0122

on-condition maintenance　视情维修　15.0944

on deck bill of lading　舱面货提单　13.0066

one side to blame collision　单方责任碰撞　13.0164

one-way route　单向航路　07.0383

on-off two position regulator　双位式调节器　15.0967

on position　落位　10.0079

on-scene commander　现场指挥　12.0002

on-scene communication　现场通信　14.0166

on shore wind　吹拢风　09.0103

onus of proof　举证责任　13.0093

O/O　发报局　14.0135

OP　观测船位　02.0151

OPC　奥米伽传播改正量　06.0292

open cup test　开杯试验　11.0267

open cycle gas turbine　开式循环燃气轮机　15.0295

open end container　端开门箱　11.0198

open-loop system　开环系统　15.0964

open pack ice　稀疏流冰　07.0131

open side container　侧开门箱　11.0199

open top container　敞顶箱　11.0197

open type hydraulic system　开式液压系统　15.0581

operating latitude　适用纬度　06.0129

operating ship speed　适用航速　06.0130

operational command　操作指令　15.1060

operation at sea　水上作业　01.0017

optical theodolite　光学经纬仪　06.0056

optimal control　最优控制　15.0959

optimum control　最优控制　15.0959

optimum load sharing　最佳负荷分配　15.1091

optimum route　最佳航线　02.0110

optimum speed　最佳航速　15.0921

optional cargo　选港货　11.0095

orbit prediction　轨道预报　06.0363

order bill of lading　指示提单　13.0059

order of ship formation　舰艇编队序列　05.0027

ordinary practice of seaman　海员通常做法　09.0158

ordinary seaman　二级水手　13.0371

ordinary wear and tear　自然磨损　13.0154

ore carrier　矿砂船　08.0091

organic peroxide　有机过氧化物　11.0259

OS　二级水手　13.0371

OSC　现场指挥　12.0002

otter trawling　单拖　12.0077

outboard boom　舷外吊杆　08.0384

outboard work　舷外作业　08.0465

out-of-band emission　带外发射　14.0271

out-of-phase diagram　p−v 转角示功图　15.0193

output axis　输出轴　06.0134

outside admission　外进汽　15.0341

outside air　新风　15.0685

outturn report　卸货报告　11.0302

oval steam distribution diagram　椭圆配汽图　15.0349

overbank water level　漫坪水位　10.0012

overboard discharge valve　舷外排出阀　15.0830

overboard scupper　舷外排水孔　15.0829

over current　过电流　15.1144

over-delivery　溢卸　11.0133

overflow pipe　溢流管　15.0763

overflow tank　溢油柜　15.0129

overflow valve　溢流阀　15.0600

overhaul　检修　08.0475,　拆卸检修　15.0941

overhead power cable　架空电缆　07.0328

over-landed　溢卸　11.0133

overload of a sling　超重吊货　08.0385

overload rating　超负荷功率　15.0042

overload test　过载试验　15.1118

overspeed protection device　超速保护装置　15.0271

overtaken vessel　被追越船　09.0200

overtaking　追越　09.0198

overtaking sound signal　追越声号　09.0245

overtaking vessel　追越船　09.0199

over voltage　过电压　15.1143

oxidation stability　氧化安定性　15.0865

oxidizing substance　氧化剂　11.0258

oxygen analyser　测氧仪　15.0806

ozone generator　臭氧发生器　15.0660

P

PA　概位　07.0350

package　包装　11.0090

packaging code number　包装标号　11.0288

packaging group　包装类　11.0283

pack ice　浮冰群　07.0138

PAD　预测危险区　09.0267

paddle wheel　明轮　09.0041

paddle wheel vessel　明轮推进器船　08.0175

paint　涂料　08.0480

painting　涂漆　08.0481

pair trawling　对拖　12.0076

panting beam　强胸横梁　08.0238

parachute signal　降落伞信号　08.0404

parallax　视差　03.0140

parallax in altitude　高度视差　03.0141

paralleling panel　并车屏　15.1096

parallel misalignment　平行度偏差　15.0910

parallel of declination　赤纬圈　03.0024

parallel of latitude　纬线,＊纬[度]圈　02.0016

parallel operation reactor　并车电抗器　15.1097

parallel track search 平行航线搜寻 12.0020

parameter non-uniform rate 参数不均匀率 15.0058

parameter setting 参数设定 15.1046

paramount clause 首要条款 13.0087

parcel freight 包裹运费 11.0323

parking meter 靠泊表 06.0187

Parson's number 特性数，＊帕森数 15.0230

particular average 单独海损 13.0211

passage 航路 07.0353

passage planning 航线设计 02.0108

passenger-cargo ship 客货船 08.0081

passenger ship 客船 08.0079

passing through the rapids 过[湍]滩 10.0085

passing underneath 潜越 05.0074

patching 补板 08.0496

patrol boat 巡逻船 08.0126

patrol boat signal 巡逻艇信号 09.0221

payment of hire 租金支付 13.0145

PC 碰撞点 09.0270

PCA 极冠吸收 06.0286

PCC 汽车运输船 08.0106

P code P码 06.0373

PD 疑位 07.0351

PDOP 位置精度[几何]因子 04.0010

peak envelope power 峰包功率 14.0287

pelagic survey 远海测量 12.0116

pellet 托盘 11.0194

pelletized cargo 托盘货 11.0109

pelorus 哑罗经 06.0013

pendulous gyrocompass 摆式罗经 06.0076

percentage of log correction 计程仪改正率 02.0084

perigee 近地点 03.0076

perihelion 近日点 03.0057

perils of the sea 海上风险 13.0161

periodical survey 定期检验 13.0247

periodical survey of cargo gear 起货设备定期检验 08.0388

period measurement system 周期测量系统 15.1241

period of encounter 遭遇周期 09.0121

period of grace 宽限期 13.0281

period of hire 租期 13.0144

period of responsibility of carrier 承运人责任期间 13.0090

peripheral equipment 外围设备 15.1035

peripheral pump 旋涡泵 15.0460

periscope sextant 潜望六分仪 06.0049

per like day 滞期时间非连续计算 13.0123

permanent water ballast pump 清洁压载泵 15.0406

permeability 渗透率 11.0074

permissible length of compartment 许可舱长 11.0076

perpendicular error 动镜差，＊垂直差 06.0051

perpendicular replenishment at sea 航行垂直补给 12.0170

personel locator beacon 人员定位标 12.0019

person in distress 遇险者 12.0024

phantom element 随动部分 06.0086

phase coding 相位编码 06.0235

phase comparison 比相 06.0234

phase difference 相位差 06.0233

phase sequence 相序 15.1093

phase shift keying 相移键控 14.0284

phases of the moon 月相 03.0078

phasing 定相 14.0314

phenomena 天象纪要 03.0114

phone telex 话传用户电报 14.0102

PHONETEX 话传用户电报 14.0102

physical start-up 物理起动 15.1246

physical ton of cargo 货物自然吨 11.0348

PI 保赔 13.0194

pickoff 角度传感器 06.0135

P-I-D regulator 比例积分微分调节器 15.0971

piezoelectric effect 压电效应 06.0154

pillar 支柱 08.0221

pilotage form 引航签证单 13.0333

pilot anchorage 引航锚地 07.0363

pilot chart of inland waterway 内河引航图 10.0003

piloting 引航 09.0098

pilot operated compound-relief valve 先导式溢流阀 15.0602

pilot vessel 引航船 08.0134

pipeline characteristic curve　管路特性曲线
　15.0480

pipeline fittings　管路附件　15.0811

pipeline layer　管道船　08.0116

pipeline mark　管线标　07.0275

pipe tunnel　管隧　08.0243

PI risk　保赔责任险　13.0201

piston　活塞　15.0070

piston-connecting-rod arrangement misalignment　活
　塞运动装置失中　15.0182

piston cooling water pump　活塞冷却水泵
　15.0427

piston crown ablation　活塞顶烧蚀　15.0161

piston pump　活塞泵　15.0451

piston ring axial clearance　活塞环平面间隙
　15.0184

piston ring breakage　活塞环断裂　15.0163

piston ring gap clearance　活塞环搭口间隙
　15.0183

piston ring joint clearance　活塞环搭口间隙
　15.0183

piston ring sticking　活塞环粘着　15.0162

piston rod stuffing box　活塞杆填料函　15.0074

piston scraping　拉缸　15.0152

piston seizure　咬缸　15.0153

piston stroke　活塞行程　15.0015

pitch　螺距　09.0050

pitch angle indicator　螺距角指示器　15.0907

pitching　纵摇　09.0116

pitching period　纵摇周期　09.0123

pitometer log　水压计程仪　06.0170

pivoting point　枢心，＊旋转点　09.0018

PL　试验负荷　08.0309，保护位置　11.0164

placard　标牌　11.0129

plain language　明语　14.0140

plane chart　平面图　07.0308

plane position indicator　平面位置显示器　06.0302

planet apparent motion　行星视运动　03.0086

planing boat　滑行艇　08.0142

plank stage　[作业]跳板　08.0464

plank stage hitch　架板结，＊跳板结　08.0288

plate keel　平板龙骨，＊龙骨板　08.0197

plate-type evaporator　板式蒸发器　15.0639

platform container　平台箱　11.0207

platform deck　平台甲板　08.0044

PLB　人员定位标　12.0019

Plimsoll mark　载重线标志　11.0006

plotting chart　空白定位图　07.0282

plotting sheet　船舶运动图　09.0273

plug braking　反接制动　15.1182

plum rain　梅雨　07.0105

plunger pump　柱塞泵　15.0452

pneumatic amplifier　气动放大器　15.0982

pneumatic regulator　气动调节器　15.0977

pneumatic remote control system for main diesel engine
　柴油主机气动遥控系统　15.0986

point of collision　碰撞点　09.0270

poisonous substance　有毒物质　11.0260

polar cap absorption　极冠吸收　06.0286

polar coordinate method　极坐标法　12.0130

polar distance　极距　03.0029

polar ice　极地冰　07.0145

polaris correction　北极星高度改正量　03.0146

polarization error　极化误差　04.0029

polar navigation　极区航行　02.0213

polar slide valve diagram　极坐标滑阀图　15.0347

political officer　政委　13.0363

polling　查询　14.0316

pontoon　浮码头，＊趸船　07.0392

pontoon bridge　浮桥　07.0331

poop　艉楼　08.0019

poop anchor　艉锚　08.0318

poop deck　艉楼甲板　08.0038

pooping　艉淹　09.0127

port　左舷　08.0005，港口　07.0321

portable fan　可移式风机　15.0488

portable radio apparatus for survival craft　救生艇筏
　手提无线电设备　14.0211

portable tank　移动罐柜　11.0211

port capacity　港口通过能力　11.0352

port charge　码头费　11.0329

port charter party　港口租船合同　13.0120

port clearance　出口许可证　13.0330

port disbursement　码头费　11.0329

port dues　码头费　11.0329

port management　港口管理　01.0036

port of arrival　到达港　02.0114

port of call　挂靠港　02.0113

port of departure　出发港　02.0112

port of destination　目的港　02.0115

port of origin　始发港　02.0111

port of refuge expenses　避难港费用　13.0233

port of registration　船籍港　13.0031

port of sailing　始发港　02.0111

port operation service　港口营运业务　14.0085

port pump　停泊泵　15.0434

port regulations　港章　13.0287

port's cargo throughput　港口吞吐量　11.0346

port side　左舷　08.0005

port state　港口国　13.0029

port state control　港口国管理　13.0030

port station　港口电台　14.0201

position approximate　概位　07.0350

position difference　船位差　02.0179

position dilution of precision　位置精度[几何]因子　04.0010

position doubtful　疑位　07.0351

position indicating mark　示位标　10.0037

positioning　定位　02.0165

position line by bearing　方位位置线　02.0158

position line by distance　距离位置线　02.0160

position line by distance difference　距离差位置线　02.0163

position line by horizontal angle　水平夹角位置线　02.0161

position line by vertical angle　垂直角位置线　02.0162

position line standard error　位置线标准差，*位置线均方误差　02.0184

position line transferred　转移位置线　02.0164

position report　船位报告　13.0315

position signal code　位置信号码　14.0013

positive displacement pump　容积泵　15.0449

positive steam distribution　正蒸汽分配　15.0345

possible point of collision　可能碰撞点　09.0271

pouring water test　泼水试验　13.0260

pour point　倾点　15.0854

pour point depressant　降凝剂　15.0875

power density　功率密度　15.1204

power driven vessel　机动船　08.0069

power level indicator　示功器　15.0189

power load　有功负荷　15.1087

power margin　功率储备　15.0924

power plant effective specific fuel oil consumption　动力装置燃油消耗率　15.0918

power plant [effective] thermal efficiency　动力装置[有效]热效率　15.0919

power reserve　功率储备　15.0924

power turbine　动力涡轮　15.0308

PPC　可能碰撞点　09.0271

PPI　平面位置显示器　06.0302

PPS　精密定位业务　06.0378

practice area　演习区　07.0369

preamble　报头　14.0134

precautionary area　警戒区　07.0387

precession　岁差　03.0069

precise positioning service　精密定位业务　06.0378

precision code　P码　06.0373

predicted area of danger　预测危险区　09.0267

pre-exciting switch　充磁开关　15.1134

preliminary notice　预告　07.0407

preliminary voyage　预备航次　13.0130

pressure and vacuum breaker　压力真空切断阀　15.0781

pressure-control valve　压力控制阀　15.0599

pressure reducing valve　减压阀　15.0604

pressure regulator　压力调节器　15.0974

pressure stage　压力级　15.0224

pressure system　气压系统　07.0044

pressure vessel　压力壳　15.1207

prevailing wind　盛行风　07.0112

preventive maintenance　定期预防维修　15.0943

primary field　一次场　04.0032

primary loop　一回路　15.1222

primary-secondary clocks　子母钟　06.0060

primary shield water system　一次屏蔽水系统　15.1227

prime mover automatic starter　原动机自动起动装置　15.1080

prime vertical　卯酉圈，*东西圈　03.0035

printing finished signal　打印结束信号　15.1063

probable error　概率误差　02.0196

probable track area　概率航迹区　02.0181

procedure signal　程序信号　14.0019

programmed control　程序控制　15.0963

progressive wave　前进波　07.0168

prohibited area　禁航区　07.0359

prohibited articles　违禁物品　11.0365

prolonged blast　长声　09.0237

prompt critical accident　瞬发临界事故　15.1253

prompt loading　即期装船　11.0140

proof load　试验负荷　08.0309

proof test for accommodation ladder　舷梯强度试验　13.0276

proof test for ship cargo handling gear　起货设备吊重试验　13.0275

propagation error　传播误差　06.0255

propeller　推进器　09.0039

propeller characteristic　螺旋桨特性　15.0923

propeller racing　飞车　15.0177

propeller statical equilibrium　螺旋桨静平衡　15.0911

proportional regulator　比例调节器　15.0968

proportioner　比例调节器　15.0968

propulsion characteristic　推进特性　15.0045

propulsion device　推进装置　15.0912

protection against single-phasing　单相运行保护　15.1186

protection and indemnity　保赔　13.0194

protection and indemnity risk　保赔责任险　13.0201

protective location　保护位置　11.0164

PSC　港口国管理　13.0030

pseudo range　伪距　06.0369

PSK　相移键控　14.0284

psychrograph　干湿计　06.0068

psychrometer　干湿表　06.0069

public correspondence service　公众通信业务　14.0087

pulsating magnetic field　脉动磁场　15.1191

pulse 8 positioning system　脉8定位系统　06.0388

pump auto-change over device　泵自动切换装置　15.0996

pump capacity　泵流量　15.0464

pump characteristic curve　泵特性曲线　15.0478……

pump dredger　吸扬式挖泥船　08.0113

pump head　泵压头　15.0465

pump room sea suction valve　泵舱通海阀　15.0795

pump room sea valve　泵舱通海阀　15.0795

pure car carrier　汽车运输船　08.0106

purge　扫气　11.0169

purification system　净化系统　15.1224

purifier　分水机　15.0720

purser　管事　13.0373

purse seine　围网　12.0062

purse seiner　围网渔船　08.0150

pushboat　推船，＊推轮　10.0048

pusher　推船，＊推轮　10.0048

pusher train　顶推船队　10.0052

pushing　顶推　10.0063

pushing frame　顶推架　10.0067

pushing gear　顶推装置　10.0064

pushing post　顶推柱　10.0065

pushing steering line　顶推操纵缆　08.0366

PV　卯酉圈，＊东西圈　03.0035

p-v indicated diagram　p-v示功图　15.0190

p-φ indicated diagram　p-φ示功图　15.0191

Q

quadrantal deviation　象限自差　06.0030

quality of the bottom　底质　07.0374

quarantine　检疫　13.0338

quarantine anchorage　检疫锚地　07.0362

quarter　艉舷　08.0017

quarter ramp　艉斜跳板　11.0248

quay　码头　07.0390

quick closing valve　速闭阀　15.0266

quick release coupling　快速接头　12.0189

R

RA　赤经　03.0030

racon　雷达信标，＊雷康　06.0349

radar beacon　雷达信标，＊雷康　06.0349

radar echo-box　雷达回波箱　06.0306

radar navigation　雷达导航　06.0317

radar navigation chart　雷达引航图　10.0004

radar performance monitor　雷达性能监视器　06.0305

radar plotting　雷达标绘　09.0257

radar reflector　雷达反射器　07.0267

radar simulator　雷达模拟器，＊雷达仿真器　06.0318

radar transponder　雷达应答器　06.0350

radial-flow turbine　径流式涡轮　15.0306

radial-piston hydraulic motor　径向柱塞式液压马达　15.0579

radioactive solid waste storage tank　放射性废物箱　15.1235

radioactive substance　放射性物质　11.0262

radioactive waste water tank　放射性废水箱　15.1234

radio beacon　无线电信标　06.0205

radio bearing position line　无线电方位位置线　06.0198

radio direction finder deviation　无线电测向仪自差　06.0199

radio direction finding　无线电测向　04.0020

radio great circle bearing　无线电大圆方位　06.0204

radio link　无线线路　14.0193

radio maritime letter　海上无线电书信　14.0099

radionavigation　无线电导航　04.0001

radionavigational warning　无线电航海警告　07.0405

radio officer　无线电报员　13.0364

radio pratique message　无线电免检电报　14.0159

radio regulation　无线电规则　14.0054

radio relay system　无线接力系统　14.0194

radio service　无线电业务　14.0064

radio sextant　射电六分仪，＊无线电六分仪　06.0048

radio station　无线电台　14.0206

radiotelegraph auto-alarm　无线电报自动报警器　14.0218

radiotelegraph installation　无线电报设备　14.0207

radiotelegraph installation for lifeboat　救生艇无线电报设备　14.0210

radiotelephone alarm signal generator　无线电话报警信号发生器　14.0220

radiotelephone distress frequency　无线电话遇险频率　14.0221

radiotelephone installation　无线电话设备　14.0208

radiotelephone officer　无线电话员　13.0365

radiotelephone service　无线电话业务　14.0077

radio telex letter　无线电用户电报书信　14.0100

radio telex service　无线电用户电报业务　14.0074

radio theodolite　无线电经纬仪　06.0057

radio time signal　无线电时号　03.0110

radio true bearing　无线电真方位　02.0067

radio weather service　无线电气象业务　14.0084

rafted ice　重叠冰　07.0123

rainfall　雨量　07.0026

raised floor　升高肋板　08.0237

raised quarter-deck vessel　艉升高甲板船　08.0065

raising by dewatering with compressed air　压气排水打捞　12.0092

raising by injection plastic foam　充塞泡沫塑料打捞　12.0093

raising by sealing patching and pumping　封舱抽水打捞　12.0091

raising of a wreck　沉船打捞　12.0089

raising with salvage pontoons　浮筒打捞　12.0090

raked bow　前倾[型]艏　08.0228

raked stem　前倾[型]艏　08.0228

ramark　雷达指向标　06.0352

random error　随机误差，＊偶然误差　02.0193

range finder　测距仪　06.0054

range marker　固定距标　06.0326

range of audibility　可听距离　09.0235

range of object　物标能见地平距离　02.0103

range-range navigation system　圆－圆导航系统　06.0296

range rate　潮差比　07.0221

range resolution　距离分辨力　06.0313

rapids-forming water level　成滩水位　10.0013

rapid settling device　快速稳定装置　06.0095

rapid stream　急流　10.0023

raster scan display　光栅扫描显示器　06.0303

rated breaking capacity　标定断开容量　15.1111

rated engine speed　标定转速　15.0035

rated load weight　额定起重量　15.0518

rated making capacity　标定接通容量　15.1110

rated output　标定功率　15.0032

rated power　标定功率　15.0032

rated stock torque　标定转舵扭矩　15.0506

rate of bearing variation　位变率　05.0005

rate of distance variation　距变率　05.0003

rate of transverse motion　横移率　05.0004

ratline hitch　丁香结　08.0284

RCC　救助协调中心　12.0003

reaction stage　反动级　15.0222

reaction steam turbine　反动式汽轮机　15.0210

reactive power　无功功率　15.1128

reactor control system　核反应堆控制系统　15.1237

reactor period　反应堆周期　15.1202

reactor protective system　核反应堆保护系统　15.1239

rear ship　殿后舰　05.0031

reasonable despatch　合理速遣　13.0103

received for shipment bill of lading　收货待运提单　13.0051

receiver　受货人　13.0078，贮液器　15.0643

receiving antenna　接收天线　14.0293

receiving point　受理点　14.0036

receiving station　接收站　12.0180

reciprocating pump　往复泵　15.0450

reciprocating refrigeration compressor　往复式制冷压缩机　15.0625

reciprocating type steering gear　往复式转舵机构　15.0498

recirculated air　回风　15.0686

recommended route　推荐航线　02.0109

record on spot　现场记录　11.0304

recovering repair　基本恢复修理　08.0474

recovery line　回收索　12.0185

rectilinear current　往复流　07.0232

redelivery of vessel　还船　13.0143

red tide　赤潮　07.0246

reduced carrier emission　减载波发射　14.0279

reduced-voltage starting　降压起动　15.1179

red water　赤潮　07.0246

reef　暗礁　07.0336

reefer container　冷藏箱　11.0203

reef knot　平结　08.0297

reference ellipsoid　参考椭球体　02.0003

reflector　反射层　15.1210

reflector compass　反射罗经　06.0004

refraction　蒙气差，＊折光差　03.0137

refrigerant　制冷剂　15.0620

refrigerated cargo　冷藏货　11.0107

refrigerated cargo clause　冷藏货条款　13.0096

refrigerated cargo hold　冷藏货舱　15.0666

refrigerated room　冷藏间　15.0662

refrigerated space　冷藏间　15.0662

refrigerating capacity　制冷量　15.0623

refrigerating effect per brake horse power　单位轴马力制冷量　15.0665

refrigerating effect per unit swept volume　单位容积制冷量　15.0664

refrigerating medium pump　冷剂泵　15.0433

refrigerating ton　制冷吨　15.0624

refrigeration agent　制冷剂　15.0620

refrigeration container　冷藏箱　11.0203

refrigeration cycle　制冷循环　15.0614

refrigeration system　制冷系统　15.0613

refrigerator oil　冷冻机油　15.0842

refrigerator ship　冷藏船　08.0104

regenerative braking　再生制动　15.1181

regenerative cycle gas turbine　回热循环燃气轮机　15.0294

regenerative steam turbine　回热式汽轮机　15.0214

registered breadth　登记宽度　08.0051

registered depth　登记深度　08.0053

registered length 登记长度 08.0048

register of cargo handling gear of ship 船舶起货设
备检验簿 13.0283

register of shipping 船级社 13.0234

registration of alteration 变更登记 13.0243

registration of withdrawal 注销登记 13.0244

regular repair 期修 08.0470

regulating lock light 节制闸灯 10.0046

regulating rod 调节棒 15.1216

regulations for ship formation movement 舰艇编队
运动规则 05.0018

regulations of fishery harbor 渔港规章 12.0031

reheater 再热器 15.0375

reheat factor 重热系数 15.0229

reheat steam turbine 再热式汽轮机 15.0215

Reid vapor pressure 雷德蒸汽压力 11.0148

rejection risks 货物拒收险 13.0186

relative bearing 舷角 02.0068

relative bearing of radio 无线电舷角 02.0069

relative humidity 相对湿度 07.0012

relative log 相对计程仪 06.0168

relative motion display 相对[运动]显示 06.0329

relative motion radar 相对运动雷达 06.0299

relative rotor displacement 转子相对位移
15.0279

relative wind 视风 07.0115

relief valve 卸压阀 15.0601

remaining deviation 剩余自差 06.0033

remark list 批注清单 11.0297

remote control abnormal alarm 遥控异常报警
15.1013

remote control mine-sweeping navigation service 遥
控扫雷航海勤务 05.0059

remote water level indicator 远距离水位指示计
15.0384

removing mud around wreck 船外除泥 12.0108

removing rust 除锈 08.0459

repair list 修理单 08.0467

repeat 重复 14.0030

repeated starting sequence 重复起动程序 15.1019

rephasing 重新定相 14.0315

replenishing ship 补给舰 08.0170

replenishment at sea 海上航行补给 12.0167

replenishment course 补给航向 12.0173

replenishment distance abeam 补给横距 12.0175

replenishment distance astern 补给纵距 12.0176

replenishment speed 补给航速 12.0174

replenishment station 补给阵位 12.0172

reporting point 报告点 14.0035

report of clearance 出口报告书 13.0329

re-radiation 二次辐射 04.0034

rescue boat 救助艇 08.0394

rescue coordinator center 救助协调中心 12.0003

rescue subcenter 救助分中心 12.0004

rescue unit 救助单位 12.0005

reserve antenna 备用天线 14.0295

reserve buoyancy 储备浮力 11.0021

reserve receiver 备用收信机 14.0214

reserve transmitter 备用发信机 14.0216

residual current 余流 07.0248

residual deviation 剩余自差 06.0033

residual dynamical stability 剩余动稳性 11.0176

residual fuel oil 残渣油 15.0834

residual oil standard discharge connection 残油标准
排放接头 15.0767

resistant to dust 尘密 11.0274

resistant to fire 耐火 11.0269

resistant to liquid 液密 11.0272

resistant to oil 油密 11.0271

resistant to water 水密 11.0270

resting on liquid seabed 潜坐液体海底 05.0073

resting on seabed 潜坐海底 05.0072

restricted visibility 能见度不良 09.0171

retractable fin stabilizer 伸缩式减摇鳍装置
15.0548

return air 回风 15.0686

return of premium-hulls 船舶保险退费 13.0187

revenue cutter 缉私船 08.0127

reverse current test 逆电流试验 15.1121

reverse osmosis method 反渗透法 15.0695

reverse power protection 逆功率保护 15.1124

reverse power test 逆功率试验 15.1120

reverse starting sequence 换向起动程序 15.1020

reverse steam brake 回汽刹车 15.0286

reverse stopping distance 倒车冲程 09.0023

reverse towing 倒拖 09.0071

reversible diesel engine　可倒转柴油机　15.0007

reversible pump　变向泵　15.0462

reversing　换向　15.0139

reversing arrangement　换向装置　15.0142

reversing interlock　换向联锁　15.1016

reversing servomotor　换向伺服器　15.0145

revolution speed of propeller　螺旋桨转速　09.0056

RF　移线船位　02.0178

rho-rho navigation system　圆－圆导航系统　06.0296

rhumb line　恒向线　02.0121

rhumb line bearing　恒向线方位　02.0066

rhumb line sailing　恒向线航线算法　02.0122

ridge　高压脊　07.0053

ridge line　脊线　07.0070

riding anchor　力锚　09.0079

riding one point anchor　一点锚　09.0077

riding to single anchor　单锚泊　09.0073

riding to two anchors　八字锚泊　09.0075

rigging　索具　08.0258

rigging screw　松紧螺旋扣，＊花篮螺丝　08.0263

right ascension　赤经　03.0030

right flank ship　右翼舰　05.0037

right for sailing　开航权　11.0362

right-hand rotation diesel engine　右旋柴油机　15.0005

right of approach　登临权　13.0003

right of fishery　捕鱼权　13.0006

right of hot pursuit　紧追权　13.0002

right of innocent passage　无害通过权　13.0001

right of management of coastal strip　海岸带管理权　13.0038

right of navigation　航行权　13.0005

right of notary　公证权　11.0363

right of passage　通行权　13.0008

right of passage between archipelagoes　群岛通过权　13.0009

right of passenger　旅客权利　11.0364

right of protection　保护权　13.0007

right of seizure　拘留权　13.0004

rigid rotor　刚性转子　15.0248

rip current　离岸流　07.0242

rips　花水　10.0026

rise and set of celestial body　天体出没　03.0052

risk of collision　碰撞危险　09.0204

river boat　内河船　08.0174

river mouth　河口　07.0342

RLB　恒向线方位　02.0066

RM radar　相对运动雷达　06.0299

road stead　泊船处　13.0025

road tank vehicle　公路罐车　11.0212

rock awash　适淹礁　07.0337

rocket　火箭　09.0251

rock uncovered　明礁　07.0335

rod　竿钓　12.0087

rolling　横摇　09.0115

rolling error　摇摆误差　06.0117

rolling period　横摇周期　09.0122

roll on/roll off　滚装　11.0213

roll on/roll off ship　滚装船　08.0105

rope　绳　08.0246

rope socket　索头环　08.0262

ro/ro cargo　滚装货　11.0110

ro/ro ship　滚装船　08.0105

rotary current　回转流　07.0231

rotary loop antenna　旋转环形天线　04.0024

rotary sliding-vane refrigerating compressor　回转叶片式制冷压缩机　15.0627

rotary vane pump　叶片泵　15.0456

rotary vane steering gear　转叶式转舵机构　15.0499

rotating magnetic field　旋转磁场　15.1188

rotating stall　旋转失速　15.0325

rough sea resistance　汹涛阻力　09.0032

roundabout　环行道　07.0386

roundness　圆度　15.0187

round turn and two half hitches　旋圆双半结　08.0280

route　航路　07.0353

routine maintenance　日常例行维修　15.0942

routine priority　日常优先等级　14.0170

routine repetition　例行复述　14.0142

routing chart　航路设计图　07.0283

row boat　划桨船　08.0182

RP　报告点　14.0035

RPT 重复 14.0030

RSC 救助分中心 12.0004

RTB 无线电真方位 02.0067

RU 救助单位 12.0005

rubber bearing 橡胶轴承 15.0892

rudder 舵 08.0346

rudder angle 舵角 08.0347

rudder angle indicator 舵角指示器 15.0505

rudder effect 舵效 08.0353

rudder force 舵力 08.0350

rudder post 舵柱 08.0241

running fix 移线船位 02.0178

running fixing 移线定位 02.0172

running-in 磨合 15.0204

running rigging 动索 08.0257

running with the sea 顺浪航行 09.0130

rushing against the rapids 打[湍]滩 10.0086

rust proof 防锈 08.0458

S

SA 选择可用性 04.0014

safety and interlock device 安全与联锁装置 15.0149

safety communication 安全通信 14.0153

safety factor 安全系数 08.0310

safety fairway 安全航路 07.0388

safety injection system 安全注射系统 15.1232

safety message 安全报告 14.0110

safety NET 安全通信网 14.0060

safety priority 安全优先等级 14.0171

safety rod 安全棒 15.1217

safety signal 安全信号 14.0150

safety speed 安全航速 09.0175

safety system 安全系统 15.0998

safety water mark 安全水域标志 07.0261

safe working load 安全负荷 08.0311

sagging 中垂 11.0073

sailer 帆船 08.0076

sailing directions 航路指南 07.0396

sailing plan 航行计划 02.0107

sailing plan report 航行计划报告 13.0318

sailing schedule 船期表 13.0081

sailing ship 帆船 08.0076

sailing ship fitted with auxiliary engine 机帆船 08.0077

sail in the middle 分中[航行] 10.0081

sailmaker's tool 缝帆工具 08.0273

salinometer 盐度计 15.0718

salvage and rescue ship 海难救助船 08.0124

salvage at sea 海上救助 13.0169

salvage pump 救助泵 15.0443

salvage remuneration 救助报酬 13.0178

salvage ship 救捞船 08.0117

sampling point 采样点 06.0238

SAN 强酸值 15.0863

sand-blocking dam 防淤堤 13.0291

sanitary pressure tank 卫生水压力柜 15.0745

sanitary pump 卫生泵 15.0407

sanitary system 卫生水系统 15.0741

SAR service 搜救业务 14.0069

[satellite] almanac [卫星]历书 06.0359

satellite based navigational system 星基导航系统 04.0006

satellite cloud picture 卫星云图 07.0029

satellite communication 卫星通信 14.0191

satellite coverage 卫星覆盖区 06.0364

satellite disturbed orbit 卫星摄动轨道 06.0362

satellite Doppler positioning 卫星多普勒定位 06.0376

satellite emergency position-indicating radio beacon 卫星紧急无线电示位标 14.0255

[satellite] ephemeris [卫星]星历 06.0360

satellite fix 卫星船位 06.0380

satellite message 卫星电文 06.0365

satellite navigation system 卫星导航系统 06.0354

satellite navigator 卫星导航仪 06.0358

satellite orbit 卫星轨道 06.0361

saturated vapor pressure 饱和蒸汽压力 11.0146

saucer 谷物托盘 11.0180

S/B 行程缸径比 15.0016

SBRS 选择性广播接收台 14.0233

SBSS 选择性广播发射台 14.0231

SBT　专用压载舱　15.0799

scavenging air manifold　扫气箱　15.0100

scavenging air port　扫气口　15.0067

scavenging box fire　扫气箱着火　15.0158

Schrnow turn　斯恰诺旋回法　09.0149

scraper ring　刮油环　15.0072

screen of sidelight　舷灯遮板　09.0255

screw propeller　螺旋桨　09.0040

screw propeller ship　螺旋推进器船　08.0176

screw pump　螺杆泵　15.0455

screw type refrigerating compressor　螺杆式制冷压
缩机　15.0628

scrubber　洗涤塔　15.0809

SD　半径差　03.0143

SDR　特别提款权　14.0182

sea accident　海上事故　13.0162

sea anchor　海锚　08.0413

sea area A1　A1 海区　14.0237

sea area A2　A2 海区　14.0238

sea area A3　A3 海区　14.0239

sea area A4　A4 海区　14.0240

sea areas under national jurisdiction　国家管辖海域
13.0018

sea bank　海堤　07.0322

sea breeze　海风　07.0108

sea chest　通海阀箱　15.0828

sea condition　海况　07.0179

sea connection　通海接头　15.0826

sea echo　海浪回波　06.0337

sea-going vessel　海船　08.0172

sea ice　海冰　07.0119

sea ice concentration　海冰密集度　07.0149

seakeeping quality　耐波性　08.0059

sea letter telegram　海上书信电报　14.0094

sea-level pressure　海平面气压　07.0009

sealing steam system　密封蒸汽系统　15.0260

seal water system　密封水系统　15.1231

seaman's book　海员证　13.0331

seamanship　船艺　01.0013

seaplane　水上飞机　09.0164

sea protest　海事声明　13.0375

search and rescue coordinating communication　搜救
协调通信　14.0167

search and rescue mission coordinator　搜救任务协调
员　12.0006

search and rescue procedure　搜救程序　12.0008

search and rescue radar transponder　搜救雷达应答
器　06.0351

search and rescue region　搜救区　12.0007

search and rescue satellite system　搜救卫星系统
14.0251

search and rescue service　搜救业务　14.0069

search datum　搜寻基点　12.0013

searching　抄关　13.0332

search light　探照灯　09.0217

search manoeuvre　搜索机动　05.0015

search pattern　搜寻方式　12.0014

search radius　搜寻半径　12.0018

search track　搜寻航线　12.0015

search warrant　搜查证　13.0033

sea service　海上资历　13.0325

seasonal change in mean sea level　平均海面季节改
正　07.0222

seasonal route　季节航路　10.0006

sea speed　海上速度　09.0059

sea surface temperature　海面温度　07.0118

sea temperature　海水温度　07.0117

sea tourist area　海上旅游区　12.0144

sea trial　航行试验，＊试航　13.0265

sea trial condition　试航条件　15.0202

sea valve　通海阀　15.0827

sea wall　海堤　07.0322

sea water circulating pump　海水循环泵　15.0421

seawater color　海水水色　07.0158

seawater density　海水密度　07.0154

sea water desalting plant　海水淡化装置　15.0693

sea water evaporator　海水蒸发器　15.0708

sea water pump　海水泵　15.0411

seawater salinity　海水盐度　07.0157

sea water service system　海水系统　15.0742

seawater transparency　海水透明度　07.0159

seaway bill　海运单　13.0106

seaworthiness　适航　13.0101

seaworthy trim　适航吃水差　13.0125

secondary circuit　二回路　15.1236

secondary field　二次场　04.0033

secondary injection　二次喷射　15.0171

secondary phase factor　二次相位因子　06.0242

secondary port　副[潮]港　07.0217

secondary station　副台　06.0222

second engineer　大管轮　13.0359

second mate　二副　13.0355

second officer　二副　13.0355

second-trace echo　二次行程回波　06.0342

secret language　密语　14.0141

sectional navigation　分段航行　02.0207

sectional pilotage　分段引航　10.0074

section board　区配电板　15.1132

sector of light　号灯光弧　09.0256

sector search　扇形搜寻　12.0023

securing fitting　固定件　11.0239

securing to buoy　系浮筒　09.0106

security　安全　14.0033

segment signal　段信号　06.0282

segment synchronization　段同步　06.0293

segregated ballast system　专用压载系统　15.0800

segregated ballast tank　专用压载舱　15.0799

segregation　隔票　11.0091

seizing　缆绳绑扎　08.0302

selective availability　选择可用性　04.0014

selective broadcast receiving station　选择性广播接
收台　14.0233

selective broadcast sending station　选择性广播发射
台　14.0231

selective calling　选择呼叫　14.0112

selectivity of a receiver　接收机选择性　14.0286

selectivity protection　选择性保护　15.1139

self-checking function　自检功能　15.1033

self-cleaning separator　自清洗分油机　15.0722

self-contained air conditioner　立柜式空气调节器
15.0675

self-contained navigational aids　自主式导航设备
04.0004

self-excited AC generator　自励交流发电机
15.1076

self-identification　自身标识　14.0319

self-igniting light　自亮浮灯　08.0401

self-priming centrifugal pump　自吸式离心泵
15.0458

self repair　自修　08.0468

self stripping unit　自扫舱装置　15.0804

semaphore signalling　手旗通信　14.0005

semianalytic inertial navigation system　半解析式惯
性导航系统　06.0191

semicircular deviation　半圆自差　06.0029

semicircular method　半圆法　02.0073

semiconductor air conditioner　热电式空气调节器
15.0676

semiconductor refrigeration　半导体制冷　15.0618

semidiameter　半径差　03.0143

semi-diurnal tide　半日潮　07.0186

semi-hermetic refrigerating compressor unit　半封闭
式制冷压缩机　15.0629

semisubmerged ship　半潜船　08.0141

senhouse slip shot　脱钩链段　08.0338

sense determination　定边　06.0200

sensible horizon　地面真地平　02.0100

sensitive element　灵敏部分　06.0084

sensitivity of a receiver　接收机灵敏度　14.0285

sensitivity of follow-up system　随动系统灵敏度
06.0127

sensor　传感器　15.0979

separate channel mark　左右通航标　10.0036

separated by a complete compartment or hold from　货
舱隔离　11.0279

separated from　隔离　11.0278

separating bowl　分离筒　15.0724

separating disc　分离盘　15.0723

separation　隔票　11.0091

seperation line　分隔线　07.0380

seperation zone　分隔带　07.0381

sequence valve　顺序阀　15.0605

service advice　业务公电　14.0097

service code　业务代码　14.0154

service signal　业务信号　14.0148

service tank　日用柜　15.0124

service telegram　公务电报　14.0095

servo-motor　伺服电动机　15.1161

SES commissioning test　船舶地球站启用试验
14.0260

SES ID　船舶地球站识别码　14.0306

settlement of insurance claim　保险理赔　13.0189

settling position 稳定位置 06.0113

settling tank 沉淀柜 15.0123

settling time 稳定时间 06.0126

set value 给定值 15.0947

severe tropical storm 强热带风暴 07.0095

sewage piping system 生活污水排泄系统 15.0758

sewage pump 粪便泵 15.0438

sewage standard discharge ccnnection 生活污水标准排放接头 15.0766

sewage tank 生活污水柜 15.0757

sewage treatment unit 生活污水处理装置 15.0756

sextant 六分仪 06.0044

sextant adjustment 六分仪校正 06.0053

sextant altitude 六分仪高度 03.0129

sextant error 六分仪误差 06.0050

SF 安全系数 08.0310

SHA 共轭赤经 03.0031

shackle 卸扣 08.0261 链节 08.0325

shadow sector 阴影扇形 06.0335

shaft bossing 轴毂 08.0244

shaft bracket 艉轴架 08.0245

shaft-driven generator 轴带发电机 15.1073

shafting alignment 轴系校中 15.0906

shafting brake 轴系制动器 15.0901

shaft power 轴功率 15.0027

shaft tunnel 轴隧 08.0242

shallow and narrow channel navigation operating mode management 浅水与窄航道航行工况管理 15.0927

shallow water effect 浅水效应 09.0138

shape 号型 09.0210

shape for crossing ferry 横江轮渡号型 09.0225

shear line 切变线 07.0075

sheer 舷弧 08.0223

sheer strake 舷顶列板 08.0207

sheet anchor 备用锚 08.0317

sheetbend 单编结 08.0279

shell and tube condenser 壳管式冷凝器 15.0632

shell expansion plan 外板展开图 08.0191

shelter 避风锚地 07.0366

shelter deck 遮蔽甲板 08.0035

sheltered deck vessel 遮蔽甲板船 08.0066

shifting 移泊 09.0101

shifting angle of grain 谷物移动角 11.0175

shifting board 止移板 11.0181

shifting weight method 移载法 08.0449

shim rod 补偿棒 15.1215

ship 船舶 08.0001

ship bottom alignment check 船底验平 08.0502

ship building berth 船台 08.0479

ship business 船舶[通信]业务 14.0088

ship certificate 船舶证书 13.0323

shipchandler 船舶供应商 11.0144

ship classification society 船级社 13.0234

ship class mark 船级标记 13.0238

ship class symobl notation 船级符号 13.0237

ship collision 船舶碰撞 09.0268

ship collision prevention 船舶避碰 01.0015

ship domain 船舶领域 13.0303

ship earth station identification 船舶地球站识别码 14.0306

ship elevator 升船机 10.0029

ship formation course alteration 舰艇编队转向 05.0049

ship formation movement 舰艇编队运动 05.0017

ship formation pattern 舰艇编队队形 05.0019

shiphandling 船舶操纵 01.0014

shiphandling in heavy weather 大风浪中船舶操纵 09.0114

shiphandling in ice 冰中操船 09.0152

ship induced magnetism 感应船磁 06.0025

ship lift 升船机 10.0029

ship magnetism 船磁 06.0023

ship manoeuvre 舰艇机动 05.0001

ship mechanical ventilation 船舶机械通风 15.0750

ship mortgage 船舶抵押权 13.0045

ship movement service 船舶动态业务 14.0086

ship natural ventilation 船舶自然通风 15.0749

ship operator 船舶经营人 13.0108

shipowner 船舶所有人 13.0107

shipped bill of lading 已装船提单 13.0050

shipper 托运人 13.0076

ship permanent magnetism 永久船磁 06.0024

shipping business 航运业务 01.0025

shipping economics　水运经济学　01.0040

shipping order　装货单　11.0291

[shipping] route　协定航线　02.0127

shipping sea　上浪　09.0125

[ship] position　船位　02.0174

ship power station　船舶电站　15.1064

ship registration　船舶登记　01.0027

ship safety inspection　船舶安全检查　13.0321

ship's agent　船舶代理　11.0145

ship's call sign　船舶呼号　14.0021

ship's certificates surveying record book　船舶证书
检验簿　13.0284

ship's constant　船舶常数　11.0017

ship's doctor　船医　13.0366

ship's fire fighting　船舶消防　08.0420

ship's meeting circle　舰艇相遇圆　05.0008

ship's passenger　船舶旅客　11.0354

ship speed　船速　02.0093

ship speed distribution　船速分布　13.0301

ship's pump　船用泵　15.0403

ship's routing　船舶定线制　07.0376

ship stabilizer　船舶减摇装置　15.0540

ship stabilizing gear　船舶减摇装置　15.0540

ship station　船舶电台　14.0202

ship survey　船舶检验　01.0028

ship system　船舶系统　15.0726

ship traffic simulation　船舶交通模拟　13.0306

ship ventilation　船舶通风　15.0748

ship wave　船行波　07.0169

ship weather report　船舶气象报告　14.0103

ship wind　航行风　07.0113

shoe　滑块　15.0078

shooting net　放网　12.0080

shop test　台架试验　15.0205

shore ice　岸冰　07.0143

shore ID　海岸地球站识别码　14.0307

shore pass　登岸证　13.0346

shore power　岸电　15.1129

shoring　支撑　08.0450

short blast　短声　09.0236

short circuit　短路　15.1140

short circuit current　短路电流　15.1141

short-cut route　捷水道　10.0005

short-delivery　短卸　11.0134

short form bill of lading　简式提单　13.0063

short-landed　短卸　11.0134

short-line connection　短缆结系　10.0058

short period accident　短周期事故　15.1254

short splice　短[插]接　08.0305

short time delay　短延时　15.1114

shot　链节　08.0325

shut-down depth　停堆深度　15.1245

shut out　退关　13.0336

side error　定镜差，＊边差　06.0052

side girder　旁桁材　08.0198

sidelight　舷灯　09.0212

sidelights combined in one lantern　合座舷灯
09.0227

side-lobe echo　旁瓣回波　06.0341

side plate　舷侧板　08.0206

side ramp　舷门跳板　11.0246

sidereal day　恒星日　03.0087

sidereal hour angle　共轭赤经　03.0031

sidereal month　恒星月　03.0084

sidereal time　恒星时　03.0088

side scan sonar　侧扫声呐　06.0180

side stream　支流　10.0019

side stringer　舷侧纵桁　08.0210

side thruster　侧推器　09.0049

sidewise force of propeller　螺旋桨横向力　09.0054

sighting port　观察孔　15.0769

signal control　信号控制　13.0311

signalling appliance　信号设备　14.0052

signalling by hand flags　手旗通信　14.0005

signal mark　信号标志　10.0040

signal mast　信号桅　14.0051

signal shell　信号弹　09.0252

signal to attract attention　招引注意信号　09.0247

significant wave height　有效波高　07.0166

silence period　静默时间　14.0179

simplex　单工　14.0301

simulation test　模拟试验　15.1028

single acting cylinder　单作用油缸　15.0574

single anchor leg mooring　单锚腿系泊　12.0157

single boat purse seine　单船围网　12.0078

single boom system　单杆作业　08.0379

single cam reversing 单凸轮换向 15.0143

single column 单纵队 05.0020

single drum winch 单卷筒绞车 15.0534

single effect evaporation 单效蒸发 15.0703

single expansion steam engine 单胀式蒸汽机 15.0334

singlegyro pendulous gyrocompass 单转子摆式罗经 06.0077

single letter signal code 单字母信号码 14.0014

single line abreast 单横队 05.0021

single line ahead 单纵队 05.0020

single point mooring 单点系泊 09.0111

single rope 单头缆 08.0363

single shafting 单轴系 15.0896

single sideband emission 单边带发射 14.0277

single stage compressor 单级压缩机 15.0492

single stage flash evaporation 单级闪发 15.0705

single strainer 单联滤器 15.0813

single turn 单向旋回法 09.0147

sinker 沉子 12.0061

site error 场地误差 04.0030

skeletal container 框架箱 11.0209

sketch of barge train formation 驳船队形图 10.0055

sky condition 天空状况 07.0030

sky wave 天波 06.0250

sky wave correction 天波改正量 06.0252

sky wave delay 天波延迟 06.0251

sky wave delay curves 天波延迟曲线 06.0254

slack current channel 缓流航道 10.0007

slack stream 缓流 10.0022

slack water 憩流，*平流 07.0230

slack water area 平流区域 09.0181

slamming 砰击，*拍底 09.0126

slave pedestal 副台座 06.0248

slave signal 副台信号 06.0246

slave station 副台 06.0222

slewing winch 回转吊杆绞车 15.0514

sliding bearing housing 滑动轴承箱 15.0239

slip 滑失 02.0097

slipper 滑块 15.0078

slipper guide 导板 15.0079

slippery hitch 小艇结 08.0287

slipping anchor 弃锚 09.0086

slip racking 系缆活结 08.0292

slip rope 回头缆 08.0364

slipway 船排 08.0478

slip wire 回头缆 08.0364

slop 污油水 11.0167

slop tank 污油水舱 13.0388

slot 列位 11.0217

slotted waveguide antenna 隙缝波导天线 06.0304

slow flash light 慢闪光 15.1061

slow turning starting sequence 慢转起动程序 15.1021

SLT 海上书信电报 14.0094

sludge pump 污油泵 15.0439

sludge tank 污泥柜 15.0128

small correction 小改正 07.0297

SMC 搜救任务协调员 12.0006

SMNV 标准航海用语 14.0001

smoke screen laying manoeuvre 施放烟幕机动 05.0014

smothering method 窒息法 08.0427

snatch block 开口滑车 08.0269

snow-covered ice 雪盖冰 07.0124

sodium and vanadium content 钠和钒含量 15.0851

soft-iron sphere 软铁球 06.0021

solar annual [apparent] motion 太阳周年视运动 03.0055

solar day 太阳日 03.0089

solenoid directional control valve 电磁换向阀 15.0594

solenoid valve 电磁阀 15.0649

solicitation 揽货 11.0079

solid bulk cargo 固体散货 11.0105

solidification point 凝点 15.0855

sonar 声呐 06.0178

sound channel 声道 07.0156

sounding 海图水深 07.0292

sounding lead 测深锤，*水砣 06.0146

sounding line 测深线 12.0131

sounding pipe 测深管 15.0765

sound powered telephone 声力电话 15.1192

sound signal 声响信号 09.0232

sound signalling 声号通信 14.0006

sound velocity calibration 声速校准 06.0177

sound velocity error 声速误差 06.0161

SP 静默时间 14.0179

SPA 相位突然异常 06.0285

span winch 千斤索绞车 15.0515

spare anchor 备用锚 08.0317

special certificate 特种证书 14.0184

special circumstances 特殊情况 09.0159

special drawing right 特别提款权 14.0182

specialized salvage service 专业救助 13.0175

special mark 专用标志 07.0262

special purpose channel 专用航道 07.0347

special service 特种业务 14.0082

special survey 特别检验 13.0250

special trade passenger 特种业务旅客 11.0361

specific air consumption 空气消耗率 15.0330

specific combustion intensity 燃烧室热容强度 15.0326

specific cylinder oil consumption 气缸油注油率 15.0040

specific heat consumption 耗热率 15.0236

specific lubricating oil consumption 滑油消耗率 15.0039

specific power 比功率 15.0329

specific repetition frequency 特殊重复频率 06.0230

specific speed 比转数,＊比转速 15.0477

specific steam consumption 耗汽率 15.0235

speed 航速 02.0088

speedability 快速性 08.0061

speed by log 计程仪航速 02.0095

speed by RPM 主机航速 02.0094

speed claim 航速索赔 13.0149

speed error 速度误差 06.0115

speed error corrector 速度误差校正器 06.0122

speed error table 速度误差表 06.0123

speed made good 推算航速 02.0090

speed of advance 计划航速 02.0089

speed of flooding 进水速度 08.0441

speed over ground 实际航速 02.0091

speed regulating characteristic 调速特性 15.0047

speed regulating valve 调速阀 15.0609

speed regulation by cascade control 串级调速 15.1175

speed regulation by constant power 恒功率调速 15.1172

speed regulation by constant torque 恒转矩调速 15.1173

speed regulation by field control 磁场调速 15.1170

speed regulation by frequency variation 变频调速 15.1174

speed regulation by pole changing 变极调速 15.1171

speed setting value 速度设定值 15.1027

speed trial 测速,＊航速试验 09.0058

speed trial ground 测速场 07.0370

SPF 二次相位因子 06.0242

spheroid of earth 地球椭球体 02.0008

spill-over signal 交会信号 06.0263

spill-valve injection pump 回油阀式喷油泵 15.0097

spiral test 螺线试验 09.0005

splash plate 防溅挡板 15.0711

splicing 插接 08.0303

splitting [天波]分裂 06.0261

SPM 单点系泊 09.0111

spoil area 垃圾倾倒区 07.0368

spooling gear 排缆装置 15.0537

spray evaporative condenser 喷淋蒸发式冷凝器 15.0634

spread spectrum signal 扩频信号 06.0370

spring 倒缆 08.0362

spring layer 跃层 07.0155

spring lay rope 钢麻绳 08.0253

spring rise 大潮升 07.0204

spring tide 大潮 07.0188

SPS 标准定位业务 06.0379

spurious emission 杂散发射 14.0272

squall line 飑线 07.0027

square cut stern 方[型]艉 08.0234

square sail 横帆 09.0197

squelch 静噪 14.0312

SR 大潮升 07.0204

SRR　搜救区　12.0007

SS　蒸汽机船　08.0070

SSB emission　单边带发射　14.0277

ST　恒星时　03.0088

stability　稳性　08.0057

stability criterion numeral　稳性衡准数　11.0065

stability lever　稳性力臂　11.0043

stability moment　稳性力矩　11.0042

stabilization control　定值控制　15.0961

stabilized gyrocompass　平台罗经　06.0131

stabilized loop　稳定回路　06.0144

stabilizer control gear　减摇控制设备　15.0552

stacking fitting　堆码件　11.0240

stacking test　堆装试验　11.0287

stagnation steam parameter　滞止蒸汽参数　15.0226

stale bill of lading　过期提单　13.0062

standard atmosphere　标准大气　07.0005

standard compass　标准罗经　06.0003

standard compass course　标准罗航向　02.0049

standard dimension of channel　航道标准尺度　10.0008

standard error　标准[误]差，＊均方误差　02.0194

standard maneuvering test　Z形试验，＊标准操纵性试验　09.0006

standard marine navigational vocabulary　标准航海用语　14.0001

standard parallel　基准纬度　07.0296

standard port　主[潮]港　07.0216

standard positioning service　标准定位业务　06.0379

standard slide valve diagram　标准滑阀图　15.0348

standard time　标准时　03.0105

standard void depth　标准空档深度　11.0173

stand-by generator　备用发电机　15.1070

standing by vessel　海上守候　13.0181

standing rigging　静索　08.0256

standing wave　驻波　07.0167

stand-on vessel　直航船　09.0206

star　恒星　03.0004

star apparent place　恒星视位置　03.0124

star atlas　恒星图　03.0125

starboard　右舷　08.0006

starboard side　右舷　08.0006

star catalogue　星表　03.0126

star chart　恒星图　03.0125

star-delta starting　星－三角起动　15.1177

star finder　索星卡　06.0062

star finding　索星　03.0008

star globe　星球仪　06.0061

star identification　认星　03.0006

star identifier　索星卡　06.0062

star number　星号　03.0009

start blocking control　电动机起动阻塞控制　15.1092

starter　起动器　15.1168

start failure alarm　起动故障报警　15.1011

start-finish signal　起动结束信号　15.1017

starting air cut off　起动空气切断　15.1010

starting air distributor　起动空气分配器　15.0132

starting air manifold　起动空气总管　15.0136

starting air reservoir　起动空气瓶　15.0138

starting and accelerating operating mode management　起航与加速工况管理　15.0930

starting cam　起动凸轮　15.0135

starting control valve　起动控制阀　15.0134

starting device　起动装置　15.0311

starting engine speed　起动转速　15.0037

starting interlock　起动联锁　15.1029

start-up accident　起动事故　15.1261

start-up blind-zone　起动盲区　15.1247

static head　静压头　15.0466

static heeling angle　静横倾角　11.0055

static pressure regulator　静压调节器　15.0688

static state　静态　15.0955

stationary blade　静叶片　15.0250

stationary fishing gear　定置渔具　12.0066

stationary fishing net　定置网　12.0067

stationary front　静止锋　07.0057

stationary satellite　静止卫星　14.0254

station bill　应变部署表　08.0389

station-changing manoeuvre　变换阵位机动　05.0011

station-keeping manoeuvre　保持阵位机动　05.0012

station light　队形灯　09.0157

station of destination　收报台　14.0138

station of origin　发报台　14.0136

station pair　台对　06.0220

station pointer　三杆分度器　06.0058

station-taking manoeuvre　占领阵位机动　05.0010

status enquiry　状态询问　14.0123

statutory survey　法定检验　11.0330

steady [state]　稳态　15.0957

steam bleeding system　抽汽系统　15.0256

steam cargo winch　蒸汽起货机　15.0510

steam distribution adjustment　配汽调整　15.0350

steam distribution device　配汽机构　15.0339

steam drum　汽鼓　15.0363

steam ejector gas-freeing system　蒸汽喷射油气抽除装置　15.0787

steamer　蒸汽机船　08.0070

steam heating system　蒸汽供暖系统　15.0736

steaming head to sea　顶浪航行　09.0129

steaming with the sea on the bow or quarter　斜浪航行　09.0131

steam jet refrigeration　蒸汽喷射制冷　15.0617

steam raising　锅炉升汽　15.0397

steam rate　耗汽率　15.0235

steam ship　蒸汽机船　08.0070

steam steering engine　蒸汽舵机　15.0494

steam stop valve　蒸汽截止阀　15.0379

steam trap　阻汽器　15.0824

steam turbine ship　汽轮机船　08.0072

steam turbine single-cylinder operation　汽轮机单缸运行　15.0288

steam turbine stage　汽轮机级　15.0219

steerage　舵效　08.0353

steering　操舵　08.0351

steering 3-tenths to port (starboard) of fairway　三七位[航行]　10.0082

steering 4-tenths to port (starboard) of fairway　四六位[航行]　10.0083

steering and sailing rules　驾驶和航行规则　09.0172

steering arrangement　操舵装置　15.0501

steering compass　操舵罗经　06.0005

steering compass course　操舵罗航向　02.0050

steering current　引导气流　07.0038

steering engine room　舵机舱　08.0030

steering gear　操舵装置　15.0501

steering hunting gear　舵机追随机构　15.0503

steering line　操纵缆　10.0059

steering orders　舵令　08.0354

steering telemotor　操舵遥控传动装置　15.0502

steering test　操舵试验　13.0270

steering wheel　舵轮　15.0500

stem　艏柱　08.0235

step input　阶跃输入　15.0948

stepless speed regulation　无级调速　15.1169

stern　艉　08.0003

stern anchor　艉锚　08.0318

stern bearing　艉轴承　15.0890

stern engined ship　艉机型船　08.0068

sternlight　艉灯　09.0213

stern line　艉缆　08.0360

stern post　艉柱　08.0240

stern ramp　艉门跳板　11.0247

stern shaft　艉轴　15.0887

stern tube　艉轴管　15.0888

stern tube lubricating oil　艉轴管油　15.0841

stern tube sealing oil pump　艉轴管轴封泵　15.0444

stern tube stuffing box　艉轴管填料函　15.0894

stevedore　装卸工　11.0142

stiffener　扶强材　08.0225

still water bending moment　静水弯矩　11.0066

stirrup　蹬索　12.0188

stock anchor　有杆锚　08.0314

stockless anchor　无杆锚，＊无档锚　08.0315

stopper　制索　08.0368

stopper hitch　制索结　08.0291

stopping ability　停船性能　09.0019

stopping distance　冲程　09.0021

stopping test　停船性能试验　09.0020

stop valve　截止阀　15.0821

storage battery　蓄电池　15.1078

storage charge　仓储费　11.0327

store and forward　存储转发　14.0164

storm surge　风暴潮　07.0165

storm warning　暴风警报　07.0086

stowage　堆码　11.0088

stowage category　配装类　11.0282

stowage factor 积载因数 11.0120

stowage plan 配载图，＊积载图 11.0081

stowaway 偷渡 11.0368

straight bill of lading 记名提单 13.0057

straight blade 直叶片，＊等截面叶片 15.0252

straightened up in place 现场校正 08.0501

straightening vane 整流叶片 15.0320

straight stem 直立[型]艏 08.0227

strait 海峡 13.0022

strand 搁浅 09.0144

strapdown inertial navigation system 捷联式惯性导航系统 06.0193

stratosphere 平流层 07.0003

stream anchor 中锚，＊流锚 08.0319

streamline 流线 07.0078

strike clause 罢工条款 13.0137

strike on a rock 触礁 09.0140

striking bottom 墩底 09.0143

stringer angle 舷边角钢 08.0211

stripping pump 扫舱泵 15.0436

strobe light 频闪灯 09.0248

stroke-bore ratio 行程缸径比 15.0016

strong acid number 强酸值 15.0863

subchartering 转租 13.0147

subletting 转租 13.0147

submarine 潜艇 08.0166

submarine cable 海底电缆 07.0327

submarine chaser 猎潜艇 08.0167

submarine diving 潜艇下潜 05.0067

submarine handling 潜艇操纵 05.0063

submarine navigation 水下航行 02.0212

submarine pipeline 海底管道 12.0165

submarine quick diving 潜艇速潜，＊紧急下潜 05.0068

submarine quick surfacing 潜艇速浮，＊紧急浮起 05.0066

submarine's adverse maneuverability 潜艇反操纵性 05.0079

submarine's awash proceeding state 潜艇半潜航行状态 05.0082

submarine's cruising state 潜艇巡航状态 05.0083

submarine's maneuverability 潜艇操纵性 05.0078

submarine's maneuvring strength 潜艇操纵强度 05.0077

submarine's proceeding state 潜艇航行状态 05.0080

submarine's proceeding state at periscope depth 潜艇潜望深度航行状态 05.0084

submarine's proceeding state underwater 潜艇水下航行状态 05.0086

submarine's proceeding state with snorkel 潜艇通气管航行状态 05.0085

submarine's relative diving 潜艇相对下潜 05.0088

submarine's relative surfacing 潜艇相对上浮 05.0087

submarine's surface proceeding state 潜艇水面航行状态 05.0081

submarine's trimmed diving 潜艇平行下潜 05.0090

submarine's trimmed surfacing 潜艇平行上浮 05.0089

submarine surfacing 潜艇浮起 05.0065

submarine trimming 潜艇均衡 05.0064

submerged anchor dropping 水下抛锚 05.0069

submerged anchor weighing 水下起锚 05.0070

submerged diving chamber 潜水舱 12.0106

submerged rock 暗礁 07.0336

submerged running astern 水下倒车 05.0071

submersible pump 潜水泵 15.0448

sub-refraction 欠折射 06.0323

subrogation 代位 13.0190

subscriber number 用户码 14.0156

substation 分站 15.1054

substitute flag 代旗 14.0041

sub-telegraph 副车钟 15.1001

subtropical high 副热带高压 07.0052

success in salvage 救助效果 13.0172

suction current 吸入流 09.0052

suction dredger 吸扬式挖泥船 08.0113

suction head 吸入压头 15.0469

suction valve 进气阀 15.0063

sudden phase anomaly 相位突然异常 06.0285

sulfur content 硫分 15.0848

summer solstice 夏至点 03.0060

summer time　夏令时　03.0107

sunken rock　暗礁　07.0336

sunk object　沉没物　13.0293

sun rise　日出　03.0118

sun's azimuth table　太阳方位表　03.0145

sun set　日没　03.0120

supercharge　增压　15.0061

superconducting generator　超导发电机　15.1075

superconductor electric propulsion plant　超导电力推进装置　15.1165

superheater　过热器　15.0373

super-long stroke diesel engine　超长行程柴油机　15.0013

super-power accident　超功率事故　15.1256

super-refraction　超折射　06.0324

superstructure　上层建筑　08.0020

superstructure deck　上层建筑甲板　08.0039

supersynchronous braking　再生制动　15.1181

supplementary [weather] forecast　补充[天气]预报　07.0080

supplement of sailing directions　航路指南补篇　07.0397

supplying helicopter　补给直升机　12.0171 ·

supplying station　补给站　12.0179

supply ship　供应船　08.0129

supporting liquid　支承液体　06.0088

suppressed carrier emission　抑制载波发射　14.0280

surf　拍岸浪　07.0181

surface air cooler　表面式空气冷却器　15.0680

surface current　表层流　07.0235

surface navigation　水面航行　02.0211

surface search coordinator　海面搜寻协调船　12.0001

surface [weather] chart　地面[天气]图　07.0067

surge-preventing system　防喘系统　15.0301

surging　纵荡　09.0119

surrounding fishing　围网作业　12.0074

surveyer　验船师　13.0245

surveying ship　测量船　08.0120

survey of anchor and chain gear　锚设备检验　08.0341

survey of refrigerated cargo installation　货物冷藏装置检验　13.0256

survey on damage to cargo　残损鉴定　11.0339

survey report　检验报告　13.0254

survival at sea　海上求生　08.0418

survival craft station　营救器电台　14.0205

SW　暴风警报　07.0086

swash bulkhead　制荡舱壁　08.0239

swaying　横荡　09.0118

sweeping　扫海　12.0112

sweep line　手纲　12.0058

swell　涌浪　07.0163

swell scale　涌级　07.0178

swing around light　掉头灯　09.0224

swinging area　自差校正场　07.0371，掉头区　09.0092

swinging ground　自差校正场　07.0371

swing net　张网　12.0070

swirler　旋流器　15.0323

swivel　转环　08.0327

SWL　安全负荷　08.0311

symbols and abbreviations of charts　海图图式　07.0315

synchro light　同步指示灯　15.1099

synchrometer　同步指示器　15.1098

synchronism　谐摇　09.0124

synchronous generator　同步发电机　15.1077

synchronous impedance　同步阻抗　15.1137

synchronous rolling　谐摇　09.0124

synchronous satellite　同步卫星　14.0253

synchroscope　同步指示器　15.1098

synchroswitching-in　同步合闸　15.1085

synodical month　朔望月　03.0085

synoptic chart　天气图　07.0065

synoptic process　天气过程　07.0063

synoptic situation　天气形势　07.0062

synthetic fiber rope　化学纤维绳　08.0250

synthetic oil　合成油　15.0836

systematic error　系统误差　02.0199

systematic observation　系统观察　09.0258

system fail　系统故障　15.1051

system response　系统响应　15.0954

T

tabling　校直　08.0495

tachogenerator　测速发电机　15.0983

tacking　换抢　09.0190

tackle　滑车组，＊辘轳　08.0267

tackline　隔绳　14.0050

tactical diameter　旋回初径，＊战术直径　09.0015

tail shaft　艉轴　15.0887

tail wind　顺风　09.0189

take delivery　收货　11.0080

tallyman　理货员　11.0141

TAN　总酸值　15.0862

tandem loading system　串联系泊装油系统　12.0163

tandem propeller　串列螺旋桨　09.0045

tank bottom water　垫水　11.0168

tank cleaning pump　洗舱泵　15.0435

tank container　罐式箱　11.0205

tanker　液货船　08.0092

tanker piping system　液货船管系　15.0771

tank steaming-out piping system　蒸汽熏舱管系　15.0788

tank washing machine　洗舱机　15.0785

tank washing opening　洗舱口　15.0805

tappet gear　配汽机构　15.0339

target acquisition　目标录取　09.0262

tariff　资费表　14.0057

TB　真方位　02.0061

TBN　总碱值　15.0861

TC　真航向　02.0045

TCPA　最近会遇时间　09.0260

TD　时间差　06.0232

TDC　上止点　15.0017

TDOP　时间精度因子　04.0013

telegraph book　车钟记录簿　15.1005

telegraph logger　车钟记录仪　15.1004

telegraph receiver　车钟接收器　15.1003

telegraph transmitter　车钟发送器　15.1002

telescopic alidade　望远镜方位仪　06.0042

telex letter service　用户电报书信业务　14.0076

telex over radio　无线电用户电报　14.0093

telex service　用户电报业务　14.0073

telex telephony　用户电报电话　14.0101

temperature controlling system　温控系统　06.0094

temperature switch　温度继电器　15.0651

temporary notice　临时通告　07.0406

temporary repair　临时修理　08.0471

temporary replenishing rig　简易补给装置　12.0181

tender　供应船　08.0129

terminal charge　港口使费　11.0325

terminal reheat air conditioning system　末端再加热空气调节系统　15.0670

terrestrial fix　陆标船位　02.0175

terrestrial object　陆标　02.0156

terrestrial pole　地极　02.0012

terrestrial radiocommunication　地面无线电通信　14.0185

terrestrial sphere　地球圆球体　02.0006

territorial sea　领海　13.0016

territorial water　领海　13.0016

test for lifeboat　救生艇试验　13.0277

testing-bed test　台架试验　15.0205

test the steering gear　试舵，＊对舵　08.0355

text　电文　14.0139

TEXTEL　用户电报电话　14.0101

TF　陆标船位　02.0175

theory of errors　误差理论　02.0191

thermal container　保温箱　11.0202

thermalelectric type air conditioner　热电式空气调节器　15.0676

thermal protective aid　保温用具　08.0403

thermal shielding　热屏蔽　15.1242

thermoregulator　温度调节器　15.0972

thermostat　温度继电器　15.0651

thermostatic expansion valve　热力膨胀阀　15.0648

thermostat regulator　恒温调节器　15.0973

thickness measuring　测厚　08.0492

thimble　心环，＊嵌环　08.0260

thin film evaporation　薄膜蒸发　15.0702

third engineer 二管轮 13.0360

third mate 三副 13.0356

third officer 三副 13.0356

three-arm protractor 三杆分度器 06.0058

three-figure method 圆周法 02.0072

three island vessel 三岛型船 08.0064

three letter singal code 三字母信号码 14.0016

three-position four way directional control valve 三位
四通换向阀 15.0592

three-winding transformer 三绕组变压器 15.1117

threshold limit value 阈限值 11.0150

throttle governing 节流调节 15.0262

throttle valve 节流阀 15.0608

through bill of lading 联运提单 13.0054

through bolt 贯穿螺栓 15.0089

through cargo 联运货 11.0096, 直达货
11.0092

through transport cargo 联运货 11.0096

thrust bearing 推力轴承 15.0083

thrust shaft 推力轴 15.0885

thyristor converter set 可控硅变流机组 15.1167

thyristor excited system 可控硅励磁系统 15.1104

thyristor speed control 可控硅调速 15.1176

tidal age 潮龄 07.0184

tidal current 潮流 07.0223

tidal datum 潮高基准面 07.0212

tidal harmonic constant 潮汐调和常数 07.0226

tidal period 潮汐周期 07.0203

tidal range 潮差 07.0208

tidal stream 潮流 07.0223

tidal stream table 潮流表 07.0402

tidal wave 潮波 07.0224

tide 潮汐 07.0182

tide affecting zone 感潮河段 09.0179

tide-generating force 引潮力 07.0183

tide level 潮面 07.0206

tide reaching zone 感潮河段 09.0179

tide table 潮汐表 07.0393

tie-bolt 贯穿螺栓 15.0089

tier 层位 11.0218

tightness test for hull 船体密性试验 13.0257

timber and half hitch 拖材结 08.0283

timber clause 木材条款 13.0099

timber hitch 圆材结 08.0282

time bar 时效 13.0095

time charter 定期期租 13.0113

time difference 时间差 06.0232

time difference of tide 潮时差 07.0218

time dilution of precision 时间精度因子 04.0013

time division system 时间分隔制 04.0016

time insurance 定期保险 13.0196

time limitation 时效 13.0095

time limit of general average 共同海损时限
13.0219

time of rudder movement 转舵时间 15.0507

time signal 时号 14.0149

time to closest point of approach 最近会遇时间
09.0260

time zone chart 时区图 03.0104

TK 航迹 02.0055

TM radar 真运动雷达 06.0298

tolerance 自然减量 11.0130

tolerance error 容许误差 02.0198

tonnage 吨位 11.0013

tonnage dues 吨税 11.0097

tons of cargo handled 货物操作吨 11.0349

tons per centimeter immersion 每厘米吃水吨数
11.0022

top dead center 上止点 15.0017

topmark 顶标 07.0252

topographic and coastal survey 地形岸线测量
12.0120

topping lift 千斤索 08.0375

topping lift winch 千斤索绞车 15.0515

topsail halyard bend 扬帆结 08.0286

TOR 无线电用户电报 14.0093

Toran positioning system 道朗定位系统 06.0390

torquer 力矩器 06.0136

torsional meter 扭力计 15.0197

torsional resonance 扭[振]共振 15.0059

torsional strength 扭转强度 11.0070

torsional vibration damper 扭振减振器 15.0109

total acid number 总酸值 15.0862

total amount of general average 共同海损总额
13.0216

total base number 总碱值 15.0861

total efficiency 总效率 15.0476

total head 总压头 15.0468

total loss 全损 13.0378

total loss only 船舶全损险 13.0197

total resistance 总阻力 09.0025

touch bottom 触浅 09.0145

touch ground 触浅 09.0145

touch movable sand heap 擦沙包, *吃沙包 10.0088

tourist ship 旅游船 08.0082

towage contract 拖航合同 13.0183

towed vessel 被拖船 08.0109

towing 拖带, *吊拖 09.0068

towing alongside 傍拖 09.0069

towing beam 拖缆承架 08.0367

towing bitt 拖缆桩 10.0071

towing gear 拖曳设备 10.0068

towing hook 拖钩 10.0070

towing light 拖带灯 09.0214

towing line 拖缆 08.0365

towing operating mode management 拖曳作业工况管理 15.0928

towing side light 偏缆灯 09.0219

towing train 拖曳船队, *吊拖船队 10.0051

towing vessel 拖船 08.0108

towing winch 拖缆机 15.0528

tow worthiness 适拖 13.0184

TPC 每厘米吃水吨数 11.0022

track 航迹 02.0055

track calculating 航迹计算 02.0136

track distribution 航迹分布 13.0298

tracking 跟踪 06.0316

track made good 航迹推算 02.0134

track plotting 航迹绘算, *海图作业 02.0135

track spacing 航线间隔 12.0017

trade wind 信风 07.0107

trading limit clause 航行区域条款 13.0150

traffic boat 交通艇 08.0128

traffic capacity 交通容量 13.0302

traffic control area 交通控制区 13.0312

traffic control zone 交通管制区 13.0289

traffic density 交通密度 13.0297

traffic enquiry 通信询问 14.0122

traffic flow 交通流 13.0299

traffic lane 通航分道 07.0378

traffic list 通报表 14.0111

traffic mark 通行信号标 10.0041

traffic seperation schemes 分道通航制 07.0377

traffic signal mark 通行信号 07.0274

traffic volume 交通量 13.0300

training ship 实习船, *教练船 08.0136

tramp service 不定期船运输 13.0047

transducer 换能器 06.0152, 传感器 15.0979

transducer directivity 换能器指向性 06.0157

transfer 横距, *正移量 09.0012

transfer of bill of lading 提单转让 13.0085

transfer of control station 操纵部位转换 15.1012

transhipment bill of lading 转船提单 13.0053

transhipment cargo 转船货 11.0093

transhipment clause 转船条款 13.0098

transient state 瞬态 15.0958

transit 中天 03.0047

transit beacon 叠标 07.0266

transit cargo 过境货 11.0094

transit leading mark 过渡导标 10.0034

transit route 传递路由 14.0145

Transit system 海军导航卫星系统, *子午仪系统 06.0356

transmission shafting 传动轴系 15.0902

transmission system 传向系统 06.0093

transmitting antenna 发射天线 14.0292

transmitting compass 复示磁罗经 06.0007

transom stern 方[型]艉 08.0234

transportable moisture limit 适运水分限 11.0189

transportation by sea 水上运输 01.0016

transverse frame system 横骨架式 08.0184

transverse section plan 横剖面图 08.0188

transverse strength 横强度 11.0068

trapezoidal board 梯形牌 10.0047

traverse survey 导线测量 12.0127

trawl 拖网 12.0048

trawler 拖网渔船 08.0149

trawl fishing 拖网作业 12.0073

trawling 拖网作业 12.0073

treaty of commerce and navigation 通商航海条约 13.0041

trend analysis 趋势分析 15.0946

trial maneuvering 雷达避碰试操纵 09.0265

triangulation 三角测量 12.0125

tributary 支流 10.0019

trimming 平舱 11.0185

trimming angle 纵倾角 11.0035

trimming moment 纵倾力距 11.0038

trip device 脱扣装置 15.1112

triple expansion steam engine 三胀式蒸汽机
  15.0336

tripping coil 脱扣线圈 15.1133

troll line 曳绳钓 12.0085

tropical cyclone 热带气旋 07.0091

tropical depression 热带低压 07.0093

tropical disturbance 热带扰动 07.0092

tropical storm 热带风暴 07.0094

tropic tide 回归潮 07.0201

troposphere 对流层 07.0002

tropospheric refraction correction 对流层折射改正
  06.0367

trough 低压槽 07.0048

trough line 槽线 07.0069

T-R switch 收发开关 06.0307

true altitude 真高度 03.0134

true bearing 真方位 02.0061

true course 真航向 02.0045

true density-temperature correction coefficient 密度
  温度系数，＊密度修正系数 11.0157

true error 真误差 02.0192

true horizon 真地平 02.0099

true motion display 真[运动]显示 06.0330

true motion radar 真运动雷达 06.0298

true north 真北 02.0030

true rise and set 真出没 03.0054

true sun 真太阳 03.0091

true vapor pressure 真蒸汽压力 11.0147

true wind 真风 07.0114

trunk 围井 11.0179

trunk piston type diesel engine 筒形活塞式柴油机
  15.0004

trunk stream 干流 10.0018

TSS 分道通航制 07.0377

tsunami 海啸 07.0164

tubular combustor 管形燃烧室 15.0302

tug 拖船 08.0108

turbine oil 汽轮机油 15.0839

turboblower 涡轮增压器 15.0101

turbocharger 涡轮增压器 15.0101

turbocharger surge 增压器喘振 15.0156

turbocharging auxilliary blower 增压系统辅助鼓风
  机 15.0104

turbocharging emergency blower 增压系统应急鼓风
  机 15.0105

turnbuckle 松紧螺旋扣，＊花篮螺丝 08.0263

turning ability 旋回性 09.0002

turning basin 掉头区 09.0092

turning circle 旋回圈，＊回转圈 09.0010

turning circle trial 旋回试验 13.0268

turning gear 转车机 15.0114

turning gear interlocking device 盘车联锁装置
  15.0276

turning indices 旋回性指数 09.0003

turning operating mode management 转向工况管理
  15.0931

turning period 旋回周期 09.0017

turning point 转向点 02.0130

turning rate 旋转角速度 09.0063

turning short round 掉头 09.0091

turning short round by ahead and astern engine 进倒
  车掉头 09.0093

turning short round by one end touch the shoal 触浅
  掉头 09.0097

turning short round with anchor 抛锚掉头
  09.0094

turning short round with the aid of current 顺流掉
  头 09.0095

turn of tidal current 转流 07.0229

turret mooring system 转塔式系泊系统 12.0160

TW 台风警报 07.0087

tween deck 二层甲板 08.0036

twin gyro pendulous gyrocompass 双转子摆式罗经
  06.0078

twin propellers 双推进器，＊双车 09.0042

twin screws 双推进器，＊双车 09.0042

twin shafting 双轴系 15.0897

twin trawling 对拖 12.0076

twisted blade 扭叶片，＊变截面叶片 15.0253

twist lock 扭锁 11.0244

two-degree of freedom gyroscope 二自由度陀螺仪 06.0098

two half hitches 双半结 08.0278

two letter signal code 双字母信号码 14.0015

two-position three way directional control valve 二位三通换向阀 15.0593

two stroke diesel engine 二冲程柴油机 15.0011

two-way route 双向航路 07.0384

typhoon 台风 07.0096

typhoon anchorage 防台锚地 07.0367

typhoon eye 台风眼 07.0097

typhoon track 台风路径 07.0098

typhoon warning 台风警报 07.0087

typical insulating flange joint 标准绝缘法兰接头 15.0768

U

UHF communication 特高频通信 14.0190

UKC 富余水深 09.0139

ULCC 超大型油船 08.0094

ullage 空距，＊空档 11.0153

ullage port 舱顶空档测量孔 15.0770

ultra large crude carrier 超大型油船 08.0094

unattended machinery space 无人机舱 15.0985

unberthing 离泊 09.0100

uncertainty phase 不明阶段 12.0009

under-frequency 欠频 15.1146

under keel clearance 富余水深 09.0139

under-voltage 欠压 15.1145

under-voltage test 欠压试验 15.1119

underwater explosive cutting 水下爆破切割 12.0107

underwater hovering 水下悬浮 05.0075

underwater mooring device 水下系泊装置 12.0161

underwater navigation 水下航行 02.0212

underwater oil storage tank 水下储油罐 12.0153

underwater operation ship 水下作业船 08.0121

underwater ship 全潜船 08.0140

underwater sound projector 水下声标 06.0181

underwater stage decompression 水下阶段减压法 12.0099

underwater turning 水下旋回 05.0076

underway 在航 09.0169

underwriter 保险人 13.0204

undocking 出坞 08.0499

uniflow scavenging 直流扫气 15.0120

uniflow steam engine 单流式蒸汽机 15.0337

uniform liability system 同一责任制 13.0158

union crane service 双吊联合作业 08.0381

union purchase system 双杆作业 08.0380

unit effective efficiency 机组有效效率 15.0234

unit effective power 机组有效功率 15.0232

unitization 成组 11.0193

unitized cargo 成组货 11.0108

unit size 粒度 11.0186

universal time 世界时 03.0101

unknown clause 不知条款 13.0089

unloading 卸载 11.0084

unloading valve 卸荷阀 15.0603

unmanned machinery space 无人机舱 15.0985

UN number 联合国编号 11.0289

unwanted emission 无用发射 14.0273

up-bound vessel 上行船 09.0192

upper branch of meridian 午圈 03.0018

upper deck 上甲板 08.0034

upper-level [weather] chart 高空[天气]图 07.0066

upper meridian passage 上中天 03.0048

upper reach 上游 10.0015

upper transit 上中天 03.0048

up stream 逆水 10.0077

upstream anchor 上游锚，＊拎水锚 09.0081

upstream vessel 逆流船 09.0194

upwelling 上升流 07.0239

urgency communication 紧急通信 14.0152

urgency priority 紧急优先等级 14.0172

urgency signal 紧急信号 14.0151

urgent meteorological danger report 紧急气象危险

V

vaccination certificate 预防接种证书 13.0340
vacuum pump 真空泵 15.0445
value of property salved 获救财产价值 13.0176
valve ablation 气阀烧损 15.0172
valve chest 阀箱 15.0812
valve clearance 气阀间隙 15.0056
valve timing 气阀正时 15.0055
vane pump 叶片泵 15.0456
vanishing angle of stability 稳性消失角 11.0061
vapor compression distillation plant 压汽式蒸馏装置 15.0699
vapor compression refrigeration 蒸发压缩制冷 15.0615
Var 磁差 02.0034
variable capacity pump 变量泵 15.0463
variable delivery pump 变量泵 15.0463
variable-displacement oil motor 变量油马达 15.0578
variable injection timing mechanism 可变喷油正时机构 15.0099
variable range marker 活动距标 06.0327
variable range ring 活动距标 06.0327
VDOP 垂直精度[几何]因子 04.0012
vector display 矢量显示 06.0333
vehicle 运载体 04.0015
velocity stage 速度级 15.0223
ventilating cowl 通风帽 15.0752
ventilator 通风筒 15.0751
vent pipe 透气管 15.0764
vernal equinox 春分点 03.0059
vertex 大圆顶点 02.0118
vertical beam width 垂直波束宽度 06.0344
vertical bow 直立[型]艏 08.0227
vertical circle 垂直圈, *地平经圈 03.0034
vertical dilution of precision 垂直精度[几何]因子 04.0012
vertical line 垂直线 03.0014
vertical magnet 垂直磁棒 06.0020

very close pack ice 非常密集流冰 07.0129
very high altitude 特大高度 03.0131
very high frequency radio direction finder 甚高频无线电测向仪 04.0021
very large crude carrier 大型油船 08.0095
very open pack ice 非常稀疏流冰 07.0132
vessel 船舶 08.0001
vessel aground 搁浅船 09.0208
vessel constrained by her draught 限于吃水船 09.0168
vessel engaged in mineclearance operation 清除水雷船 09.0167
vessel not under command 失控船 09.0165
vessel reporting system 船舶报告系统 13.0313
vessel restricted in her ability to maneuver 操纵能力受限船 09.0166
vessel safety engineering 船舶安全学 01.0037
vessel's speed and fuel consumption clause 航速燃油消耗量条款 13.0141
vessel to leeward 下风船 09.0187
vessel to windward 上风船 09.0186
vessel traffic engineering 船舶交通工程 01.0031
vessel traffic investigation 船舶交通调查 13.0296
vessel traffic service 船舶交通管理 13.0295
vessel traffic service center 船舶交通管理中心 13.0308
vessel traffic survey 船舶交通调查 13.0296
vestigial-sideband emission 残余边带发射 14.0281
VHF communication 甚高频通信 14.0189
VHF emergency position-indicating radiobeacon 甚高频紧急无线电示位标 14.0226
VHF radio installation 甚高频无线电设备 14.0222
VHF radiotelephone installation 甚高频无线电话设备 14.0209
VHF RDF 甚高频无线电测向仪 04.0021
viaduct 高架桥 07.0329
view 对景图 07.0293

viscometer 粘度计 15.0200

viscosimeter 粘度计 15.0200

viscosity 粘度 15.0846

viscosity automatic control system 粘度自动控制系统 15.0993

viscosity classification 粘度分级 15.0877

viscosity index 粘度指数 15.0860

viscosity index improver 增粘剂 15.0873

visibility 能见度 07.0031

visibility of light 号灯能见距 09.0226

visible horizon 能见地平 02.0101

visible range 测者能见地平距离 02.0102

visual signalling 视觉通信 14.0002

VLCC 大型油船 08.0095

VLF communication 甚低频通信 14.0186

V-mode chain V型链 06.0265

voice/data group call 语音/数据群呼 14.0121

voice messaging service 话传电报业务 14.0079

Voith Schneider propeller 平旋推进器 09.0046

voltage build-up 起压 15.1115

voltage-current transducer 电压电流变换器 15.0981

volume conversion coefficient 体积系数 11.0158

volume-temperature correction coefficient 体积温度系数，*膨胀系数 11.0156

volumetric efficiency 容积效率 15.0474

voluntary stranding 有意搁浅 13.0213

voyage 航次 02.0133

voyage charter 航次租船 13.0111

voyage insurance 航次保险 13.0195

voyage repair 航修 08.0469

voyage report 航次报告 13.0327

v-shaped formation 人字队，*楔形队 05.0024

VSP 平旋推进器 09.0046

VTS 船舶交通管理 13.0295

VTS center 船舶交通管理中心 13.0308

VTS station 船舶交通管理站 13.0309

W

WA 货物水渍险 13.0209

waiting 等待 14.0028

wake 伴流 09.0055

walkaway 出走 11.0369

warm advection 暖平流 07.0036

warm air mass 暖气团 07.0060

warm current 暖流 07.0243

warm front 暖锋 07.0055

warming-up 暖机 15.0277

warming-up steam system 暖机蒸汽系统 15.0258

warning signal 警告信号 09.0242

warp 大地导电率误差 06.0244，曳纲 12.0059

warping drum 绞缆筒 15.0536

warping end 绞缆筒 15.0536

warping head 绞缆筒 15.0536

warping the berth 绞缆移船 09.0067

warping winch 绞缆机 15.0525

war risk clause 战争条款 13.0138

warship 军舰 08.0158

wash deck piping 甲板冲洗管系 15.0755

waste disposal system 废物处理系统 15.1225

water charging system 补水系统 15.1226

water content 水分 15.0857

water discharge capacity 排水能力 08.0442

water drum 水鼓 15.0364

water filling test 灌水试验 13.0262

water filter tank 滤水柜 15.0746

water fire extinguishing system 水灭火系统 08.0429

water hammer 水击 15.0481

water head test 压水试验 13.0258

waterjet vessel 喷水推进船 08.0177

waterline 水线 11.0002

water lubricating 水润滑 15.0904

water pressure tank 压力水柜 15.0743

water proof type 防水型 15.1157

water regulating valve 水量调节阀 15.0653

water stand 停潮 07.0198

water tank coating 水舱涂料 08.0483

watertight 水密 11.0270

watertight bulkhead 水密舱壁 11.0281

watertight door 水密门 08.0226

watertight type　水密型　15.1158

water track　水层跟踪　06.0175

water tube boiler　水管锅炉　15.0355

water vapor pressure　水汽压　07.0011

wattless load　无功负荷　15.1088

wattless power　无功功率　15.1128

wave　波浪　07.0161

wave bending moment　波浪弯矩　11.0067

wave crest　波峰　07.0172

wave hollow　波谷　07.0173

wave making resistance　兴波阻力　09.0027

wave period　波浪周期　07.0174

wave quelling oil　镇浪油　08.0414

wave ridge　波峰　07.0172

wave scale　浪级　07.0177

wave trough　波谷　07.0173

way point　航路点　02.0132

weak spring diagram　弱弹簧示功图　15.0192

wear ring　承磨环　15.0073

weather　天气　07.0042

weather bulletin　天气公报　07.0082

weather facsimile receiver　气象传真接收机　14.0217

weather forecast　天气预报　07.0079

weather phenomena　天气现象　07.0025

weather report　天气报告　07.0081

weather routing　气象定线　02.0129

weather symbol　天气符号　07.0064

weathertight　风雨密　11.0276

weather vane　风向标　06.0070

weather working day　晴天工作日　11.0138

weigh　起锚　08.0343

weight cargo　计重货物　11.0118

well's location buoy　井位标　12.0151

whaler　捕鲸船　08.0157

whaling mother ship　捕鲸母船　08.0156

wharf　码头　07.0390

whipping　扎绳头　08.0301

whistle　号笛　09.0234

whistle-requesting mark　鸣笛标　10.0042

whistle signal　笛号　09.0243

white metal bearing　白合金轴承　15.0893

width of formation　队形宽度　05.0044

wildcat　锚链轮　15.0531

Williamson turn　威廉逊旋回法　09.0148

wind aft　艉风　09.0191

wind direction　风向　07.0019

wind-drift current　风生流　07.0234

wind duration　风时　07.0175

wind force scale　风级　07.0021

wind heeling lever　风压横倾力臂　11.0047

wind heeling moment　风压横倾力矩　11.0048

windlass　起锚机　15.0522

window type air conditioner　窗式空气调节器　15.0677

wind pressure　风压　07.0023

wind resistance　风阻力　09.0033

wind resistance coefficient　风阻力系数　09.0034

wind rose　风花　07.0116

wind speed　风速　07.0020

wind vane　风向标　06.0070

wind velocity　风速　07.0020

windward side　受风舷　09.0185

wind wave　风浪　07.0162

winter solstice　冬至点　03.0062

wire clip　绳头卸扣, *钢丝绳轧头　08.0264

wire drag survey　扫海测量　12.0118

wire rope　钢丝绳　08.0252

with average　货物水渍险　13.0209

withdrawal of ship　撤船　13.0151

wood raft　木排　10.0072

working ship　工程船　08.0110

world scale　世界油轮运价指数　11.0170

world wide navigational warning service　全球航行警告业务　14.0067

wreck　沉船　07.0360

wreck surveying　沉船勘测　12.0095

WWD　晴天工作日　11.0138

WWNWS　全球航行警告业务　14.0067

Y

yacht　游艇　08.0181

yard　桁，＊桅横杆　08.0373

yard boom　舷外吊杆　08.0384

yaw angle　航摆角，＊偏航角　08.0349

yaw checking anchor　止荡锚　09.0082

yaw checking test　抑制偏摆试验　09.0009

yawing　艏摇，＊偏摆　09.0117，偏荡　09.0085

Z

ZD　时区号　03.0103

Z drive　Z型传动　15.0884

zenith　天顶　03.0015

zenith distance　天顶距　03.0039

zero error　零点误差　06.0163

zero-power experiment　零功率实验　15.1263

zigzag manoeuvre　曲折机动　05.0013

zone description　时区号　03.0103

zone letter　区号　06.0272

zone reheat air conditioning system　区域再加热空气调节系统　15.0671

zone time　区时　03.0102

Z propeller　全向推进器　09.0047

ZT　区时　03.0102

Z transmission　Z型传动　15.0884

汉英索引

A

阿果定位系统 Argo positioning system 06.0389
碍航物 obstruction 07.0339
安全 security 14.0033
安全棒 safety rod 15.1217
安全报告 safety message 14.0110
安全负荷 safe working load, SWL 08.0311
安全航路 safety fairway 07.0388
安全航速 safety speed 09.0175
安全水域标志 safety water mark 07.0261
安全通信 safety communication 14.0153
安全通信网 safety NET 14.0060
安全系数 safety factor, SF 08.0310
安全系统 safety system 15.0998
安全信号 safety signal 14.0150
安全优先等级 safety priority 14.0171
安全与联锁装置 safety and interlock device 15.0149
安全注射系统 safety injection system 15.1232

暗礁 reef, submerged rock, sunken rock 07.0336
岸 coast 07.0316
岸壁效应 bank effect 09.0136
岸冰 shore ice 07.0143
岸电 shore power 15.1129
岸电联锁保护 interlock protection of shore power connection 15.1130
*岸推 bank effect 09.0136
*岸吸 bank effect 09.0136
岸线 coastline 07.0317
奥米伽 Omega 06.0217
奥米伽表 Omega table 06.0291
奥米伽传播改正量 Omega propagation correction, OPC 06.0292
奥米伽船位 Omega fix 06.0290
奥米伽导航仪 Omega navigator 06.0218
奥米伽海图 Omega chart 07.0288
奥米伽信号格式 Omega signal format 06.0280

B

八字锚泊 riding to two anchors, bridle moor 09.0075
罢工条款 strike clause 13.0137
白道 moon's path 03.0065
白合金轴承 white metal bearing 15.0893
白棕绳 Manila rope 08.0251
百帕 hectopascal 07.0010
摆式罗经 pendulous gyrocompass 06.0076
班轮条款 liner term 13.0128
班轮运输 liner service 13.0046
搬运 handling 11.0082
板式蒸发器 plate-type evaporator 15.0639
伴流 wake 09.0055

半导体制冷 semiconductor refrigeration 15.0618
半封闭式制冷压缩机 semi-hermetic refrigerating compressor unit 15.0629
半高箱 half height container 11.0200
半结 half hitch 08.0277
半解析式惯性导航系统 semianalytic inertial navigation system 06.0191
半径差 semidiameter, SD 03.0143
半梁 half beam 08.0215
半潜船 semisubmerged ship 08.0141
半日潮 semi-diurnal tide 07.0186
半圆法 semicircular method 02.0073
半圆自差 semicircular deviation 06.0029

半致死剂量 half lethal dose 11.0151

半致死浓度 half lethal concentration 11.0152

绑扎 lashing 11.0089

傍拖 towing alongside 09.0069

包裹运费 parcel freight 11.0323

包周差 envelope to cycle difference, ECD 06.0237

包装 package 11.0090

包装标号 packaging code number 11.0288

包装鉴定 inspection of package 11.0340

包装类 packaging group 11.0283

包装容积 bale capacity 11.0121

薄膜蒸发 thin film evaporation 15.0702

保持阵位机动 station-keeping manoeuvre 05.0012

保持阵位[转向]法 method of altering course withstation-kept 05.0055

保函 letter of indemnity 13.0086

保护权 right of protection 13.0007

保护位置 protective location, PL 11.0164

保赔 protection and indemnity, PI 13.0194

保赔责任险 protection and indemnity risk, PI risk 13.0201

保税库 bonded store, bond room 11.0100

保温箱 thermal container 11.0202

保温用具 thermal protective aid 08.0403

保险理赔 settlement of insurance claim 13.0189

保险人 insurer, assurer, underwriter 13.0204

保险索赔 insurance claim 13.0188

饱和蒸汽压力 saturated vapor pressure 11.0146

报告点 reporting point, RP 14.0035

报关 declaration 13.0335

报警打印 alarm printer 15.1049

报警监视系统 alarm monitoring system 15.1058

报警数据 alert data 14.0176

报头 preamble 14.0134

暴风警报 storm warning, SW 07.0086

爆燃 detonation 15.0154

爆炸品 explosive 11.0249

爆炸信号 explosive signal 09.0250

北极星高度改正量 polaris correction 03.0146

北京坐标系 Beijing coordinate system 02.0004

北向上 north up 06.0346

北向陀螺 north gyro 06.0139

背景亮光 background light 09.0176

背离规则 departure from these rules 09.0162

背压式汽轮机 back pressure steam turbine 15.0212

*背压调节阀 evaporator pressure regulator, back pressure regulator 15.0652

备用发电机 stand-by generator 15.1070

备用发信机 reserve transmitter 14.0216

备用锚 spare anchor, sheet anchor 08.0317

备用收信机 reserve receiver 14.0214

备用天线 reserve antenna 14.0295

被呼方 called party 14.0126

被控对象 controlled object 15.0953

被拖船 towed vessel 08.0109

被追越船 overtaken vessel 09.0200

苯不溶物 benzene insoluble 15.0867

本地用户终端 local user terminal, LUT 14.0256

泵舱通海阀 pump room sea valve, pump room sea suction valve 15.0795

泵流量 pump capacity 15.0464

泵特性曲线 pump characteristic curve 15.0478

泵压头 pump head 15.0465

泵自动切换装置 pump auto-change over device 15.0996

舭龙骨 bilge keel 08.0205

舭肘板 bilge bracket 08.0204

比功率 specific power 15.0329

比较单元 comparing unit 15.0950

比较器 comparator 15.0951

比例调节器 proportioner, proportional regulator 15.0968

比例积分微分调节器 P-I-D regulator 15.0971

比相 phase comparison 06.0234

比重环 gravity disc 15.0725

比转数 specific speed 15.0477

*比转速 specific speed 15.0477

闭杯试验 closed cup test 11.0268

闭环系统 closed-loop system 15.0965

闭式液压系统 closed-type hydraulic system 15.0582

必要带宽 necessary bandwidth 14.0268

臂距差 difference crank spread, crank web deflection 15.0180

臂距千分表 crankshaft deflection dial gauge 15.0198

避风锚地 shelter 07.0366

避难港费用 port of refuge expenses 13.0233

*边差 side error 06.0052

编码延迟 coding delay 06.0228

变更登记 registration of alteration 13.0243

变换阵位机动 station-changing manoeuvre 05.0011

变极调速 speed regulation by pole changing 15.1171

*变截面叶片 twisted blade 15.0253

变量泵 variable delivery pump, variable capacity pump 15.0463

变量油马达 variable-displacement oil motor 15.0578

变流机组 converter set 15.1166

变频调速 speed regulation by frequency variation 15.1174

变向泵 reversible pump 15.0462

飑线 squall line 07.0027

标定断开容量 rated breaking capacity 15.1111

标定功率 rated power, rated output 15.0032

标定接通容量 rated making capacity 15.1110

标定转舵扭矩 rated stock torque 15.0506

标定转速 rated engine speed 15.0035

标牌 placard 11.0129

标签 label 11.0128

*标准操纵性试验 standard maneuvering test 09.0006

标准大气 standard atmosphere 07.0005

标准定位业务 standard positioning service, SPS 06.0379

标准航海用语 standard marine navigational vocabulary, SMNV 14.0001

标准滑阀图 standard slide valve diagram 15.0348

标准绝缘法兰接头 typical insulating flange joint 15.0768

标准空档深度 standard void depth 11.0173

标准罗航向 standard compass course 02.0047

标准罗经 standard compass 06.0003

标准时 standard time 03.0105

标准[误]差 standard error 02.0194

表层流 surface current 07.0235

表面式空气冷却器 surface air cooler 15.0680

冰崩 ice avalanche 07.0134

冰冻期 ice period 07.0147

冰冻条款 ice clause 13.0139

冰封区域 icecovered area 13.0396

冰盖 ice cover 07.0148

冰厚 ice thickness 07.0146

冰夹 nip 07.0135

冰架 ice shelf 07.0141

冰间水道 lead lane 07.0152

冰壳 ice rind, glass ice 07.0140

冰况图集 ice atlas 07.0153

冰困 icebound 09.0154

冰锚 ice anchor 09.0088

冰情警报 ice warning 07.0088

冰丘 hummock 07.0133

冰区航行 ice navigation 02.0214

冰区界限线 ice boundary 07.0151

冰山 iceberg 07.0142

冰原 ice field, ice sheet 07.0139

冰缘线 ice edge 07.0150

冰中操船 shiphandling in ice 09.0152

冰中护航 convoy in ice 09.0153

并车电抗器 parallel operation reactor 15.1097

并车屏 paralleling panel 15.1096

并靠限度 double banking width limit 13.0328

波峰 wave crest, wave ridge 07.0172

波谷 wave hollow, wave trough 07.0173

波浪 wave 07.0161

波浪弯矩 wave bending moment 11.0067

波浪周期 wave period 07.0174

泊船处 road stead 13.0025

泊位条款 berth term 13.0129

泊位租船合同 berth charter party 13.0121

驳船编队系数 formation coefficient 10.0056

驳船队 barge train 10.0050

驳船队编组 barge train formation 10.0054

驳船队形图 sketch of barge train formation 10.0055

捕获 acquisition 06.0315

捕鲸船 whaler 08.0157

捕鲸母船 whaling mother ship 08.0156

捕捞机械　fishing machinery　15.0539

捕鱼技术　fishing technology　12.0072

捕鱼权　right of fishery　13.0006

补板　patching　08.0496

补偿棒　shim rod　15.1215

补偿流　compensation current　07.0238

补充码　complement code　14.0012

补充[天气]预报　supplementary [weather] forecast　07.0080

补给航速　replenishment speed　12.0174

补给航向　replenishment course　12.0173

补给横距　replenishment distance abeam　12.0175

补给舰　replenishing ship　08.0170

补给站　supplying station　12.0179

补给阵位　replenishment station　12.0172

补给直升机　supplying helicopter　12.0171

补给纵距　replenishment distance astern　12.0176

补水系统　water charging system　15.1226

不沉性　insubmersibility　08.0058

不定期船运输　tramp service　13.0047

不分货种运费　freight all kinds　11.0321

不记名提单　blank bill of lading　13.0058

不可倒转柴油机　non-reversible diesel engine　15.0008

不可抗力　force majeure　13.0163

不明阶段　uncertainty phase　12.0009

不清洁提单　foul bill of lading　13.0056

不知条款　unknown clause　13.0089

不准入境　entrance prohibited　11.0366

布缆船　cable layer　08.0115

布雷航海勤务　mine-laying navigation service　05.0057

部分进汽度　degree of partial admission　15.0228

C

擦沙包　touch movable sand heap　10.0088

采样点　sampling point　06.0238

参考椭球体　reference ellipsoid　02.0003

参数不均匀率　parameter non-uniform rate　15.0058

参数设定　parameter setting　15.1046

残水旋塞　drain cock　15.0825

残损鉴定　survey on damage to cargo　11.0339

残炭值　carbon residue　15.0852

残油标准排放接头　residual oil standard discharge connection　15.0767

残余边带发射　vestigial-sideband emission　14.0281

残渣油　residual fuel oil　15.0834

舱壁　bulkhead　08.0224

舱壁防爆填料函　anti-explosion bulkhead stuffing box　15.0796

舱壁图　bulkhead plan　08.0192

*舱单　manifest　11.0294

舱底泵　bilge pump　15.0404

舱顶空档测量孔　ullage port　15.0770

舱盖　hatch cover　08.0220

舱口吊杆　hatch boom, inboard boom　08.0383

舱口端梁　hatch end beam　08.0219

舱口盖绞车　hatch cover [handling] winch　15.0520

舱口检验　hatch survey　11.0336

舱口围板　hatch coaming　08.0218

舱面货提单　on deck bill of lading　13.0066

舱内设备　below deck equipment, BDE　14.0259

舱容系数　coefficient of hold　11.0116

舱室鉴定　inspection of chamber　11.0335

舱室通风机　cabin ventilator, cabin fan　15.0482

舱外设备　above deck equipment, ADE　14.0258

仓储费　storage charge　11.0327

操舵　steering　08.0351

操舵罗航向　steering compass course　02.0050

操舵罗经　steering compass　06.0005

操舵试验　steering test　13.0270

操舵遥控传动装置　steering telemotor　15.0502

操舵装置　steering gear, steering arrangement　15.0501

操艇　boating　08.0416

操纵部位转换　transfer of control station　15.1012

操纵灯号　maneuvering light signal　09.0244

操纵缆　steering line　10.0059

操纵能力受限船　vessel restricted in her ability to

maneuver 09.0166

操纵信号 maneuvering signal 09.0241

操纵性 maneuverability 08.0060

操作指令 operational command 15.1060

槽线 trough line 07.0069

侧开门箱 open side container 11.0199

侧面标志 lateral mark 07.0258

侧扫声呐 side scan sonar 06.0180

侧推器 side thruster 09.0049

测爆 measuring the explosive limit 08.0454

测爆仪 explosimeter 08.0455

测地线 geodesic 04.0008

测厚 thickness measuring 08.0492

测距仪 distance meter, range finder 06.0054

测量船 surveying ship 08.0120

测量单元 measuring unit 15.0949

测深锤 sounding lead 06.0146

测深管 sounding pipe .15.0765

测深线 sounding line 12.0131

测深仪误差 echo sounder error 06.0160

测速 speed trial 09.0058

测速场 speed trial ground 07.0370

测速发电机 tachogenerator 15.0983

测向灵敏度 direction finder sensitivity 04.0036

测氧仪 oxygen analyser 15.0806

测者能见地平距离 visible range, distance to the horizon from height of eye 02.0102

[测者]子午圈 celestial meridian 03.0017

层位 tier 11.0218

插接 splicing 08.0303

叉河口 bifurcation area 10.0020

查询 polling 14.0316

差奥米伽 differential Omega 06.0289

差动油缸 differential cylinder 15.0576

差分全球定位系统 differential GPS, DGPS 06.0375

差转罗兰C differential Loran-C 06.0241

拆卸检修 overhaul 15.0941

柴油机和燃气轮机联合动力装置 combined diesel and gas turbine power plant 15.0297

柴油机机油 diesel engine lubricating oil 15.0837

柴油主机气动遥控系统 pneumatic remote control system for main diesel engine 15.0986

场到场 container yard to container yard, CY to CY 11.0232

场地误差 site error 04.0030

场站收据 dock receipt 11.0235

常规无线电通信 general radio communication 14.0089

常规无线电业务 conventional radio service 14.0071

长[插]接 long splice 08.0304

长短大圆信号干扰 interference between longer and shorter circle path signal 06.0283

长声 prolonged blast 09.0237

长式提单 long form bill of lading 13.0064

长行程柴油机 long-stroke diesel engine 15.0012

长延时 long time delay 15.1113

敞顶箱 open top container 11.0197

超差 excess of hour angle increment 03.0115

超长行程柴油机 super-long stroke diesel engine 15.0013

超大型油船 ultra large crude carrier, ULCC 08.0094

超导电力推进装置 superconductor electric propulsion plant 15.1165

超导发电机 superconducting generator 15.1075

超负荷功率 overload rating 15.0042

超功率事故 super-power accident 15.1256

超速保护装置 overspeed protection device 15.0271

超折射 super-refraction 06.0324

超重吊货 overload of a sling 08.0385

抄关 searching 13.0332

潮波 tidal wave 07.0224

潮差 tidal range 07.0208

潮差比 range rate 07.0221

潮高 height of tide 07.0207

潮高比 height rate 07.0220

潮高差 height difference 07.0219

潮高基准面 tidal datum 07.0212

潮龄 tidal age 07.0184

潮流 tidal stream, tidal current 07.0223

潮流表 tidal stream table 07.0402

潮面 tide level 07.0206

潮时差 time difference of tide 07.0218

潮汐 tide 07.0182

潮汐表　tide table　07.0393

潮汐调和常数　tidal harmonic constant　07.0226

潮汐周期　tidal period　07.0203

车令　engine orders　08.0357

车令指示器　engine telegraph order indicator　15.1008

车上交货　free on rail, free on truck　11.0306

车钟　engine telegraph　08.0356

车钟报警　engine telegraph alarm　15.1009

车钟发送器　telegraph transmitter　15.1002

车钟记录簿　telegraph book　15.1005

车钟记录仪　telegraph logger　15.1004

车钟接收器　telegraph receiver　15.1003

撤船　withdrawal of ship　13.0151

撤销　cancel　14.0029

尘密　resistant to dust, dust-tight　11.0274

晨光始　beginning of morning twilight　03.0116

沉船　wreck　07.0360

沉船打捞　raising of a wreck　12.0089

沉船勘测　wreck surveying　12.0095

沉淀柜　settling tank　15.0123

沉没物　sunk object　13.0293

沉子　sinker　12.0061

沉子纲　ground rope　12.0057

衬垫　dunnage　11.0087

成本加运费价格　cost and freight, C&F　11.0309

成滩水位　rapids-forming water level　10.0013

成组　unitization　11.0193

成组货　unitized cargo　11.0108

程序控制　programmed control　15.0963

程序信号　procedure signal　14.0019

承磨环　wear ring　15.0073

承推架　bearing beam　10.0066

承运人　carrier　13.0075

承运人责任期间　period of responsibility of carrier　13.0090

*承载索　jackstay　12.0184

承租人　charterer　13.0110

承租人责任终止条款　cesser clause of charterer's liability　13.0132

*吃沙包　touch movable sand heap　10.0088

吃水　draft　08.0055

持证艇员　certificated lifeboat person　08.0410

齿轮泵　gear pump　15.0454

齿轮油　gear oil　15.0840

赤潮　red tide, red water　07.0246

赤道　equator　02.0013

赤道里　equatorial mile　02.0087

赤道坐标系　equinoctial coordinate system　03.0022

赤经　right ascension, RA　03.0030

赤纬　declination, Dec　03.0028

赤纬圈　parallel of declination, celestial parallel　03.0024

充磁开关　pre-exciting switch　15.1134

充电率　charging rate　15.1147

充塞泡沫塑料打捞　raising by injection plastic foam　12.0093

冲程　stopping distance　09.0021

*冲程试验　inertial trial　13.0267

冲动级　impulse stage　15.0221

冲动式汽轮机　impulse steam turbine　15.0209

冲击误差　ballistic error　06.0116

冲水试验　hose test　13.0259

冲桩管线　jetting pipeline　12.0155

重叠冰　rafted ice　07.0123

重复　repeat, RPT　14.0030

重复起动程序　repeated starting sequence　15.1019

重热系数　reheat factor　15.0229

重新定相　rephasing　14.0315

抽气量　bleed air rate　15.0712

抽汽式汽轮机　bleeding steam turbine　15.0213

抽汽系统　steam bleeding system　15.0256

稠度　consistency　15.0870

臭氧发生器　ozone generator　15.0660

初次检验　initial survey　13.0246

初次入级　initial classification　13.0240

初始报告　initial report　13.0314

初始对准　initial alignment　06.0195

初始蒸汽参数　initial steam parameter　15.0225

初稳心　initial metacenter　11.0028

初稳心半径　initial metacentric radius　11.0030

初稳心高度　initial metacentric height above baseline　11.0029

初稳性高度　initial metacentric height　11.0031

*初重稳距　initial metacentric height　11.0031

出白　baring　08.0461

出发港　port of departure　02.0112

出口报告书　report of clearance　13.0329

出口许可　export permit　11.0344

出口许可证　port clearance　13.0330

出链长度　chain scope　09.0065

出坞　undocking　08.0499

出走　walkaway　11.0369

除湿器　dehumidifier　15.0684

除鼠　deratting　13.0342

除外条款　exception clause, exemption clause　13.0092

除锈　removing rust　08.0459

储备浮力　reserve buoyancy　11.0021

储油平台　oil storage platform　12.0152

触礁　strike on a rock　09.0140

触浅　touch ground, touch bottom　09.0145

触浅掉头　turning short round by one end touch the shoal　09.0097

触损　contact damage　09.0141

处置废物　disposal of wastes　13.0294

穿越　crossing　09.0183

传播误差　propagation error　06.0255

传递路由　transit route　14.0145

传动轴系　transmission shafting　15.0902

传感器　sensor, transducer　15.0979

传向系统　transmission system　06.0093

传真天气图　facsimile weather chart　07.0068

船边交货　free alongside ship, FAS　11.0307

船舶　ship, vessel　08.0001

船舶安全检查　ship safety inspection　13.0321

船舶安全学　vessel safety engineering　01.0037

船舶保险退费　return of premium-hulls　13.0187

船舶报告系统　vessel reporting system　13.0313

船舶避碰　ship collision prevention　01.0015

船舶操纵　shiphandling, manoeuvring　01.0014

船舶操纵性指数　maneuverability indices　09.0001

船舶常数　ship's constant　11.0017

船舶代理　ship's agent　11.0145

船舶登记　ship registration　01.0027

船舶抵押权　ship mortgage　13.0045

船舶地球站启用试验　SES commissioning test　14.0260

船舶地球站识别码　ship earth station identification, SES ID　14.0306

船舶电气设备　marine electric installation　01.0035

船舶电台　ship station　14.0202

船舶电台表　list of ship station　14.0056

船舶电站　ship power station　15.1064

船舶定线制　ship's routing　07.0376

船舶动力装置　marine power plant　01.0034

船舶动力装置操纵性　marine power plant manoeuvrability　15.0914

船舶动力装置经济性　marine power plant economy　15.0917

船舶动力装置可靠性　marine power plant service reliability　15.0915

船舶动力装置可维修性　marine power plant maintainability　15.0916

船舶动态业务　ship movement service　14.0086

船舶辅机　marine auxiliary machinery　15.0401

船舶辅助观测　auxiliary ship observation, ASO　07.0028

船舶供应商　shipchandler　11.0144

船舶管辖权　jurisdiction over ship　13.0036

船舶核动力装置　marine nuclear power plant　15.1193

船舶呼号　ship's call sign　14.0021

船舶机械通风　ship mechanical ventilation　15.0750

船舶检验　ship survey　01.0028

船舶减摇装置　ship stabilizer, ship stabilizing gear　15.0540

船舶交通调查　vessel traffic survey, vessel traffic investigation　13.0296

船舶交通工程　vessel traffic engineering　01.0031

船舶交通管理　vessel traffic service, VTS　13.0295

船舶交通管理站　VTS station　13.0309

船舶交通管理中心　vessel traffic service center, VTS center　13.0308

船舶交通模拟　ship traffic simulation　13.0306

船舶经营人　ship operator　13.0108

船舶救生部署表　boat station bill　08.0390

船舶靠泊系统　docking system　06.0186

船舶空气调节　marine air conditioning　15.0668

船舶领域　ship domain　13.0303

船舶旅客　ship's passenger　11.0354

船舶碰撞　ship collision　09.0268

船舶碰撞管辖权　jurisdiction of ship collision　13.0166

船舶碰撞准据法　applicable law of ship collision　13.0167

船舶起货设备检验簿　register of cargo handling gear of ship　13.0283

船舶气象报告　ship weather report　14.0103

船舶全损险　total loss only　13.0197

船舶所有人　shipowner　13.0107

船舶通风　ship ventilation　15.0748

船舶[通信]业务　ship business　14.0088

船舶推进轴系　marine propulsion shafting　15.0903

船舶无线电导航　marine radio navigation　04.0002

船舶系统　marine system, ship system　15.0726

船舶消防　ship's fire fighting　08.0420

船舶一切险　all risks　13.0198

船舶优先权　maritime lien　13.0044

船舶油污险　oil pollution risk　13.0199

船舶运动图　maneuvering board, plotting sheet　09.0273

船舶战争险　hull war risk　13.0200

船舶蒸汽锅炉　marine steam boiler　15.0351

船舶蒸汽机　marine steam engine　15.0333

船舶证书　ship certificate　13.0323

船舶证书检验簿　ship's certificates surveying record book　13.0284

船舶制冷装置　marine refrigerating plant　15.0612

船舶轴系　marine shafting　15.0880

船舶主机　marine main engine　15.0001

船舶自动互救系统　automated mutual assistance vessel rescue system, AMVER　14.0058

船舶自然通风　ship natural ventilation　15.0749

船舶总流向　general direction of traffic flow　07.0379

船舶租购　bareboat charter with hire purchase　13.0155

船舶阻力特性　hull resistance characteristic　15.0922

船磁　ship magnetism　06.0023

船底板　bottom plate　08.0194

船底漆　bottom paint　08.0487

船底验平　ship bottom alignment check　08.0502

船底纵骨　bottom longitudinal　08.0199

船队通信网　fleet NET　14.0061

船籍港　home port, port of registration　13.0031

船级　class of ship　13.0235

船级标记　ship class mark　13.0238

船级符号　ship class symobl notation　13.0237

船级社　ship classification society, register of shipping　13.0234

船内通信设备　apparatus for on-board communication　14.0203

船排　slipway　08.0478

船期表　sailing schedule　13.0081

船旗国　flag state　13.0028

船旗国法　law of the flag　13.0043

船旗歧视　flag discrimination　13.0035

*船上交货　free on board, FOB　11.0308

船首倍角法　doubling angle on the bow　02.0201

船速　ship speed　02.0093

船速分布　ship speed distribution　13.0301

船台　ship building berth　08.0479

船体保养　hull maintenance　08.0456

船体密性试验　tightness test for hull　13.0257

船外除泥　removing mud around wreck　12.0108

船位　fix, [ship] position　02.0174

GPS 船位　GPS fix　06.0381

船位报告　position report　13.0315

船位差　position difference　02.0179

船位精度　accuracy of position　02.0182

[船位]误差平行四边形　error parallelogram　02.0187

[船位]误差三角形　cocked hat　02.0189

[船位]误差椭圆　error ellipse of position　02.0186

[船位]误差圆　circle of uncertainty　02.0188

船位圆　circle of position　03.0042

船吸效应　interaction between ships　09.0137

船行波　ship wave　07.0169

船医　ship's doctor　13.0366

船艺　seamanship　01.0013

船用泵　marine pump, ship's pump　15.0403

船用柴油　marine diesel oil　15.0832

船用柴油机　marine diesel engine　15.0002

船用齿轮箱　marine gear box　15.0899

船用离合器　marine clutch　15.0900

船用联轴器　marine coupling　15.0898

船用汽轮机　marine steam turbine　15.0206

船用轻柴油　marine gas oil　15.0831

船用燃气轮机　marine gas turbine　15.0290

船用物料　marine store　15.0879

船员　crew　13.0349

船员名单　crew list　13.0350

船员证书　certificate of seafarer　13.0322

船闸水域　lock water area　10.0092

船长　master, captain　13.0353

串级调速　speed regulation by cascade control　15.1175

串联锚　backing an anchor　09.0078

串联系泊装油系统　tandem loading system　12.0163

串列螺旋桨　tandem propeller　09.0045

窗式空气调节器　window type air conditioner　15.0677

吹开风　offshore wind　09.0104

吹拢风　on shore wind　09.0103

垂荡　heaving　09.0120

垂线间长　length between perpendiculars, LPP　08.0047

垂线偏角　deviation of the vertical　12.0132

垂直波束宽度　vertical beam width　06.0344

*垂直差　perpendicular error　06.0051

垂直磁棒　vertical magnet　06.0020

垂直角定位　fixing by vertical angle　02.0171

垂直角位置线　position line by vertical angle　02.0162

垂直精度[几何]因子　vertical dilution of precision,

VDOP　04.0012

垂直圈　vertical circle　03.0034

垂直线　vertical line　03.0014

垂直轴阻尼法　damped method of vertical axis　06.0110

春分点　vernal equinox　03.0059

磁暴　magnetic storm　02.0039

磁北　magnetic north　02.0031

磁差　[magnetic] variation, Var　02.0034

磁场调速　speed regulation by field control　15.1170

磁赤道　magnetic equator　02.0028

磁方位　magnetic bearing, MB　02.0062

磁航向　magnetic course, MC　02.0046

[磁]罗差　compass error　02.0040

磁罗经　magnetic compass　06.0002

磁罗经校正　magnetic compass adjustment　06.0034

磁罗经指向误差　directive error of magnetic compass　06.0040

磁偏角　magnetic deflection　02.0038

磁倾角　magnetic dip　02.0037

磁通门罗经　flux gate compass　06.0006

磁致伸缩效应　magnetostrictive effect　06.0153

磁子午线　magnetic meridian　02.0029

刺网　gill net　12.0064

从价运费　ad valorem rate　11.0318

粗差　gross error　02.0200

粗对准　coarse alignment　06.0196

粗同步法　coarse synchronizing method　15.1083

存储转发　store and forward　14.0164

D

打横　broach to　09.0128

打千斤洞　excavating holes alongside the wreck　12.0109

打[湍]滩　rushing against the rapids　10.0086

打印结束信号　printing finished signal　15.1063

大潮　spring tide　07.0188

大潮升　spring rise, SR　07.0204

大地测量　geodetic survey　12.0123

大地导电率误差　warp　06.0244

大地水准面　geoid　02.0005

大地水准面高度图　geoidal height map　06.0374

大风警报　gale warning, GW　07.0085

大风浪航行工况管理　heavy weather navigation operating mode management　15.0926

大风浪中船舶操纵　shiphandling in heavy weather　09.0114

大副　chief officer, chief mate　13.0354

*大副收据　mate's receipt　11.0292

大管轮　second engineer　13.0359

大陆架　continental shelf　13.0020

大气　atmosphere　07.0001

大气环流　general atmospheric circulation　07.0041

大型油船　very large crude carrier, VLCC　08.0095

大洋航路　ocean passage　02.0131

大洋航行　ocean navigation　02.0203

大洋水深图　ocean sounding chart　07.0305

大圆顶点　vertex　02.0118

大圆方位　great circle bearing, GCB　02.0065

大圆分点　intermediate point of great circle　02.0117

大圆改正量　half-convergency　02.0120

大圆海图　great circle chart, gnomonic chart　07.0281

大圆航线算法　great circle sailing　02.0116

大圆航向　great circle course, GCC　02.0051

大圆距离　great circle distance　02.0119

带缆口令　mooring orders　08.0370

带外发射　out-of-band emission　14.0271

代旗　substitute flag　14.0041

代位　subrogation　13.0190

单边带发射　single sideband emission, SSB emission　14.0277

单编结　sheetbend　08.0279

单船围网　single boat purse seine　12.0078

单点系泊　single point mooring, SPM　09.0111

单独海损　particular average　13.0211

单方责任碰撞　one side to blame collision　13.0164

单杆作业　single boom system　08.0379

单工　simplex　14.0301

单横队　single line abreast　05.0021

单级闪发　single stage flash evaporation　15.0705

单级压缩机　single stage compressor　15.0492

单件货　loose cargo　11.0224

单卷筒绞车　single drum winch　15.0534

单联滤器　single strainer　15.0813

单流式蒸汽机　uniflow steam engine　15.0337

单锚泊　riding to single anchor　09.0073

单锚腿系泊　single anchor leg mooring　12.0157

单套结　bowline　08.0294

单头缆　single rope　08.0363

单凸轮换向　single cam reversing　15.0143

单拖　otter trawling　12.0077

单位容积制冷量　refrigerating effect per unit swept volume　15.0664

单位轴马力制冷量　refrigerating effect per brake horse power　15.0665

单相运行保护　protection against single-phasing　15.1186

单向航路　one-way route　07.0383

单向旋回法　single turn　09.0147

单向止回阀　check valve　15.0589

单效蒸发　single effect evaporation　15.0703

单胀式蒸汽机　single expansion steam engine　15.0334

单轴系　single shafting　15.0896

单转子摆式罗经　singlegyro pendulous gyrocompass　06.0077

单字母信号码　single letter signal code　14.0014

单纵队　single line ahead, single column　05.0020

单作用油缸　single acting cylinder　15.0574

淡水泵　fresh water pump　15.0412

淡水系统　fresh water system　15.0739

淡水循环泵　fresh water circulating pump　15.0422

淡水注入管　fresh water filling pipe　15.0760

当地水位　local water level　10.0011

倒车　astern　15.0141

倒车操纵阀　astern manoeuvring valve　15.0268

倒车冲程　reverse stopping distance　09.0023

倒车舵船　backing rudder ship　08.0179

倒车隔离阀　astern guarding valve　15.0269

倒车功率　astern power, backing power　15.0043

倒车排汽室喷雾器　astern exhaust chest sprayer　15.0255

倒车汽轮机　astern steam turbine　15.0217

倒车燃气轮机　astern gas turbine　15.0293

倒车试验　astern trial　13.0269

倒航工况管理　astern running operating mode management　15.0932

倒缆　spring　08.0362

倒签提单　anti-dated bill of lading　13.0060

倒拖　reverse towing　09.0071

岛礁区航行　navigating in rocky water　02.0210

导板　slipper guide　15.0079

导标　leading beacon　07.0265

导程　lead　15.0344

导出包络　derived envelope　06.0236

导电液体　conducting liquid　06.0089

导管推进器　ducted propeller　09.0048

导航参数　navigation parameter　04.0007

导航雷达　navigation radar　06.0297

导航设备　navigation aids　04.0003

导航声呐　navigation sonar　06.0179

导航卫星　navigational satellite　06.0355

导口　entry guide　11.0243

导缆器　fairlead　08.0369

导链轮　chain cable fairlead, cable holder　08.0335

*导索　messenger　08.0255

导线测量　traverse survey　12.0127

导向叶片　guide vane　15.0321

导柱　cell guide　11.0242

到岸价格　cost insurance and freight, CIF　11.0310

到达港　port of arrival　02.0114

到付运费　freight payable at destination　11.0315

到货通知　arrival notice　11.0298

道朗定位系统　Toran positioning system　06.0390

蹬索　stirrup　12.0188

灯标　lighted mark　07.0253

灯船　light-vessel　07.0264

灯高　elevation of light　07.0272

灯光船　fishing light boat　08.0152

灯光射程　light range　07.0269

灯光通信　flashing light signalling　14.0004

灯光信号　light signal　09.0233

灯光诱鱼　lamp attracting　12.0083

灯塔　lighthouse　07.0255

灯质　character　07.0268

灯桩　light beacon　07.0256

登岸证　landing permit, shore pass　13.0346

登记长度　registered length　08.0048

登记宽度　registered breadth　08.0051

登记深度　registered depth　08.0053

登临权　right of approach　13.0003

登陆航海勤务　navigation service for landing　05.0060

登陆舰　landing ship　08.0165

登轮检查　inspection by boarding　13.0320

等潮差线　corange line　07.0215

等磁差图　isogonic chart　07.0307

等待　waiting　14.0028

等高圈　circle of equal altitude　03.0041

等高线　contour lines　07.0357

等级航道　graded fairway　10.0010

等角投影　equiangle projection　07.0314

*等截面叶片　straight blade　15.0252

等深线　depth contour　07.0358

等温线　isotherm　07.0074

等效　equivalent　13.0282

等效全向辐射功率　equivalent isotropically radiated power, EIRP　14.0290

等压面　isobaric surface　07.0072

等压面图　contour chart　07.0071

等压线　isobar　07.0073

堤坝　dyke　07.0324

低潮　low water, LW　07.0191

低潮时　low water time　07.0200

低低潮　lower low water, LLW　07.0195

低电压保护　low-voltage protection　15.1189

低电压释放　low-voltage release　15.1190

低高潮　lower high water, LHW　07.0193

低滑油压力保护装置　low-lubricating oil pressure trip device　15.0274

低极轨道卫星搜救系统　COSPAS-SARSAT system　14.0252

低热值　lower calorific value　15.0858

低温腐蚀　low temperature corrosion　15.0160

低压　low [pressure], depression　07.0046

低压槽　trough　07.0048

低压蒸汽发生器　low pressure steam generator　15.0360

低真空保护装置　low-vacuum protective device　15.0273

滴点　drop point　15.0869

笛号　whistle signal　09.0243

抵押登记　mortgage registration　13.0241

底层流　bottom current　07.0237

底拖网　bottom trawl　12.0049

底质　quality of the bottom　07.0374

地波　ground wave　06.0249

地磁极　geomagnetic pole　02.0027

地方恒星时　local sidereal time, LST　03.0099

地方[平]时 local mean time, LMT 03.0098

地方时角 local hour angle, LHA 03.0026

地极 terrestrial pole, earth pole 02.0012

地脚螺栓 holding down bolt 15.0090

[地理]经度 [geographic] longitude, Long 02.0019

地理区域群呼 geographical area group call 14.0120

[地理]纬度 [geographic] latitude, Lat 02.0018

地理坐标 geographic coordinate 02.0017

地面[天气]图 surface [weather] chart 07.0067

地面无线电通信 terrestrial radiocommunication 14.0185

地面真地平 sensible horizon 02.0100

地平 horizon 02.0098

*地平经圈 vertical circle 03.0034

地平视差 horizontal parallax 03.0142

*地平纬圈 almucantar, altitude circle 03.0036

地平坐标系 horizontal coordinate system 03.0032

地球 Earth 02.0001

地球扁率 flattening of earth 02.0009

地球-电离层波导 earth-ionospheric waveguide 06.0281

地球偏心率 eccentricity of earth 02.0010

地球椭球体 spheroid of earth 02.0008

地球椭圆体 earth ellipsoid 02.0007

地球形状 earth shape, figure of the earth 02.0002

地球圆球体 terrestrial sphere 02.0006

地区条款 local clause 13.0105

地天波改正量 ground wave to skywave correction 06.0253

地文航海 geo-navigation 01.0003

地心纬度 geocentric latitude 02.0025

地心纬度改正量 correction of geocentric latitude 02.0026

地形岸线测量 topographic and coastal survey 12.0120

地轴 earth axis 02.0011

地转风 geostrophic wind 07.0040

点图 dot pattern 14.0318

垫水 tank bottom water 11.0168

电磁摆 electromagnetic pendulum 06.0105

电磁波测距仪 electromagnetic wave distance measur-

ing instrument 06.0055

电磁阀 solenoid valve 15.0649

电磁换向阀 solenoid directional control valve 15.0594

电磁计程仪 electromagnetic log, EM log 06.0171

电磁控制式罗经 electromagnetically controlled gyro-compass 06.0080

*电磁罗经 gyro-magnetic compass 06.0008

电磁自差 electromagnetic deviation 06.0032

电动舵机 electric steering engine 15.0495

电动机起动阻塞控制 start blocking control 15.1092

电动起货机 electric cargo winch 15.0511

电动液压舵机 electro-hydraulic steering engine 15.0497

电机员 electrical engineer 13.0367

电机转速误差 motor revolution error 06.0162

电解液 electrolyte 15.1150

电离层 ionosphere 07.0004

电离层折射改正 ionospheric refraction correction 06.0366

电力推进 electric propulsion 15.1163

电力推进船 electric propulsion ship 08.0073

电力拖动 electric drive 15.1160

电力拖动装置 electric drive apparatus 15.1164

*电罗经 gyrocompass 06.0075

电-气变换器 electro-pneumatic transducer 15.0980

电气联锁 electrical interlocking 15.1187

电气日志 electrical log book 15.0939

电-气式主机遥控系统 electric-pneumatic remote control system for main engine 15.0988

电热融霜 electric defrost 15.0656

电热融霜定时器 electric defrost timer 15.0659

电渗析法 electrodialysis method 15.0694

电枢反应 armature reaction 15.1116

电文 text 14.0139

电文格式 message format 14.0147

电压电流变换器 voltage-current transducer 15.0981

电液换向阀 electro-hydraulic directional control valve 15.0596

电液伺服阀 electro-hydraulic servo valve 15.0598

电液伺服机构 electric-hydraulic servo actuator 15.1015

电致伸缩效应 electrostrictive effect 06.0155

电子方位线 electronic bearing line, EBL 06.0328

电子海图 electronic chart 06.0321

电子海图数据库 electronic chart data base 06.0322

电子海图显示与信息系统 electronic chart display and information system, ECDIS 06.0320

电子航海 electronic navigation 01.0005

电子式调速器 electronic governor 15.0108

电子式主机遥控系统 ronic remote control system for main engine 15.0990

电子调节器 electronic regulator 15.0975

电子提单 electronic bill of lading 13.0049

电子邮递业务 electronic mail service 14.0072

殿后舰 rear ship 05.0031

掉头 turning short round 09.0091

掉头灯 swing around light 09.0224

掉头区 turning basin, swinging area 09.0092

*吊车 crane 08.0387

吊杆 derrick 08.0374

吊杆转轴 goose neck 08.0378

吊货索 cargo runner, cargofall 08.0377

吊篮 core barrel 15.1209

吊艇机 boat winch 15.0530

吊艇架 boat davit 08.0392

*吊拖 towing 09.0068

*吊拖船队 towing train 10.0051

吊装 lift on/lift off 11.0214

钓船 line fishing boat 08.0153

蝶阀 butterfly valve 15.0820

叠标 transit beacon 07.0266

丁香结 clove hitch, ratline hitch 08.0284

顶岸掉头 butt turning 09.0096

顶标 topmark 07.0252

顶浪航行 steaming head to sea 09.0129

顶推 pushing 10.0063

顶推操纵缆 pushing steering line 08.0366

顶推船队 pusher train 10.0052

顶推架 pushing frame 10.0067

顶推柱 pushing post 10.0065

顶推装置 pushing gear 10.0064

顶装法 load on top, LOT 11.0163

定边 sense determination 06.0200

定镜差 side error 06.0052

*定距桨 fixed pitch propeller, FPP 09.0043

定量油马达 fixed-displacement oil motor 15.0577

定期保险 time insurance 13.0196

定期检验 periodical survey 13.0247

定期期租 time charter 13.0113

定期预防维修 preventive maintenance 15.0943

定位 fixing, positioning 02.0165

定位格架 location grid 15.1213

定相 phasing 14.0314

定向无线电信标 directional radio beacon 06.0207

定值控制 stabilization control 15.0961

定置网 stationary fishing net 12.0067

定置渔具 stationary fishing gear 12.0066

定轴性 gyroscopic inertia 06.0103

东风波 easterly wave 07.0103

东西距 departure, Dep 02.0146

*东西圈 prime vertical, PV 03.0035

冬至点 winter solstice 03.0062

动横倾角 dynamical heeling angle 11.0056

动横倾力臂 dynamical heeling lever 11.0058

动横倾力矩 dynamical heeling moment 11.0057

动界 arena 13.0304

动镜差 perpendicular error 06.0051

动力涡轮 power turbine, free turbine 15.0308

动力装置燃油消耗率 power plant effective specific fuel oil consumption 15.0918

动力装置[有效]热效率 power plant [effective] thermal efficiency 15.0919

动索 running rigging 08.0257

动态 dynamic state 15.0956

动稳性力臂 dynamical stability lever 11.0046

动物箱 cattle container 11.0208

动压头 dynamic head 15.0467

动叶片 moving blade 15.0251

动植物检疫 animal or plant quarantine 13.0345

斗式挖泥船 grab dredger, dipper dredger 08.0112

堵漏 leak stopping 08.0440

堵漏器材 leak stopper 08.0444

堵漏水泥箱 cement box 08.0446

堵漏毯 collision mat 08.0443

渡船 ferry 08.0107

端开门箱　open end container　11.0198
短[插]接　short splice　08.0305
短缆系结　short-line connection　10.0058
短路　short circuit　15.1140
短路电流　short circuit current　15.1141
短声　short blast　09.0236
短卸　short-landed, short-delivery　11.0134
短延时　short time delay　15.1114
短周期事故　short period accident　15.1254
短装损失　damage for short lift　13.0127
段同步　segment synchronization　06.0293
段信号　segment signal　06.0282
堆积冰　hummocked ice　07.0122
堆码　stowage　11.0088
堆码件　stacking fitting　11.0240
堆热功率　heat output of reactor　15.1203
堆芯　core　15.1208
堆装试验　stacking test　11.0287
队列方位　formation bearing　05.0040
队列角　formation angle　05.0041
队列线　formation line　05.0039
队形变换　changing formation　05.0048
队形长度　length of formation　05.0043
队形灯　station light　09.0157
队形宽度　width of formation　05.0044
＊对舵　test the steering gear　08.0355
对景图　view　07.0293
对流层　troposphere　07.0002
对流层折射改正　tropospheric refraction correction
　06.0367
对水移动　making way through water　09.0231
对拖　twin trawling, pair trawling　12.0076
对遇局面　head-on situation　09.0201
墩底　striking bottom　09.0143
吨税　tonnage dues　11.0097
吨位　tonnage　11.0013
＊趸船　pontoon　07.0392

多波束测深系统　multi-beam sounding system
　06.0147
多次反射回波　multiple reflection echo　06.0340
多点系泊系统　multi-point mooring system
　12.0156
多级闪发　multiple-stage flash evaporation　15.0706
多级压缩机　multi-stage compressor　15.0493
多径传播　multipath propagation　14.0298
多普勒计程仪　Doppler log　06.0173
多普勒计数　Doppler count　06.0377
多式联运　multimodal transportation　13.0156
多式联运经营人　multimodal transport operator, com-
bined transport operator　13.0157
多式联运提单　combined transport bill of lading, mul-
timodal transport bill of lading　13.0065
多效蒸发　multiple-effect evaporation　15.0704
多用途货船　multipurpose cargo vessel　08.0102
多用途拖船　multipurpose towing ship　08.0125
多用途渔船　multipurpose fishing boat　08.0151
多值性　ambiguity　04.0019
舵　rudder　08.0346
舵机舱　steering engine room　08.0030
舵机追随机构　steering hunting gear　15.0503
舵角　rudder angle　08.0347
舵角指示器　rudder angle indicator　15.0505
舵力　rudder force　08.0350
舵令　steering orders　08.0354
舵轮　steering wheel　15.0500
舵效　rudder effect, steerage　08.0353
舵柱　rudder post　08.0241
惰锚　lee anchor　09.0080
惰性气体　inert gas, IG　11.0161
惰性气体发生器　inert gas generator　15.0802
惰性气体风机　inert gas blower　15.0483
惰性气体系统　inert gas system, IGS　15.0801
惰转时间　idle time　15.0285

E

* 鹅颈头 goose neck 08.0378
额定光力射程 nominal range 07.0271
额定起重量 rated load weight 15.0518
恶劣天气 heavy weather 07.0084
二层甲板 tween deck 08.0036
二冲程柴油机 two stroke diesel engine 15.0011
二次场 secondary field 04.0033
二次辐射 re-radiation 04.0034
二次喷射 secondary injection 15.0171
二次相位因子 secondary phase factor, SPF 06.0242
二次行程回波 second-trace echo 06.0342
二副 second officer, second mate 13.0355
二管轮 third engineer 13.0360
二回路 secondary circuit 15.1236
二级水手 ordinary seaman, OS 13.0371
二位三通换向阀 two-position three way directional control valve 15.0593
二自由度陀螺仪 two-degree of freedom gyroscope 06.0098

F

发报局 office of origin, O/O 14.0135
发报台 station of origin 14.0136
发出 forward 14.0133
发电机[控制]屏 generator control panel 15.1094
发电机励磁系统 generator excited system 15.1101
发电机跳电应急处理 generator blackout emergency manoeuvre 15.0936
发电机组 generating set 15.1069
发射 emission 14.0270
发射类别 class of emission 14.0276
发射天线 transmitting antenna 14.0292
阀箱 valve chest 15.0812
法定检验 statutory survey 11.0330
法定时 legal time 03.0106
帆布 canvas 08.0272
帆船 sailing ship, sailer 08.0076
帆缆作业 canvas and rope work 08.0275
反动度 degree of reaction 15.0220
反动级 reaction stage 15.0222
反动式汽轮机 reaction steam turbine 15.0210
反舵角 counter rudder angle 08.0348
反接制动 counter-current braking, plug braking 15.1182
反气旋 anticyclone 07.0049
反射层 reflector 15.1210
反射罗经 reflector compass 06.0004
反渗透法 reverse osmosis method 15.0695
* 反移量 kick 09.0013
反应堆周期 reactor period 15.1202
泛滥标 flood mark 10.0038
方[型]艉 square cut stern, transom stern 08.0234
方便旗 flag of convenience 13.0034
方位 bearing 02.0059
方位标志 cardinal mark 07.0259
方位定位 fixing by cross bearings 02.0167
方位队 bearing formation 05.0023
方位分辨力 bearing resolution 06.0312
方位距离定位 fixing by bearing and distance 02.0169
方位圈 azimuth circle 06.0041
方位陀螺 azimuth gyro, directional gyro 06.0138
方位[陀螺]仪 directional gyroscope 06.0081
方位位置线 position line by bearing 02.0158
方位线 bearing line, BL 02.0060
方向控制阀 directional control valve 15.0588
方向效应 direction effect 06.0287
防爆 explosion prevention 08.0453
防爆式风机 explosion proof fan 15.0489
防爆型 explosion proof type 15.1156
防冰装置 anti-icing equipment 15.0310
防波堤 breakwater 07.0323

防喘系统　surge-preventing system　15.0301

防滴型　drip proof type　15.1159

防火舱壁　bulkhead resistant to fire, fire proof bulkhead　11.0280

防火控制图　fire control plan　08.0423

防火网　flame screen　15.0803

防溅挡板　splash plate　15.0711

防水型　water proof type　15.1157

防台锚地　typhoon anchorage　07.0367

防锈　rust proof, anti-rust　08.0458

防淤堤　sand-blocking dam　13.0291

防撞舱壁　collision bulkhead　08.0236

放电率　discharging rate　15.1148

放电特性曲线　discharge characteristic curve　15.1149

放射性废水箱　radioactive waste water tank　15.1234

放射性废物箱　radioactive solid waste storage tank　15.1235

放射性物质　radioactive substance　11.0262

放网　shooting net　12.0080

非常密集流冰　very close pack ice　07.0129

非常稀疏流冰　very open pack ice　07.0132

非排水船舶　non-displacement craft　09.0163

非生物资源　non-living resources　13.0398

非收放型减摇鳍装置　non-retractable fin stabilizer　15.0547

非周期过渡条件　aperiodic transitional condition　06.0107

非周期罗经　aperiodic compass　06.0079

飞车　propeller racing　15.0177

飞剪[型]艏　clipper stem, clipper bow　08.0229

飞轮　fly wheel　15.0113

废气锅炉　exhaust gas heat exchanger, exhaust gas boiler　15.0358

废气涡轮发电机组　exhaust turbine generating set　15.1074

废气涡轮复合系统　exhaust turbo compound system　15.0103

废物处理系统　waste disposal system　15.1225

沸腾蒸发　boiling evaporation　15.0700

分舱因数　factor of subdivison　11.0077

分道通航制　traffic seperation schemes, TSS 07.0377

分点潮　equinoctial tide　07.0202

分段航行　sectional navigation　02.0207

分段引航　sectional pilotage　10.0074

分隔带　seperation zone　07.0381

分隔线　seperation line　07.0380

分货种运费　commodity freight　11.0320

分级卸载保护　classification unload protection　15.1122

分节驳船　integrated barge　10.0049

分节驳船队　integrated barge train　10.0053

分离盘　separating disc　15.0723

分离筒　separating bowl　15.0724

分链器　chain stripper　15.0532

分罗经　compass repeater　06.0091

分水机　purifier　15.0720

分巷　lane fraction, centi-lane　06.0274

分油机　centrifugal oil separator　15.0719

分杂机　clarifier　15.0721

分站　substation　15.1054

分中[航行]　sail in the middle　10.0081

粪便泵　sewage pump　15.0438

封闭箱　closed container　11.0196

封舱抽水打捞　raising by sealing patching and pumping　12.0091

封缸　closing cylinder, decoupling of cylinder　15.0173

峰包功率　peak envelope power　14.0287

锋　front　07.0054

风暴潮　storm surge　07.0165

风暴中航行　navigating in heavy weather　02.0208

风花　wind rose　07.0116

风级　wind force scale　07.0021

风浪　wind wave　07.0162

风冷式冷凝器　air-cooled condenser　15.0635

风流压差　leeway and drift angle　02.0143

风门　damper　15.0378

风区　fetch　07.0176

风生流　wind-drift current　07.0234

风时　wind duration　07.0175

风速　wind speed, wind velocity　07.0020

风速表　anemometer　06.0072

风速计　anemograph　06.0071

风向　wind direction　07.0019

风向标　wind vane, weather vane　06.0070

风向风速表　anemorumbometer　06.0074

风向风速计　anemorumbograph　06.0073

风压　wind pressure　07.0023

风压差　leeway angle　02.0141

风压差系数　leeway coefficient　02.0144

风压横倾力臂　wind heeling lever　11.0047

风压横倾力矩　wind heeling moment　11.0048

风雨密　weathertight　11.0276

风阻力　wind resistance　09.0033

风阻力矩　moment of wind resistance　09.0035

风阻力系数　wind resistance coefficient　09.0034

缝帆工具　sailmaker's tool　08.0273

佛氏铁　Flinders' bar　06.0022

扶强材　stiffener　08.0225

辐合　convergence　07.0034

辐合线　convergence line　07.0076

辐散　divergence　07.0035

辐散线　divergence line　07.0077

辐照监督管　irradiation inspection tube　15.1221

幅移键控　amplitude shift keying, ASK　14.0282

氟利昂　freon　15.0619

浮标　buoy　07.0257

浮冰　floe ice　07.0137

浮冰群　pack ice　07.0138

浮船坞　floating dock　08.0477

*浮吊　floating crane　08.0122

浮力　buoyancy　08.0056

浮码头　pontoon　07.0392

浮桥　pontoon bridge　07.0331

浮式采油生产平台　floating oil production platform　12.0150

浮式生产储油装置　floating production storage unit, FPSU　09.0113

浮式输油软管　floating oil loading hose　12.0164

浮筒打捞　raising with salvage pontoons　12.0090

浮拖网　floating trawl　12.0052

浮心　center of buoyancy　11.0019

浮心高度　height of center of buoyancy　11.0024

浮心距中距离　longitudinal distance of center of buoyancy from midship　11.0026

浮油层取样器　float oil layer sampler　15.0810

浮油回收船　oil skimmer　08.0132

浮装　float on/float off　11.0215

浮子　float　12.0060

浮子纲　float line　12.0056

辅锅炉　auxiliary boiler, donkey boiler　15.0357

辅锅炉自动控制系统　auxiliary boiler automatic control system　15.0994

辅冷凝器循环泵　auxiliary condenser circulating pump　15.0424

辅汽轮机　auxiliary steam turbine　15.0208

辅助装置　auxiliary device　15.0913

俯极　depressed pole　03.0021

腐蚀　corrosion　08.0457

腐蚀性物质　corrosives　11.0263

副标志　counter mark　11.0125

副[潮]港　secondary port　07.0217

副车钟　sub-telegraph　15.1001

副机日志　auxiliary engine log book　15.0940

副热带高压　subtropical high　07.0052

副台　slave station, secondary station　06.0222

副台信号　slave signal　06.0246

副台座　slave pedestal　06.0248

副拖缆　auxiliary towing line　10.0061

副陀螺　auxiliary gyro　06.0141

覆板　doubling, doubling plate　08.0494

复励阻抗　compounding impedance　15.1138

复示磁罗经　transmitting compass　06.0007

负反馈控制系统　negative feed back control system　15.0966

负荷特性　load characteristic　15.0048

富余水深　under keel clearance, UKC　09.0139

附加二次相位因子　additional secondary phase factor, ASPF　06.0243

附加运费　additional charge　11.0324

附体阻力　appendage resistance　09.0030

G

改版图 large correction chart 07.0285
改向性 course changing ability 09.0007
改向性试验 course changing ability test 09.0008
概率航迹区 probable track area 02.0181
概率误差 probable error 02.0196
概位 position approximate, PA 07.0350
干舱证书 dry certificate 11.0160
干出高度 drying height 07.0356
干出礁 drying rock 07.0338
干船坞 dry dock 08.0476
干粉灭火系统 dry powder fire extinguishing system 08.0432
干货船 dry cargo ship 08.0085
干罗经 dry compass 06.0012
干散货箱 dry bulk container 11.0206
干湿表 psychrometer 06.0069
干湿计 psychrograph 06.0068
干式蒸发器 dry-type evaporator 15.0638
干舷 freeboard 11.0001
干燥器 drier 15.0644
干流 trunk stream 10.0018
干支流交汇水域 convergent area of main and branch 09.0180
竿钓 rod 12.0087
感潮河段 tide reaching zone, tide affecting zone 09.0179
感染性物质 infectious substance 11.0261
感应船磁 ship induced magnetism 06.0025
刚性转子 rigid rotor 15.0248
钢麻绳 spring lay rope 08.0253
钢丝绳 wire rope 08.0252
*钢丝绳轧头 wire clip, bulldog grip 08.0264
缸径最大磨损 bore maximum wear 15.0185
缸套冷却水泵 jacket cooling water pump 15.0426
[缸套]磨损率 [liner] wear rate 15.0186
港泊图 harbor plan 07.0302
港界 harbor limit, harbor boundary 13.0286
港口 harbor, port 07.0321
港口电台 port station 14.0201

港口管理 port management 01.0036
港口国 port state 13.0029
港口国管理 port state control, PSC 13.0030
港口国管理检查 inspection of port state control 13.0319
港口雷达 harbor radar 06.0353
港口使费 terminal charge 11.0325
港口通过能力 port capacity 11.0352
港口吞吐量 port's cargo throughput 11.0346
港口习惯 custom of port 11.0139
港口营运业务 port operation service 14.0085
港口租船合同 port charter party 13.0120
港内速度 harbor speed 09.0060
港区 harbor area 13.0285
港湾测量 harbor survey 12.0113
港务监督 harbor superintendency administration 13.0032
港章 port regulations 13.0287
港作船 harbor boat, harbor launch 08.0119
高潮 high water, HW 07.0190
高潮时 high water time 07.0199
高程 elevation 07.0355
高处 aloft 08.0008
高低潮 higher low water, HLW 07.0194
高低压继电器 high and low pressure relay 15.0650
高度差 altitude difference, intercept 03.0044
高度差法 altitude difference method, intercept method 03.0043
高度圈 almucantar, altitude circle 03.0036
高度视差 parallax in altitude 03.0141
高高潮 higher high water, HHW 07.0192
高架桥 viaduct 07.0329
高精度定位系统 high precision positioning system 06.0385
高空[天气]图 upper-level [weather] chart 07.0066
高空作业 aloft work 08.0466
高频通信 HF communication 14.0188
高斯－克吕格投影 Gauss-Krüger projection 07.0310

高速诱导空气调节系统　high velocity induction air conditioning system　15.0673

高温腐蚀　high temperature corrosion　15.0159

高压　high [pressure]　07.0050

高压脊　ridge　07.0053

告警阶段　alert phase　12.0010

搁浅　aground, strand　09.0144

搁浅船　vessel aground　09.0208

格林恒星时　Greenwich sidereal time, GST　03.0100

格林[尼治]时角　Greenwich hour angle, GHA　03.0027

格林[尼治]子午线　Greenwich meridian　02.0014

隔舱填料函　bulkhead stuffing box　15.0895

隔离　separated from　11.0278

隔离阀　isolating valve　15.0793

隔离法　isolating method　08.0428

隔离开关　isolating switch　15.1107

隔票　segregation, separation　11.0091

隔热箱　insulating container　11.0201

隔绳　tackline　14.0050

给定值　set value, desired value　15.0947

跟踪　tracking　06.0316

工厂交货　ex works, ex factory, ex mill　11.0305

工程船　working ship, engineering ship　08.0110

工况报警　condition alarm　15.1045

工况监视器　condition monitor　15.1043

工况显示器　condition indicator　15.1044

攻泥器　mud penetrator　12.0111

功率储备　power reserve, power margin　15.0924

功率密度　power density　15.1204

功能试验　function test　15.1048

供应船　supply ship, tender　08.0129

公共呼叫频道　common calling channel　14.0144

公海　high sea　13.0017

公路罐车　road tank vehicle　11.0212

公司旗　house flag　14.0044

公务电报　service telegram　14.0095

公证检验　notarial survey　13.0255

公证鉴定　inspection by notary public　11.0331

公证权　right of notary　11.0363

公众通信业务　public correspondence service　14.0087

共同安全　common safety　13.0228

共同海损　general average, GA　13.0212

共同海损保险　general average disbursement insurance　13.0206

共同海损担保　general average security　13.0218

共同海损费用　general average expenditure　13.0215

共同海损分摊　general average contribution　13.0221

共同海损分摊保证金　general average deposit　13.0222

共同海损分摊价值　contributory value of general average　13.0217

共同海损理算　general average adjustment　13.0220

共同海损理算书　general average adjustment statement　13.0225

共同海损时限　time limit of general average　13.0219

共同海损损失　general average loss or damage　13.0230

共同海损条款　general average clause　13.0136

共同海损牺牲　general average sacrifice　13.0214

共同海损行为　general average act　13.0229

共同海损总额　total amount of general average　13.0216

共同危险　common peril, common danger　13.0227

共轭赤经　sidereal hour angle, SHA　03.0031

钩　hook　08.0259

钩吊周期　hook cycle　08.0382

孤立危险物标志　isolated danger mark　07.0260

鼓形控制器　drum controller　15.1185

鼓形转子　drum rotor　15.0247

谷密　grain-tight　11.0275

谷物横倾体积矩　grain transverse volumetric upsetting moment　11.0172

谷物倾侧力臂　grain upsetting arm　11.0171

谷物托盘　saucer　11.0180

谷物移动角　shifting angle of grain　11.0175

故障信号　fault signal　06.0264

故障诊断　fault diagnosis　15.0945

固定冰　fast ice　07.0126

固定环形天线　fixed loop antenna　04.0025

固定件　securing fitting　11.0239

固定距标　fixed range rings, range marker　06.0326

固定螺距桨　fixed pitch propeller, FPP　09.0043

固定式采油生产平台　fixed oil production platform 12.0149

固定式甲板泡沫系统　fixed deck foam system 08.0434

固定式气体灭火系统　fixed gas fire extinguishing system　08.0431

固定自差　constant deviation　06.0028

固体散货　solid bulk cargo　11.0105

固有缺陷　inherent vice　11.0341

锢囚锋　occluded front　07.0058

雇佣救助　employment of salvage service　13.0171

刮油环　scraper ring　15.0072

挂靠港　port of call　02.0113

挂满旗　full dress　14.0046

挂网架　frame for intangling net　12.0068

关封　customs seal　11.0101

关税　customs duties　11.0098

观测船位　observed position, OP　02.0151

观测船位误差　error of observed position　02.0185

观测高度　observed altitude　03.0130

观测高度改正　observed altitude correction　03.0132

观测经度　observed longitude　02.0153

观测纬度　observed latitude　02.0152

观察孔　sighting port　15.0769

管道船　pipeline layer　08.0116

管理船舶过失　default in management of the ship 13.0069

管路附件　pipeline fittings　15.0811

管路特性曲线　pipeline characteristic curve 15.0480

管事　purser　13.0373

管隧　pipe tunnel　08.0243

管辖权条款　jurisdiction clause　13.0094

管线标　pipeline mark　07.0275

管形燃烧室　tubular combustor　15.0302

罐式箱　tank container　11.0205

惯性导航系统　inertial navigation system, INS 06.0189

惯性试验　inertial trial　13.0267

灌水试验　water filling test　13.0262

灌注法　flooding method　08.0448

贯穿螺栓　through bolt, tie-bolt　15.0089

光船租赁　bareboat charter　13.0112

光船租赁登记　bareboat charter registration 13.0242

光弧界限　limit of sector　07.0333

光力射程　luminous range　07.0270

光栅扫描显示器　raster scan display　06.0303

光行差常数　constant of aberration　03.0073

光学经纬仪　optical theodolite　06.0056

光诱围网　light-purse seine　12.0063

规避机动　evasion manoeuvre　05.0016

轨道预报　orbit prediction　06.0363

滚钩　jig　12.0086

滚装　roll on/roll off　11.0213

滚装船　roll on/roll off ship, ro/ro ship　08.0105

滚装货　ro/ro cargo　11.0110

锅炉安全阀　boiler safety valve　15.0383

锅炉本体　boiler body　15.0361

锅炉舱　boiler room　08.0029

锅炉点火　boiler lighting up　15.0386

锅炉点火泵　boiler ignition oil pump　15.0419

锅炉点火设备　boiler firing equipment　15.0385

锅炉二次鼓风机　boiler secondary air blower 15.0485

锅炉辅助蒸汽系统　boiler auxiliary steam system 15.0395

锅炉附件　boiler fittings　15.0381

锅炉干汽管　boiler dry pipe　15.0389

锅炉鼓风机　boiler blower　15.0484

锅炉给水泵　boiler feed pump　15.0416

锅炉给水系统　boiler feed system　15.0392

锅炉给水止回阀　boiler feed check valve　15.0380

锅炉排污阀　boiler blow down valve　15.0388

锅炉牵条　boiler stay　15.0390

锅炉牵条管　boiler stay tube　15.0391

锅炉强制循环泵　boiler forced-circulating pump 15.0420

锅炉燃油泵　boiler fuel oil pump, boiler burner pump 15.0417

锅炉燃油系统　boiler fuel oil system　15.0393

锅炉升汽　steam raising　15.0397

锅炉受热面　boiler heating surface　15.0366

锅炉水冷壁　boiler water wall　15.0370

锅炉水位表　boiler water gauge　15.0382

锅炉水位调节器　boiler water level regulator　15.0399

锅炉外壳　boiler casing, boiler clothing, boiler jacket　15.0362

锅炉烟箱　boiler uptake　15.0369

锅炉引风机　boiler induced-draft fan　15.0486

锅炉主蒸汽系统　boiler main steam system　15.0394

锅炉自动控制系统　boiler automatic control system　15.0400

国际安全通信网　international safety NET　14.0062

国际标准环境状态　ISO ambient reference condition　15.0201

国际冰况巡查报告　international ice patrol bulletin　14.0091

国际惯例　international custom and usage　13.0040

国际海事卫星　international maritime satellite　14.0242

国际海事卫星 A 船舶地球站　INMARSAT A ship earth station　14.0244

国际海事卫星 B 船舶地球站　INMARSAT B ship earth station　14.0245

国际海事卫星 C 船舶地球站　INMARSAT C ship earth station　14.0246

国际海事卫星 M 船舶地球站　INMARSAT M ship earth station　14.0247

国际海事卫星船舶地球站　international maritime satellite ship earth station, INMARSAT SES　14.0243

国际海事卫星海岸地球站　INMARSAT coast earth station, INMARSAT CES　14.0249

国际海事卫星陆地地球站　INMARSAT land earth station, INMARSAT LES　14.0248

国际海事卫星网络协调站　INMARSAT network coordination station　14.0250

国际海事卫星系统　international maritime satellite system, INMARSAT　14.0241

国际海事组织类号　International Maritime Organization class, IMO class　11.0290

国际海域　international sea area　13.0024

国际航行警告业务　international NAVTEX service　14.0068

国际通岸接头　international shore connection　08.0430

国际信号码　international signal code　14.0009

国际信号旗　international signal flag　14.0038

国际信息业务　international information service　14.0070

国家安全通信网　national safety NET　14.0063

国家代号　container country code　11.0226

国家管辖海域　sea areas under national jurisdiction　13.0018

国家询问　national enquiry　14.0124

国旗　ensign　14.0045

国有船舶豁免权　immunity of state-owned vessel　13.0011

过驳　lighting　11.0085

过驳清单　cargo boat note　11.0303

过电流　over current　15.1144

过电压　over voltage　15.1143

过渡导标　transit leading mark　10.0034

过河标　crossing mark　10.0032

过河点　crossing river point　10.0084

过境货　transit cargo　11.0094

过期提单　stale bill of lading　13.0062

过热器　superheater　15.0373

过[湍]滩　passing through the rapids　10.0085

过载试验　overload test　15.1118

H

哈－菲克斯系统　Hi-Fix system　06.0387

海岸带　coastal zone　13.0026

海岸带管理权　right of management of coastal strip　13.0038

海岸地球站识别码　coast earth station identification, shore ID　14.0307

海岸电台　coast station　14.0200

海岸电台表　list of coast station　14.0055

海岸效应　coastal effect, land effect　06.0203

海冰　sea ice　07.0119

海冰密集度　sea ice concentration　07.0149

海船　sea-going vessel　08.0172

海道测量　hydrography, hydrographic survey　01.0020

海堤　sea wall, sea bank　07.0322

海底电缆　submarine cable　07.0327

海底跟踪　bottom track　06.0176

海底管道　submarine pipeline　12.0165

＊海地平俯角　dip　03.0139

海发光　luminescence of the sea　07.0160

海风　sea breeze　07.0108

海关　customs　13.0334

海军导航卫星系统　Navy Navigation Satellite System, NNSS, Transit system　06.0356

海空两用灯标　marine and air navigation light　07.0254

海况　sea condition　07.0179

海浪干扰抑制　anti-clutter sea　06.0308

海浪回波　sea echo　06.0337

海里　nautical mile, n mile　02.0080

海流　ocean current　07.0233

海流花　current rose　07.0249

海锚　sea anchor, drogue　08.0413

海面搜寻协调船　surface search coordinator, CSS　12.0001

海面温度　sea surface temperature　07.0118

海难救助[打捞]　marine salvage　01.0018

海难救助船　salvage and rescue ship　08.0124

海平面气压　sea-level pressure　07.0009

A1 海区　sea area A1　14.0237

A2 海区　sea area A2　14.0238

A3 海区　sea area A3　14.0239

A4 海区　sea area A4　14.0240

海商法　maritime law, maritime code　01.0026

海上安全监督　marine safety supervision　01.0029

海上安全信息　maritime safety information, MSI　14.0108

海上保险　marine insurance　01.0030

海上风险　perils of the sea　13.0161

海上航行补给　replenishment at sea　12.0167

海上护送　escorting　13.0182

海上急救　first aid at sea　08.0419

海上救助　salvage at sea　13.0169

海上连接　offshore connection　12.0166

海上旅游区　sea tourist area　12.0144

海上气象数据　marine weather data　14.0175

海上求生　survival at sea　08.0418

海上识别数字　maritime identification digits, MID　14.0317

海上事故　sea accident　13.0162

海上守候　standing by vessel　13.0181

海上书信电报　sea letter telegram, SLT　14.0094

海上搜救　marine search and rescue　01.0019

海上速度　sea speed　09.0059

海上无线电书信　radio maritime letter　14.0099

海上询问　maritime enquiry　14.0125

海上移动业务　maritime mobile service　14.0065

海上遇险信道　maritime distress channel　14.0174

海上预报　marine forecast　14.0090

海上资历　sea service　13.0325

海上自然保护区　marine natural reserves　12.0143

海上钻井架　drilling rigs at sea　12.0146

海事报告　marine accident report　13.0377

海事调查　maritime investigation　13.0379

海事分析　marine accident analysis　13.0384

海事管辖　maritime jurisdiction　13.0381

海事和解　maritime reconciliation　13.0383

海事判例　maritime case　13.0039

海事请求　maritime claim　13.0037

海事声明　sea protest　13.0375

海事诉讼　maritime litigation　13.0380

海事调解　maritime mediation　13.0382

海事援助　maritime assistance　14.0162

海事仲裁　maritime arbitration　13.0385

海水泵　sea water pump　15.0411

海水淡化装置　sea water desalting plant, fresh water generator　15.0693

海水密度　seawater density　07.0154

海水染色标志　dye marker　09.0253

海水水色　seawater color　07.0158

海水透明度　seawater transparency　07.0159

海水温度　sea temperature　07.0117

海水系统　sea water service system　15.0742

海水循环泵　sea water circulating pump　15.0421

海水盐度　seawater salinity　07.0157

海水蒸发器　sea water evaporator　15.0708

海损担保函　average guarantee　13.0223

海损管制示意图　damage control plan　08.0445

海损理算人　average adjuster　13.0224

海滩　beach　07.0344

海图　chart　07.0277

海图比例尺　chart scale　07.0294

海图标题栏　chart legend　07.0299

海图基准面　chart datum　07.0291

海图卡片　chart card　07.0298

海图水深　sounding　07.0292

海图图式　symbols and abbreviations of charts
　07.0315

*海图作业　track plotting, chart work　02.0135

海图作业工具　chart work tools　06.0063

海湾　gulf　07.0340

海峡　strait　13.0022

海啸　tsunami　07.0164

海洋磁力测量　marine magnetic survey　12.0122

海洋大气船　ocean weather vessel　08.0139

海洋调查　marine investigation　12.0134

海洋调查船　oceanographic research vessel
　08.0137

海洋定点船　ocean station vessel　14.0092

海洋工程　oceaneering, marine engineering
　01.0021

海洋工程测量　marine engineering survey
　12.0126

海洋环境保护　marine environmental protection
　01.0042

海洋环境调查　marine environment investigation
　12.0137

海洋监测　marine monitoring　13.0394

海洋监测船　ocean monitoring ship　08.0138

海洋监视　marine surveillance　13.0395

海洋科学技术　marine science and technology
　12.0138

海洋矿物资源　mineral resources of the sea
　12.0140

海洋气象报告　ocean weather report　14.0104

海洋生态调查　marine ecological investigation
　12.0136

海洋生物资源　living resources of the sea　12.0139

海洋水文　marine hydrology　01.0010

海洋污染　marine pollution　13.0391

海洋污染物　marine pollutant　11.0266

海洋渔业　marine fishery　01.0022

海洋重力测量　marine gravimetric survey　12.0121

海洋主权　maritime sovereignty　13.0010

海洋资源调查　marine resources investigation
　12.0135

海员通常做法　ordinary practice of seaman
　09.0158

海员证　seaman's book　13.0331

海运单　seaway bill　13.0106

海运货物保险　maritime cargo insurance　13.0207

氦氧潜水　helium-oxygen diving　12.0105

寒潮　cold wave　07.0104

寒流　cold current　07.0244

航摆角　yaw angle　08.0349

航标表　list of lights　07.0401

航标船　buoy tender　08.0135

航程　distance run　02.0079

航次　voyage　02.0133

航次保险　voyage insurance　13.0195

航次报告　voyage report　13.0327

航次租船　voyage charter　13.0111

航道　fairway　07.0346

航道标准尺度　standard dimension of channel
　10.0008

航道艇信号　channel boat signal　09.0222

航海保证　nautical service　01.0008

航海表　nautical table, navigation table　07.0400

航海晨昏朦影　nautical twilight　03.0123

航海法规　maritime rules and regulations　01.0024

航海健康申报书　maritime declaration of health
　13.0339

航海科学　nautical science　01.0001

航海气象　nautical meteorology　01.0009

航海日志　log book　07.0403

航海史　history of marine navigation, nautical history
　01.0041

航海天文历　nautical almanac　03.0113

航海通告　notice to mariners　07.0395

航海图书目录　catalog of charts and publications

07.0398

航海图书资料　nautical charts and publications 01.0012

航海心理学　marine psychology　01.0038

航海学　marine navigation　01.0002

航海医学　marine medicine　01.0039

航海仪器　nautical instrument　01.0007

航海专家系统　marine navigation expert system 06.0319

航迹　track, TK　02.0055

航迹分布　track distribution　13.0298

航迹绘算　track plotting, chart work　02.0135

航迹计算　track calculating　02.0136

航迹推算　track made good　02.0134

航空母舰　aircraft carrier　08.0162

航空器电台　aircraft station　14.0204

航路　route, passage　07.0353

航路点　way point　02.0132

航路设计图　routing chart　07.0283

航路指南　sailing directions　07.0396

航路指南补篇　supplement of sailing directions 07.0397

航速　speed　02.0088

航速燃油消耗量条款　vessel's speed and fuel consumption clause　13.0141

*航速试验　speed trial　09.0058

航速索赔　speed claim　13.0149

航线间隔　track spacing　12.0017

航线设计　passage planning　02.0108

航向　course　02.0042

航向记录器　course recorder　06.0090

航向稳定性　course stability　09.0004

航向线　course line, CL　02.0043

航向向上　course up　06.0348

航向自动操舵仪　course autopilot　06.0183

航行安全通信　navigation safety communication 14.0107

航[行]标[志]　navigation mark　10.0031

航行垂直补给　perpendicular replenishment at sea 12.0170

航行风　navigation wind, ship wind　07.0113

航行管理　navigation management　01.0023

航行横向补给　abeam replenishment at sea

12.0168

航行计划　navigational plan, sailing plan　02.0107

航行计划报告　sailing plan report　13.0318

航行警告[电传]系统　NAVTEX　14.0234

航行警告区　NAVAREA　14.0177

航行警告区警告　NAVAREA warning　14.0178

航行区域条款　trading limit clause　13.0150

航行权　right of navigation　13.0005

航行试验　sea trial　13.0265

航行值班　navigational watch　13.0347

航行纵向补给　astern replenishment at sea 12.0169

航修　voyage repair　08.0469

航用参考图　non-navigational chart　07.0303

航用海图　navigational chart　07.0300

航用行星　navigational planet　03.0003

航运业务　shipping business　01.0025

耗汽率　specific steam consumption, steam rate 15.0235

耗热率　specific heat consumption, heat rate 15.0236

号灯　light　09.0209

号灯光弧　sector of light　09.0256

号灯能见距　visibility of light　09.0226

号灯照距测定　determination of range of visibility for navigation light　13.0273

号笛　whistle　09.0234

号笛音响度测定　determination of range of audibility of sound signal　13.0272

号锣　gong　09.0239

号型　shape　09.0210

号钟　bell　09.0238

核测量系统　nuclear measurement system　15.1238

核动力船　nuclear [powered] ship　08.0075

核对数字　check digit　11.0228

核反应堆　nuclear reactor　15.1194

核反应堆保护系统　reactor protective system 15.1239

核反应堆控制系统　reactor control system 15.1237

核反应堆中毒　nuclear reactor poisoning　15.1199

核潜艇　nuclear submarine　08.0168

核燃料　nuclear fuel　15.1195

合成油　synthetic oil　15.0836

合理速遣　reasonable despatch　13.0103

合作指数　index of cooperation　14.0291

合座舷灯　sidelights combined in one lantern　09.0227

河口　river mouth, estuary　07.0342

黑潮　Black stream, Kuroshio, Black current　07.0245

横荡　swaying　09.0118

横帆　square sail　09.0197

横隔板　diaphragm　15.0075

横骨架式　transverse frame system　08.0184

横江轮渡号型　shape for crossing ferry　09.0225

横距　transfer　09.0012

横缆　breast line　08.0361

横梁　deck beam　08.0214

横流标　cross-current mark　10.0045

横流扫气　cross scavenging　15.0121

横剖面图　transverse section plan　08.0188

横强度　transverse strength　11.0068

横倾角　heeling angle　11.0053

横倾力矩　heeling moment　11.0054

横驶区　crossing area　10.0090

横拖　girding　09.0070

横向　athwartships　08.0007

横向补给装置　abeam replenishing rig　12.0182

横向磁棒　athwartships magnet　06.0019

横摇　rolling　09.0115

横摇周期　rolling period　09.0122

横移率　rate of transverse motion　05.0004

横越　crossing ahead　09.0203

桁　yard　08.0373

桁材深度　girder depth　11.0177

桁拖网　beam trawl　12.0053

恒功率调速　speed regulation by constant power　15.1172

恒速特性曲线　characteristic curve at constant speed　15.0479

恒位线　line of equal bearing　02.0159

恒温调节器　thermostat regulator　15.0973

恒向线　rhumb line　02.0121

恒向线方位　rhumb line bearing, RLB　02.0066

恒向线航线算法　rhumb line sailing　02.0122

恒星　star　03.0004

恒星日　sidereal day　03.0087

恒星时　sidereal time, ST　03.0088

恒星视位置　star apparent place　03.0124

恒星图　star chart, star atlas　03.0125

恒星月　sidereal month　03.0084

[恒星]周年视差　annual parallax　03.0074

恒张力拖缆机　automatic constant tension towing winch　15.0529

恒转矩调速　speed regulation by constant torque　15.1173

洪峰　flood peak　10.0027

后　aft　08.0012

后方　astern　08.0013

后续舰　follow-up ship　05.0033

呼号　call sign, CS　14.0130

呼叫　calling　14.0025

呼叫尝试　call attempt　14.0118

呼叫点　calling-in-point, CIP　14.0034

呼叫方　calling party　14.0127

呼吸阀　breather valve　15.0780

护航　convoy　05.0062

护卫舰　frigate　08.0163

互见中　in sight of one another　09.0170

互调产物　intermodulation products　14.0275

互有责任碰撞条款　both to blame collision clause　13.0133

*花篮螺丝　rigging screw, turnbuckle　08.0263

花水　rips　10.0026

滑车　block　08.0266

滑车组　tackle　08.0267

滑动轴承箱　sliding bearing housing　15.0239

滑块　shoe, slipper　15.0078

滑失　slip　02.0097

滑巷　lane slip　06.0295

滑行艇　planing boat　08.0142

滑油泵　lubricating oil pump　15.0429

滑油输送泵　lubricating oil transfer pump　15.0430

滑油消耗率　specific lubricating oil consumption　15.0039

滑油注入管　lubricating oil filling pipe　15.0762

划桨船　row boat　08.0182

化学品船　chemical cargo ship　08.0096

化学停堆系统　chemical shutdown system　15.1229

化学物添加系统　chemical addition system
15.1228

化学纤维绳　synthetic fiber rope　08.0250

话传电报业务　voice messaging service　14.0079

话传用户电报　phone telex, PHONETEX　14.0102

环管形燃烧室　can annular type combustor
15.0304

环形燃烧室　annular combustor　15.0303

环形天线　loop antenna　04.0023

环形天线装调误差　loop alignment error　04.0031

环行道　roundabout　07.0386

环照灯　all-round light　09.0215

还船　redelivery of vessel　13.0143

缓流　slack stream　10.0022

缓流航道　slack current channel　10.0007

换板　changing plate　08.0493

换能器　transducer　06.0152

换能器充磁　magnetization of transducer　06.0156

换能器指向性　transducer directivity　06.0157

换抢　tacking　09.0190

换向　reversing　15.0139

换向联锁　reversing interlock　15.1016

换向起动程序　reverse starting sequence　15.1020

换向伺服器　reversing servomotor　15.0145

换向装置　reversing arrangement　15.0142

黄白交角　obliquity of the moon path　03.0066

黄赤交角　obliquity of the ecliptic　03.0064

黄道　ecliptic　03.0056

黄极　ecliptic pole　03.0063

灰分　ash content　15.0849

回答旗　answering pendant　14.0042

回风　recirculated air, return air　15.0686

回归潮　tropic tide　07.0201

回流扫气　loop scavenging　15.0122

回汽刹车　reverse steam brake　15.0286

回热器　liquid-suction heat exchanger　15.0645

回热式汽轮机　regenerative steam turbine　15.0214

回热循环燃气轮机　regenerative cycle gas turbine
15.0294

回声测冰仪　ice fathometer　06.0164

回声测深仪　echo sounder, acoustic depth finder
06.0148

回收索　recovery line　12.0185

回头缆　slip rope, slip wire　08.0364

回油阀式喷油泵　spill-valve injection pump
15.0097

回油孔式喷油泵　Bosch injection pump, Bosch helix-
controlled fuel pump　15.0096

回游路线　［fishing］migration route　12.0041

回转吊杆绞车　slewing winch　15.0514

回转流　rotary current　07.0231

＊回转圈　turning circle　09.0010

回转叶片式制冷压缩机　rotary sliding-vane re-
frigerating compressor　15.0627

会遇率　encounter rate　13.0305

汇流排　busbar　15.1106

昏影终　end of evening twilight　03.0117

混合潮　mixed tide　07.0187

混合导航系统　hybrid navigation system　06.0383

混合骨架式　combined frame system, mixed frame
system　08.0186

混合航线算法　composite sailing　02.0123

混合货　mixed cargo　11.0223

混合调节　mixing governing　15.0264

豁免　exemption　09.0254

活动解拖钩　movable relieving hook　10.0069

活动距标　variable range ring, variable range marker
06.0327

活动物货　livestock cargo　11.0114

活塞　piston　15.0070

活塞泵　piston pump　15.0451

活塞顶烧蚀　piston crown ablation　15.0161

活塞杆填料函　piston rod stuffing box　15.0074

活塞环搭口间隙　piston ring joint clearance, piston
ring gap clearance　15.0183

活塞环断裂　piston ring breakage　15.0163

活塞环平面间隙　piston ring axial clearance
15.0184

活塞环粘着　piston ring sticking　15.0162

活塞冷却水泵　piston cooling water pump
15.0427

活塞平均速度　mean piston speed　15.0041

活塞行程　piston stroke　15.0015

活塞运动装置失中　piston-connecting-rod arrange-
ment misalignment　15.0182

伙食冷库　food stuff refrigerated storage　15.0663

火工矫形　fairing by flame　08.0488

火管锅炉　fire tube boiler　15.0354

火箭　rocket　09.0251

获救财产价值　value of property salved　13.0176

货舱　cargo hold　08.0025

货舱隔离　separated by a complete compartment or hold from　11.0279

货舱鉴定　inspection of hold　11.0333

货舱空气干燥系统　cargo hold dihumidification system　15.0753

货船　cargo ship, freighter　08.0084

*货柜　container　11.0195

*货柜船　container ship　08.0101

货物残损单　damage cargo list　11.0300

货物操作吨　tons of cargo handled　11.0349

货物操作系数　coefficient of cargo handling　11.0347

货物查询单　cargo tracer　11.0301

货物拒收险　rejection risks　13.0186

货物冷藏装置检验　survey of refrigerated cargo installation　13.0256

货物平安险　free from particular average, FPA　13.0208

货物水渍险　with average, WA　13.0209

货物外表状态　cargo's apparent order and condition　13.0104

货物战争险　cargo war risk　13.0210

货物自然吨　physical ton of cargo　11.0348

货油泵　cargo oil pump　15.0441

货油泵舱管系　cargo oil pump room pipe line　15.0774

货油舱管系　cargo oil tank pipe line　15.0773

货油舱气压指示器　cargo oil tank gas pressure indicator　15.0797

货油舱扫舱系统　cargo oil tank stripping system　15.0782

货油舱透气系统　cargo tank vapour piping system, cargo oil tank venting system　15.0779

货油舱洗舱设备　cargo oil tank cleaning installation　15.0784

货油舱油气驱除装置　cargo oil tank gas-freeing installation　15.0786

货油阀　cargo oil valve, cargo valve　15.0792

货油加热系统　cargo oil heating system　15.0789

货油软管　cargo hose, cargo oil hose　15.0778

货油装卸系统　cargo-pumping system, cargo oil pumping system　15.0772

货油总管　main cargo oil line, cargo oil transfer main pipe line　15.0776

J

基本重复频率　basic repetition frequency　06.0229

基本恢复修理　recovering repair　08.0474

基本运费　basic freight　11.0319

基地电台　base station　14.0199

基点　base point, BP　13.0012

基线　baseline　06.0223

基线误差　lubber line error　06.0119

基线延长线　baseline extension　06.0224

基线延迟　baseline delay　06.0226

基准舰　datum ship　05.0029

基准燃油低热值　fundamental fuel lower calorific value　15.0203

基准纬度　standard parallel　07.0296

机舱　engine room　08.0028

机舱应急舱底水阀　engine room emergency bilge suction valve　15.0731

机舱照明系统　engine room lighting system　15.1152

机舱自动化　engine room automation　15.0984

机动操纵　manoeuvre　15.0284

机动船　power driven vessel　08.0069

机动舰　manoeuvring ship　05.0002

机帆船　sailing ship fitted with auxiliary engine, motor sailer　08.0077

机工　motor man　13.0372

机架　frame　15.0085

机旁控制　local control　15.0148

机体　engine block　15.0086

机械滑车　differential block, chain block, mechanical

purchase 08.0268

机械式调速器 mechanical governor 15.0106

机械式气阀传动机构 mechanically actuated valve mechanism 15.0095

机械效率 mechanical efficiency 15.0028

机械杂质 mechanical impurities 15.0856

机组有效功率 unit effective power 15.0232

机组有效效率 unit effective efficiency 15.0234

机座 bedplate 15.0084

积差 accumulated rate 03.0112

积分调节器 integral regulator 15.0969

积分陀螺仪 integrating gyroscope 06.0132

积算船位 dead reckoning position, DR 02.0139

*积载图 stowage plan, cargo plan 11.0081

积载因数 stowage factor 11.0120

激光测探仪 laser sounder 06.0149

极地冰 polar ice 07.0145

极冠吸收 polar cap absorption, PCA 06.0286

极化误差 polarization error 04.0029

极距 polar distance 03.0029

极区航行 polar navigation 02.0213

极限误差 limit error 02.0197

极限舷角 limiting relative bearing 05.0009

极限重心高度 critical height of center of gravity 11.0063

极坐标法 polar coordinate method 12.0130

极坐标滑阀图 polar slide valve diagram 15.0347

辑私船 revenue cutter 08.0127

集控室控制 engine control room control 15.0147

集散式布风器 air jet diffuser 15.0689

集散运费 feeder charge 11.0328

集中操纵货油装卸系统 centralized operation cargo oil pumping system 15.0798

集中监测器 centralized monitor 15.1040

集中式空[气]调[节]器 central air conditioner 15.0674

集中式空[气]调[节]系统 central air conditioning system 15.0669

集装货 containerized cargo 11.0113

集装箱 container 11.0195

集装箱船 container ship 08.0101

集装箱堆场 container yard, CY 11.0229

集装箱服务费 container service charge 11.0326

集装箱货运站 container freight station, CFS 11.0230

集装箱装箱单 container load plan 11.0237

急流 rapid stream 10.0023

即期装船 prompt loading 11.0140

几何式惯性导航系统 geometric inertial navigation system 06.0192

给水倍率 feed water ratio 15.0714

脊线 ridge line 07.0070

季风 monsoon 07.0106

季节航路 seasonal route 10.0006

计程仪 log 06.0167

计程仪读数 log reading 02.0083

计程仪改正率 percentage of log correction 02.0084

计程仪航程 distance by log 02.0085

计程仪航速 speed by log 02.0095

计费时间 chargeable time 14.0180

计划航迹向 course of advance, CA, intended track 02.0056

计划航速 speed of advance 02.0089

计量泵 metering pump 15.0446

计算方位 computed azimuth, calculated azimuth 03.0127

计算风力力臂 calculated wind pressure lever 11.0052

计算风力力矩 calculated wind pressure moment 11.0051

计算高度 computed altitude, calculated altitude 03.0128

计重货物 weight cargo 11.0118

记名背书 named endorsement 13.0083

记名提单 straight bill of lading 13.0057

加负荷程序 load-up program 15.1023

加热水倍率 heating water ratio 15.0715

加热箱 heating container 11.0204

加热蒸汽 heating steam 15.0707

加湿器 humidifier 15.0683

加速度计 accelerometer 06.0137

加压溶解气体 gases dissolved under pressure 11.0253

加压式燃油系统 closed and pressured fuel system 15.0117

甲板　deck　08.0032

甲板板　deck strake, deck plate　08.0213

甲板冲洗管系　deck washing piping system, wash deck piping　15.0755

甲板货　deck cargo　11.0115

甲板货油管系　cargo oil deck pipe line　15.0775

甲板机械　deck machinery　15.0402

甲板旅客　deck passenger　11.0356

甲板漆　deck paint　08.0486

甲板洒水系统　deck sprinkler system, deck sprinkling system　15.0791

甲板室　deck house　08.0021

甲板水封　deck water seal　15.0808

甲板水排泄管系　deck water piping system　15.0754

甲板图　deck plan　08.0189

·甲板线　deck line　11.0003

甲板照明系统　deck lighting system　15.1151

甲板纵骨　deck longitudinal　08.0217

甲板纵桁　deck girder　08.0216

岬角　headland, cape　07.0341

假回波　false echo　06.0336

假信号　ghost signal　06.0262

架板结　plank stage hitch　08.0288

架空电缆　overhead power cable　07.0328

驾驶船舶过失　default in navigation of the ship　13.0068

驾驶和航行则　steering and sailing rules　09.0172

驾驶台　bridge　08.0022

驾驶台甲板　bridge deck　08.0042

驾驶台间通信　bridge-to-bridge communication　14.0169

驾驶台控制　bridge control　15.0146

驾驶台遥控系统　bridge remote control system　15.0987

驾助　assistant officer　13.0357

监视屏　monitoring panel　15.1059

间接传动　indirect transmission　15.0882

间接换装　indirect transhipment　11.0351

间接回波　indirect echo　06.0339

间接冷却式空气冷却器　indirect air cooler　15.0681

检修　.overhaul　08.0475

检验报告　survey report　13.0254

检疫　quarantine　13.0338

检疫锚地　quarantine anchorage　07.0362

简式提单　short form bill of lading　13.0063

简易补给装置　temporary replenishing rig　12.0181

减负荷程序　load-down program　15.1024

减温器　desuperheater, attemperator　15.0374

减压阀　pressure reducing valve　15.0604

减摇泵　anti-roll pump　15.0437

减摇控制设备　stabilizer control gear　15.0552

减摇鳍装置　fin stabilizer　15.0546

减载波发射　reduced carrier emission　14.0279

件散货　neobulk cargo　11.0104

件杂货　break bulk cargo　11.0102

舰间间隔　beam distance between ships　05.0046

舰间斜距　oblique distance between ships　05.0047

舰间纵距　fore-and-aft distance between ships　05.0045

舰艇编队队形　ship formation pattern　05.0019

舰艇编队队形要素　elements of ship formation pattern　05.0038

舰艇编队序列　order of ship formation　05.0027

舰艇编队运动　ship formation movement　05.0017

舰艇编队运动规则　regulations for ship formation movement　05.0018

舰艇编队转向　ship formation course alteration　05.0049

舰艇机动　ship manoeuvre　05.0001

舰艇相遇圆　ship's meeting circle　05.0008

建造入级　constructive classification　13.0239

降交点　descending node　03.0068

降落伞信号　parachute signal　08.0404

降凝剂　pour point depressant　15.0875

降压起动　reduced-voltage starting　15.1179

交叉相遇局面　crossing situation　09.0202

交船　delivery of vessel　13.0142

交发日期　filing date　14.0131

交发时间　filing time　14.0132

交付　delivery　11.0086

交会法　method of intersection　12.0128

交会信号　spill-over signal　06.0263

交流电站　AC power station　15.1066

交流三相三线制　AC three-phase three-wire system

15.1136

交通安全评估　appraisal of traffic safety　13.0310

交通管制区　traffic control zone　13.0289

交通控制区　traffic control area　13.0312

交通量　traffic volume　13.0300

交通流　traffic flow　13.0299

交通密度　traffic density　13.0297

交通容量　traffic capacity　13.0302

交通艇　traffic boat, launch　08.0128

铰接式装油塔　articulated loading tower　12.0162

铰接塔系泊系统　articulated tower mooring system
　12.0159

角度传感器　pickoff, angular position sensor
　06.0135

角阀　angle valve　15.0818

角件　corner fitting　11.0238

角偏差　angular misalignment　15.0909

绞缆机　warping winch　15.0525

绞缆筒　warping end, warping head, warping drum
　15.0536

绞缆移船　warping the berth　09.0067

绞[澾]滩　having up against the rapids　10.0087

*教练船　training ship　08.0136

接地检查灯　ground detecting lamp　15.1100

接近相遇机动　closing to meeting manoeuvre
　05.0006

接收机灵敏度　sensitivity of a receiver　14.0285

接收机选择性　selectivity of a receiver　14.0286

接收天线　receiving antenna　14.0293

接收站　receiving station　12.0180

阶跃输入　step input　15.0948

截止阀　stop valve　15.0821

节　knot, kn　02.0096

节流调节　throttle governing　15.0262

节流阀　throttle valve　15.0608

节制闸灯　regulating lock light, check gate light
　10.0046

杰森条款　Jason clause　13.0134

捷联式惯性导航系统　strapdown inertial navigation
　system　06.0193

捷水道　short-cut route　10.0005

结关　clearance　13.0337

结关单　clearance certificate　11.0099

解扩　de-spread　06.0371

解析式惯性导航系统　analytic inertial navigation
　system　06.0190

解约　cancelling　13.0131

解约日　cancelling date　13.0115

界限标　limit mark　10.0043

紧急　emergency　14.0032

紧急倒车冲程　crash stopping distance　09.0024

*紧急浮起　submarine quick surfacing　05.0066

紧急航行危险报告　urgent navigational danger
　report　14.0105

紧急阶段　emergency phase　12.0011

紧急警报　emergency warning　07.0090

紧急气象危险报告　urgent meteorological danger
　report　14.0106

紧急刹车　emergency brake　15.0150

紧急停堆　emergency shut-down　15.1252

紧急通信　urgency communication　14.0152

紧急危险　immediate danger　09.0161

紧急无线电示位标　emergency position-indicating
　radiobeacon, EPIRB　14.0212

*紧急下潜　submarine quick diving　05.0068

紧急信号　urgency signal　14.0151

紧急优先等级　urgency priority　14.0172

紧迫局面　close quarters situation　09.0160

紧迫权　right of hot pursuit　13.0002

谨慎处理　due diligence　13.0091

进倒车掉头　turning short round by ahead and astern
　engine　09.0093

*进动性　gyroscopic precession　06.0104

*进距　advance　09.0011

进口许可　import permit　11.0345

进气阀　suction valve, inlet valve　15.0063

进气壳体　air intake casing　15.0312

进气装置　air inlet unit　15.0298

进汽度　degree of admission　15.0346

进水角　flooding angle　11.0062

进水速度　speed of flooding　08.0441

进坞　docking　08.0498

进坞操纵　docking maneuver　09.0151

进闸操纵　locking maneuver　09.0150

禁航区　prohibited area, forbidden zone　07.0359

禁渔期　[fishing] closed season　12.0039

禁渔区　forbidden fishing zone　12.0045

近岸设施　offshore terminal　12.0145

近地点　perigee　03.0076

近海测量　offshore survey　12.0115

近海航行　offshore navigation　02.0204

近海渔业　offshore fishery　12.0033

近海钻井作业　offshore drilling operation　12.0147

近日点　perihelion　03.0057

近中天　ex-meridian　03.0050

浸没式蒸发器　flooded evaporator　15.0640

精度几何因子　geometry dilution of precision, GDOP　04.0009

精对准　fine alignment　06.0197

精矿　concentrate　11.0184

精密定位业务　precise positioning service, PPS　06.0378

经差　difference of longitude　02.0021

经度改正量　longitude correction　02.0155

经济功率　economical power　15.0044

经济航速　economic speed　02.0092

经济器　economizer　15.0376

*经线　meridian　02.0015

井位标　well's location buoy　12.0151

警告信号　warning signal　09.0242

警戒区　precautionary area　07.0387

静横倾角　static heeling angle　11.0055

静默时间　silence period, SP　14.0179

静水弯矩　still water bending moment　11.0066

静索　standing rigging　08.0256

静态　static state　15.0955

静压调节器　static pressure regulator　15.0688

静压头　static head　15.0466

静叶片　stationary blade　15.0250

静噪　squelch　14.0312

静止锋　stationary front　07.0057

静止卫星　stationary satellite　14.0254

径流式涡轮　radial-flow turbine　15.0306

径向柱塞式液压马达　radial-piston hydraulic motor　15.0579

净吨位　net tonnage, NT　11.0015

净化系统　purification system　15.1224

净空高度　height clearance, air draft　10.0014

净压头　effective head　15.0471

净载重量　net dead weight, NDW　11.0012

净正吸高　net positive suction height　15.0472

净正吸入压头　net positive suction head　15.0473

救捞船　salvage ship　08.0117

救生筏　liferaft　08.0396

救生服　immersion suit　08.0402

救生浮具浮力试验　buoyancy test for buoyant apparatus　13.0278

救生圈　lifebuoy　08.0398

救生圈试验　buoyancy test for lifebuoy　13.0279

救生设备　life saving appliance　08.0391

救生设备配备　carriage of life saving appliances on board　08.0411

救生艇　lifeboat　08.0395

救生艇筏手提无线电设备　portable radio apparatus for survival craft　14.0211

救生艇甲板　lifeboat deck　08.0041

救生艇罗经　lifeboat compass　06.0010

救生艇试验　test for lifeboat　13.0277

救生艇无线电报设备　radiotelegraph installation for lifeboat　14.0210

救生信号　life saving signal　14.0023

救生衣　lifejacket　08.0400

救生衣试验　buoyancy test for life-jacket　13.0280

救助报酬　salvage remuneration　13.0178

救助报酬请求　claim for salvage　13.0173

救助泵　salvage pump　15.0443

救助单位　rescue unit, RU　12.0005

救助分中心　rescue subcenter, RSC　12.0004

救助艇　rescue boat　08.0394

救助效果　success in salvage　13.0172

救助协调中心　rescue coordinator center, RCC　12.0003

救助义务　obligation to render salvage service　13.0174

拘留权　right of seizure　13.0004

居间障碍物　intervening obstruction　09.0184

居住舱　accommodation, cabin　08.0027

局部比例尺　local scale　07.0295

局域网络　local area network　15.1053

矩阵信号　matrix signal　14.0008

举证责任　onus of proof, burden of proof　13.0093

距变率　rate of distance variation　05.0003

距离差位置线 position line by distance difference 02.0163

距离定位 fixing by distances 02.0168

距离分辨力 range resolution 06.0313

距离索 distance line 12.0186

距离位置线 position line by distance 02.0160

卷筒 drum, barrel 15.0533

绝对计程仪 absolute log 06.0169

绝对免赔额 deductible 13.0192

绝对湿度 absolute humidity 07.0013

绝对延迟 absolute delay 06.0227

*均方误差 standard error 02.0194

均功调节 equalizing regulation 15.1135

军船 naval ship 08.0169

军舰 warship 08.0158

军事航海 military navigation 01.0006

K

开杯试验 open cup test 11.0267

开船旗 blue peter 14.0022

开航权 right for sailing 11.0362

开环系统 open-loop system 15.0964

开口滑车 snatch block 08.0269

开锚 offshore anchor 09.0066

开式循环燃气轮机 open cycle gas turbine 15.0295

开式液压系统 open type hydraulic system 15.0581

看齐角 aligning angle 05.0042

康索尔 Consol 06.0208

康索兰 Consolan 06.0209

抗乳化度 demulsification number 15.0864

抗氧化抗腐蚀剂 anti-oxidant anti-corrosion additive 15.0874

*靠把 fender 08.0271

靠泊表 parking meter 06.0187

靠码头 alongside wharf 09.0102

壳管式冷凝器 shell and tube condenser 15.0632

可变喷油正时机构 variable injection timing mechanism 15.0099

可倒转柴油机 reversible diesel engine 15.0007

可航半圆 navigable semicircle 07.0101

可浸长度 floodable length 11.0075

可控被动水舱式减摇装置 controllable passive tank stabilization system 15.0544

可控硅变流机组 thyristor converter set 15.1167

可控硅调速 thyristor speed control 15.1176

可控硅励磁系统 thyristor excited system 15.1104

可控相复励磁系统 controllable phase compensation compound excited system 15.1102

可控自励恒压装置 controllable self-excited constant voltage device 15.1105

可能碰撞点 possible point of collision, PPC 09.0271

可燃毒物元件 burnable poison element 15.1220

可听距离 range of audibility 09.0235

可调螺距桨 controllable pitch propeller, CPP 09.0044

可调螺距桨控制系统 controllable pitch propeller control system, CPP control system 15.0991

可调叶片 adjustable vane 15.0319

可移式风机 portable fan 15.0488

*克令吊 crane 08.0387

客舱旅客 cabin passenger 11.0355

客船 passenger ship 08.0079

客货船 passenger-cargo ship 08.0081

客运主任 chief steward 13.0374

空白背书 endorsement in blank 13.0084

空白定位图 plotting chart 07.0282

空船排水量 light displacement 11.0008

空船重量 light weight 11.0010

*空档 ullage 11.0153

空距 ullage 11.0153

*空泡腐蚀 cavitation erosion 15.0165

空气分配器 air distributor 15.0687

空气浮力修正系数 air floatation correction coefficient 11.0159

空气加热器 air heater 15.0679

空气冷却器 air cooler 15.0102

空气消耗率 specific air consumption 15.0330

空气调节装置蒸发器 air conditioning evaporator 15.0678

空气压缩机　air compressor　15.0137

空气预热器　air preheater　15.0377

空气阻力　air resistance　09.0029

空压机自动控制　air compressor auto-control　15.0997

空载试验　no-load test　15.1125

控制棒　control rod　15.1214

控制棒导管　control rod guide tube　15.1219

控制棒驱动机构　control rod drive mechanism　15.1218

控制部位转换开关　control station change-over switch　15.1014

控制点　control point　07.0320

控制室操纵屏　control room manoeuvring panel　15.1007

控制塔　control tower　11.0234

控制用空气压缩机　control air compressor　15.0490

扣押船舶　arrest of ship　13.0386

快速接头　quick release coupling　12.0189

快速稳定装置　fast settling device, rapid settling device　06.0095

快速性　speedability　08.0061

宽限期　period of grace　13.0281

框架误差　gimballing error　06.0118

框架箱　skeletal container　11.0209

矿砂船　ore carrier　08.0091

矿物油　mineral oil　15.0835

亏舱　broken space, broken stowage　11.0123

扩频信号　spread spectrum signal　06.0370

扩压器　diffuser　15.0314

扩展方形搜寻　expanding square search　12.0022

L

垃圾船　garbage boat　08.0131

垃圾倾倒区　dumping ground, spoil area　07.0368

拉缸　piston scraping, cylinder scraping　15.0152

揽货　solicitation, canvassion　11.0079

缆　hawser　08.0247

缆绳绑扎　seizing　08.0302

缆绳周径　circumference of rope　08.0307

缆桩　bollard, bitts　08.0371

浪花　breakers　07.0180

浪级　wave scale　07.0177

浪损　damage caused by waves　09.0142

雷达避碰试操纵　trial maneuvering　09.0265

雷达标绘　radar plotting　09.0257

雷达导航　radar navigation　06.0317

雷达反射器　radar reflector　07.0267

*雷达仿真器　radar simulator　06.0318

雷达回波箱　radar echo-box　06.0306

雷达模拟器　radar simulator　06.0318

雷达信标　radar beacon, racon　06.0349

雷达性能监视器　radar performance monitor　06.0305

雷达引航图　radar navigation chart　10.0004

雷达应答器　radar transponder　06.0350

雷达指向标　ramark　06.0352

雷达最大作用距离　maximum radar range　06.0310

雷达最小作用距离　minimum radar range　06.0311

雷德蒸汽压力　Reid vapor pressure　11.0148

*雷康　radar beacon, racon　06.0349

肋板　floor　08.0195

肋骨　frame　08.0208

肋距　frame space　08.0209

肋片式蒸发器　finned-surface evaporator　15.0637

冷藏船　refrigerator ship　08.0104

冷藏货　refrigerated cargo　11.0107

冷藏货舱　refrigerated cargo hold　15.0666

冷藏货条款　refrigerated cargo clause　13.0096

冷藏间　refrigerated room, refrigerated space　15.0662

冷藏箱　refrigeration container, reefer container　11.0203

冷吹运行　cold blow-off operation　15.0331

冷冻机油　refrigerator oil　15.0842

冷锋　cold front　07.0056

冷风机　air cooling machine　15.0641

冷高压　cold high　07.0051

冷剂泵　refrigerating medium pump　15.0433

冷凝器真空度　condenser vacuum　15.0237

冷平流　cold advection　07.0037

冷气团　cold air mass　07.0061

冷却法　cooling method　08.0426

冷却水倍率　cooling water ratio　15.0716

冷却系统　cooling system　15.0116

冷水事故　cold-coolant accident　15.1260

冷态起动　cold starting　15.0280

冷停堆　cold shut-down　15.1251

离岸价格　free on board, FOB　11.0308

离岸流　rip current　07.0242

离泊　unberthing　09.0100

离浮筒　clearing from buoy　09.0112

离码头　leaving wharf　09.0107

离心泵　centrifugal pump　15.0457

离心式压气机　centrifugal compressor　15.0299

离心式制冷压缩机　centrifugal refrigerating compressor　15.0626

理货员　tallyman　11.0141

里程表　distance table　07.0399

例行复述　routine repetition　14.0142

立标　beacon　07.0251

立柜式空气调节器　self-contained air conditioner　15.0675

粒度　unit size　11.0186

沥青分　asphaltenes content　15.0850

力矩平衡器　moment compensator　15.0110

力矩器　torquer　06.0136

力锚　riding anchor　09.0079

联合船位　combined fix, CF　02.0176

联合国编号　UN number　11.0289

联检　joint inspection　13.0326

联运货　through transport cargo, through cargo　11.0096

联运提单　through bill of lading　13.0054

连带责任　joint and several liability　11.0343

连杆　connecting-rod　15.0076

连接件　connecting fitting　11.0241

连接缆　connecting line　10.0062

连接链环　joining link, connecting link　08.0329

连接卸扣　joining shackle, connecting shackle　08.0328

* 连续甲板　continuous deck　08.0043

连续输出功率　continuous service rating　15.0034

链　cable, cab　02.0081

链节　shot, shackle　08.0325

链抓力　holding power of chain　08.0324

练习生　apprentice　13.0352

梁拱　camber　08.0222

良好船艺　good seamanship　09.0177

两半角［转向］法　method of altering course by two half-angles　05.0053

* 两柱间长　length between perpendiculars, LPP　08.0047

瞭头　look-out on forecastle　09.0174

瞭望　look-out　09.0173

列位　slot　11.0217

裂变产物　fission product　15.1197

裂变能　fission energy　15.1196

裂变中子　fission neutron　15.1198

猎雷舰　mine hunter　08.0164

猎潜艇　submarine chaser　08.0167

临界棒栅　critical control rod lattice　15.1248

临界初稳性高度　critical initial metacentric height　11.0064

临界倾覆力臂　critical capsizing lever　11.0049

临界倾覆力矩　critical capsizing moment　11.0050

* 临界热负荷　burn-out heat flux　15.1206

临界实验　criticality test　15.1262

临界舷角　critical relative bearing　05.0007

临界压力比　critical pressure ratio　15.0227

临时检验　occasional survey　13.0252

临时通告　temporary notice　07.0406

临时修理　temporary repair　08.0471

邻图索引　index of adjoining chart　07.0290

* 拎水锚　upstream anchor　09.0081

零点误差　zero error　06.0163

零功率实验　zero-power experiment　15.1263

灵敏部分　sensitive element　06.0084

领海　territorial sea, territorial water　13.0016

领海基线　baseline of territorial sea　13.0013

硫分　sulfur content　15.0848

留验　observation　13.0344

留置权　lien　13.0073

流冰　drift ice　07.0127

流刺网　drift net　12.0065

流动水分点　flow moisture point　11.0188
流量调节器　flow regulator　15.0976
流量控制阀　flow-control valve　15.0607
＊流锚　stream anchor　08.0319
流网作业　drift fishing　12.0075
流线　streamline　07.0078
流压差　drift angle　02.0142
六分仪　sextant　06.0044
六分仪高度　sextant altitude　03.0129
六分仪交会法　method of intersection by sextant　12.0129
[六分仪]器差　instrument error　03.0136
六分仪误差　sextant error　06.0050
六分仪校正　sextant adjustment　06.0053
＊龙骨板　plate keel　08.0197
漏损检测　examination of leakage and breakage　11.0337
＊炉胆　furnace　15.0367
炉膛　furnace　15.0367
鲁班结　Luban's hitch　08.0285
露点[温度]　dew-point [temperature]　07.0014
＊辘轳　tackle　08.0267
陆标　landmark, terrestrial object　02.0156
陆标船位　terrestrial fix, TF　02.0175
陆标定位　fixing by landmark　02.0166
陆地电台　land station　14.0198
＊陆地效应　coastal.effect, land effect　06.0203
陆风　land breeze　07.0109
陆基导航系统　ground-based navigational system　04.0005
陆源冰　land-origin ice　07.0144
旅客权利　right of passenger　11.0364
旅客运输　carriage of passenger　11.0353
旅游船　tourist ship　08.0082
滤器自动清洗　automatic filter cleaning　15.0999
滤水柜　water filter tank　15.0746
轮机管理　marine engineering management　01.0033
轮机日志　engine room log book　15.0938
轮机长　chief engineer　13.0358
轮型转子　blade wheel rotor　15.0246
轮助　assistant engineer　13.0362

螺杆泵　screw pump　15.0455
螺杆式制冷压缩机　screw type refrigerating compressor　15.0628
螺距　pitch　09.0050
螺距角指示器　pitch angle indicator　15.0907
螺线试验　spiral test　09.0005
螺旋桨　screw propeller　09.0040
螺旋桨横向力　sidewise force of propeller　09.0054
螺旋桨静平衡　propeller statical equilibrium　15.0911
螺旋桨特性　propeller characteristic　15.0923
螺旋桨转速　revolution speed of propeller　09.0056
螺旋推进器船　screw propeller ship　08.0176
罗北　compass north　02.0032
罗方位　compass bearing, CB　02.0063
罗航向　compass course, CC　02.0047
罗经　compass　06.0001
罗经点　compass point　02.0074
罗经柜　compass binnacle　06.0016
罗经基点　cardinal point　02.0075
罗经盘　compass card　06.0015
罗经盆　compass bowl　06.0014
罗经液体　compass liquid　06.0017
罗兰A　Loran-A　06.0211
罗兰A接收机　Loran-A receiver　06.0212
罗兰C　Loran-C　06.0213
罗兰C告警　Loran-C alarm　06.0240
罗兰C接收机　Loran-C receiver　06.0214
罗兰表　Loran table　06.0258
罗兰船位　Loran fix　06.0259
罗兰海图　Loran chart　07.0286
罗兰天地波识别　identification of Loran ground and sky waves　06.0260
罗兰位置线　Loran position line　06.0257
逻辑阀　logical valve　15.0610
落潮　ebb [tide]　07.0197
落潮流　ebb stream, ebb current　07.0228
落墩　lying on the keel block　08.0500
落旗致敬　dip to　14.0047
落位　on position　10.0079

M

玛瑞瓦禁令 Mareva Injunction 13.0168

C/A 码 coarse/acquisition code, C/A code 06.0372

P 码 precision code, P code 06.0373

码分隔制 code division system 04.0018

码头 wharf, quay 07.0390

码头费 port disbursement, port dues, port charge 11.0329

码相位 code phase 06.0368

脉8定位系统 pulse 8 positioning system 06.0388

脉动磁场 pulsating magnetic field 15.1191

满舱满载 full and down 11.0132

满月 full moon 03.0082

满载排水量 full load displacement 11.0009

慢闪光 slow flash light 15.1061

慢转起动程序 slow turning starting sequence 15.1021

漫坪水位 overbank water level 10.0012

盲发 blind sending 14.0143

盲区 blind zone 06.0334

锚 anchor 08.0313

锚冰 anchor ice, ground ice 07.0120

锚泊 anchoring 09.0072

锚泊船 anchored vessel 09.0207

锚地 anchorage 07.0361

锚更 anchor watch 09.0089

锚结 fisherman's bend 08.0281

锚缆 anchor rope 08.0330

锚链 anchor chain 08.0323

锚链标记 cable mark 08.0326

锚链舱 chain locker 08.0339

锚链钩 chain hook 08.0334

锚链管 chain pipe, naval pipe 08.0333

锚链绞缠 fouling hawse 09.0083

锚链轮 wildcat 15.0531

锚链筒 hawsepipe 08.0332

*锚链制 chain stopper 08.0336

锚球 anchor ball 08.0344

锚设备 ground tackle, anchor and chain gear 08.0312

锚设备检验 survey of anchor and chain gear 08.0341

锚位 anchor position, AP 07.0349

锚穴 anchor recess 08.0331

锚抓力 holding power of anchor 08.0322

锚抓重比 anchor holding power to weight ratio 08.0321

卯酉圈 prime vertical, PV 03.0035

梅雨 Meiyu, plum rain 07.0105

每吨海里燃油消耗量 fuel consumption per ton n mile 15.0920

每厘米吃水吨数 tons per centimeter immersion, TPC 11.0022

每厘米纵倾力矩 moment to change trim per centimeter 11.0041

美国石油协会分级 American Petroleum Institute classification 15.0878

门到门 door to door 11.0231

蒙气差 refraction 03.0137

密度温度系数 true density-temperature correction coefficient 11.0157

*密度修正系数 true density-temperature correction coefficient 11.0157

密封甲板阀 hermetic deck valve 15.0794

密封水系统 seal water system 15.1231

密封蒸汽系统 sealing steam system 15.0260

密集流冰 close pack ice 07.0130

密结流冰 consolidated pack ice 07.0128

密语 secret language 14.0141

*免责条款 exception clause, exemption clause 13.0092

灭火器 fire extinguisher 08.0438

民用晨昏朦影 civil twilight 03.0122

明礁 rock uncovered 07.0335

明轮 paddle wheel 09.0041

明轮推进器船 paddle wheel vessel 08.0175

明语 plain language 14.0140

鸣笛标 whistle-requesting mark 10.0042

模拟试验　simulation test　15.1028

磨合　running-in　15.0204

摩擦阻力　frictional resistance　09.0026

末端再加热空气调节系统　terminal reheat air conditioning system　15.0670

莫尔斯码　Morse code　14.0011

墨卡托海图　Mercator chart　07.0278

墨卡托算法　Mercator sailing　02.0125

墨卡托投影　Mercator projection　07.0309

木材船　lumber cargo ship　08.0088

木材条款　timber clause　13.0099

木匠　carpenter　13.0369

木排　wood raft　10.0072

目标录取　target acquisition　09.0262

目的地码　destination code　14.0155

目的港　port of destination　02.0115

目的港船上交货　ex ship　11.0311

目的港码头交货　ex quay, ex wharf, ex pier　11.0312

N

钠和钒含量　sodium and vanadium content　15.0851

耐波性　seakeeping quality　08.0059

耐火　resistant to fire, fire-tight　11.0269

挠性罗经　flexibility gyrocompass　06.0083

挠性陀螺仪　flexibility gyroscope　06.0102

内波　internal wave　07.0171

内补偿法　method of internal compensation　06.0124

内底板　inner bottom plate　08.0201

内底边板　margin plate　08.0203

内底结构图　inner bottom construction plan　08.0190

内底纵骨　inner bottom longitudinal　08.0200

内功率　internal power　15.0231

内海　inner sea, internal sea　13.0015

内河船　river boat, inland vessel　08.0174

内河分级航区　graded region　10.0089

内河航标　inland waterway navigation aids　10.0030

内河航道图　chart of inland waterway　10.0002

内河航行　inland navigation　10.0001

内河航行基准面　chart datum for inland navigation　10.0009

内河引航　inland waterway navigation and pilotage　09.0155

内河引航图　pilot chart of inland waterway　10.0003

内进汽　inside admission　15.0342

＊内龙骨　center girder, keelson　08.0196

内陆水道　inland waterway　09.0156

内燃机船　motor vessel, MV　08.0071

内水　inland waters, internal waters　13.0014

内效率　internal efficiency　15.0233

能耗制动　dynamic braking　15.1180

能见地平　visible horizon　02.0101

能见度　visibility　07.0031

能见度不良　restricted visibility　09.0171

能量调节阀　capacity adjusting valve　15.0631

泥浆泵　dredging pump　15.0442

逆电流试验　reverse current test　15.1121

逆功率保护　reverse power protection　15.1124

逆功率试验　reverse power test　15.1120

逆流船　upstream vessel　09.0194

逆水　up stream　10.0077

年差　magnetic annual change　02.0035

年度检验　annual survey　13.0248

粘度　viscosity　15.0846

粘度分级　viscosity classification　15.0877

粘度计　viscosimeter, viscometer　15.0200

粘度指数　viscosity index　15.0860

粘度自动控制系统　viscosity automatic control system　15.0993

捻缝　caulking　08.0462

凝点　solidification point, freezing point　15.0855

凝汽式汽轮机　condensing steam turbine　15.0211

凝水泵　condensate pump　15.0425

凝水系统　condensate system　15.0396

凝水再循环管路　condensate recirculating pipe line　15.0287

扭力计　torsional meter　15.0197

扭锁　twist lock　11.0244

扭叶片　twisted blade　15.0253

扭[振]共振　torsional resonance　15.0059

扭振减振器　torsional vibration damper　15.0109

扭转强度　torsional strength　11.0070

暖锋　warm front　07.0055

暖机　warming-up　15.0277

暖机蒸汽系统　warming-up steam system　15.0258

暖流　warm current　07.0243

暖平流　warm advection　07.0036

暖气团　warm air mass　07.0060

O

* 偶然误差　random error　02.0193

P

* 帕森数　characteristic number, Parson's number　15.0230

拍岸浪　surf　07.0181

* 拍底　slamming　09.0126

拍卖船舶　auction of ship　13.0387

排出流　discharge current　09.0053

排出压头　discharge head　15.0470

排筏　log raft　08.0180

排缆装置　spooling gear　15.0537

排气阀　exhaust valve　15.0064

排气壳体　exhaust casing, exhaust hood　15.0316

排气口　exhaust port　15.0068

排气温度　exhaust temperature　15.0051

排气烟度　exhaust smoke　15.0052

排气装置　exhaust unit　15.0309

排汽室　exhaust chest　15.0241

排汽系统　exhaust steam system　15.0257

排水法　draining method　08.0447

排水量　displacement　11.0007

排水能力　water discharge capacity　08.0442

排位　bay　11.0216

排盐泵　blowdown pump　15.0710

排盐量　brine rate, blowdown rate　15.0713

排油监控装置　oil discharge monitoring and control system　15.0783

盘车联锁装置　turning gear interlocking device　15.0276

盘面比　disc ratio　09.0051

旁瓣回波　side-lobe echo　06.0341

旁通调节　by-pass governing　15.0265

旁通阀　by-pass valve　15.0822

旁桁材　side girder　08.0198

* 抛缆枪　line throwing gun　08.0265

抛锚　let go anchor　08.0342

抛锚掉头　turning short round with anchor　09.0094

抛锚试验　anchoring test　13.0271

抛起锚口令　anchoring orders　08.0345

抛弃　jettison　13.0231

抛绳设备　linethrowing appliance　08.0407

泡沫灭火系统　foam fire extinguishing system　08.0433

泡水　boiling like water　10.0024

配电屏　feeder panel　15.1095

配电系统　distribution system　15.1131

配汽调整　steam distribution adjustment　15.0350

配汽机构　steam distribution device, tappet gear　15.0339

配载图　stowage plan, cargo plan　11.0081

配装类　stowage category　11.0282

喷淋蒸发式冷凝器　spray evaporative condenser　15.0634

喷气推进船　airjet ship　08.0178

喷射泵　jet pump, ejector　15.0461

喷水推进船　waterjet vessel, hydrojet boat　08.0177

喷油器　fuel injector, fuel valve, fuel injection nozzle　15.0098

喷油器滴漏　fuel valve dribbling　15.0166

喷油器冷却泵　fuel injection valve cooling pump

15.0428

喷油器试验台　injector testing equipment　15.0115

喷油正时　injection timing　15.0054

喷嘴　nozzle　15.0242

喷嘴阀　nozzle valve　15.0270

喷嘴室　nozzle chamber　15.0240

喷嘴调节　nozzle governing　15.0263

砰击　slamming　09.0126

膨胀比　expansion ratio　15.0328

膨胀柜　expansion tank　15.0126

*膨胀系数　volume-temperature correction coefficient　11.0156

膨胀余量　expansion space　11.0154

碰垫　fender　08.0271

碰角　collision angle　09.0272

碰撞点　point of collision, PC　09.0270

碰撞警报　collision warning　09.0264

碰撞速度　collision speed　09.0269

碰撞危险　risk of collision　09.0204

批注清单　remark list　11.0297

毗连区　contiguous zone　13.0021

*偏摆　yawing　09.0117

偏荡　yawing　09.0085

偏点　by point　02.0078

偏航　crabbing, off course, off way　02.0145

*偏航角　yaw angle　08.0349

偏距　kick　09.0013

偏缆灯　towing side light　09.0219

偏心传动装置　eccentric gear　15.0340

偏心显示　off-centered display　06.0331

偏中值　misalignment value　15.0908

偏转仪　deflector　06.0035

漂浮物　floating substance　13.0292

漂浮烟雾信号　buoyant smoke signal　08.0406

漂航　drifting　09.0133

漂角　drift angle　09.0014

漂流渔船　drift fishing boat　08.0154

漂心距中距离　longitudinal distance of center of floatation from midship　11.0027

撇缆　heaving line　08.0254

撇缆活结　heaving line slip knot　08.0296

撇缆枪　line throwing gun　08.0265

拼车货　less than truck load, LTL　11.0222

拼箱货　less than container load, LCL　11.0220

频道　channel　14.0300

频率标准　frequency standard　14.0267

频率分隔制　frequency division system　04.0017

频率容限　frequency tolerance　14.0266

频闪灯　strobe light　09.0248

频移键控　frequency shift keying, FSK　14.0283

平板龙骨　plate keel　08.0197

平舱　trimming　11.0185

平衡阀　balanced valve　15.0606

平衡活塞　dummy piston　15.0254

平衡陀螺仪　balanced gyroscope　06.0100

平甲板船　flush deck vessel　08.0063

平结　reef knot　08.0297

平均低潮间隙　mean low water interval, MLWI　07.0210

平均高潮间隙　mean high water interval, MHWI　07.0209

平均海面　mean sea level, MSL　07.0211

平均海面季节改正　seasonal change in mean sea level　07.0222

平均空档深度　average void depth　11.0174

平均纬度　mean latitude　02.0148

平均误差　mean error　02.0195

平均压力计　mean pressure meter　15.0194

平均有效压力　effective mean pressure, brake mean effective pressure　15.0029

平均指示压力　indicated mean effective pressure　15.0023

平离　leaving bodily　09.0110

*平流　slack water　07.0230

平流层　stratosphere　07.0003

平流区域　slack water area　09.0181

平面传感器　flat-surface sensor, flat-surface probe　06.0172

平面图　plane chart　07.0308

平面位置显示器　plane position indicator, PPI　06.0302

平时　mean time　03.0094

平台甲板　platform deck　08.0044

平台罗经　stabilized gyrocompass, heading and attitude unit　06.0131

平台箱　platform container　11.0207

平太阳　mean sun　03.0093
平行度偏差　parallel misalignment　15.0910
平行航线搜寻　parallel track search　12.0020
平旋推进器　cycloidal propeller, Voith Schneider propeller, VSP　09.0046
平整冰　level ice　07.0121
泼水试验　pouring water test　13.0260

破冰船　icebreaker　08.0123
破冰［型］艏　icebreaker stem, icebreaker bow　08.0230
破舱稳性　damaged stability　08.0452
破断强度　breaking strength, BS　08.0308
剖面测量仪　bottom profiler　06.0188
蒲福风级　Beaufort［wind］scale　07.0022

Q

期修　regular repair　08.0470
鳍轴　fin shaft　15.0551
齐转法　method of altering course together　05.0051
旗号通信　flag signalling　14.0003
起动故障报警　start failure alarm　15.1011
起动结束信号　start-finish signal　15.1017
起动空气分配器　starting air distributor　15.0132
起动空气瓶　starting air reservoir　15.0138
起动空气切断　starting air cut off　15.1010
起动空气总管　starting air manifold　15.0136
起动控制阀　starting control valve　15.0134
起动联锁　starting interlock　15.1029
起动盲区　start-up blind-zone　15.1247
起动器　starter　15.1168
起动事故　start-up accident　15.1261
起动凸轮　starting cam　15.0135
起动转速　starting engine speed　15.0037
起动装置　starting device　15.0311
起航与加速工况管理　starting and accelerating operating mode management　15.0930
起货机　cargo winch　15.0509
起货设备吊重试验　proof test for ship cargo handling gear　13.0275
起货设备定期检验　periodical survey of cargo gear　08.0388
起居甲板　accommodation deck　08.0040
起锚　weigh　08.0343
起锚机　windlass, anchor windlass　15.0522
起锚设备　anchor gear　15.0521
起锚系缆绞盘　anchor capstan　15.0523
起始搜寻点　commence search point　12.0016
起网　hauling net　12.0081
起压　voltage build-up　15.1115

起重船　floating crane　08.0122
起重船打捞　lifting by floating crane　12.0094
起重机　crane　08.0387
起重机起重臂　crane boom　15.0516
起重机伸距　crane radius　15.0517
气垫船　hovercraft, air-cushion vehicle　08.0144
气动调节器　pneumatic regulator　15.0977
气动放大器　pneumatic amplifier　15.0982
气阀间隙　valve clearance　15.0056
气阀烧损　valve ablation　15.0172
气阀正时　valve timing　15.0055
气缸窜气　cylinder blow-by　15.0164
气缸盖　cylinder cover　15.0062
气缸起动阀　cylinder starting valve　15.0133
气缸套　cylinder liner　15.0066
气缸体　cylinder block　15.0069
气缸油　cylinder oil　15.0838
气缸油输送泵　cylinder oil transfer pump　15.0431
气缸油注油率　specific cylinder oil consumption　15.0040
气缸油注油器　cylinder lubricator　15.0081
气缸直径　cylinder bore　15.0014
气缸总容积　cylinder total volume　15.0020
气候　climate　07.0043
气候航线　climate routing　02.0128
气密　airtight　11.0273
气密试验　airtight test　13.0263
气泡六分仪　bubble sextant　06.0045
气蚀　cavitation erosion　15.0165
气体衰变箱　gas decay tank　15.1233
气团　air mass　07.0059
气温　air temperature　07.0007
气象传真接收机　weather facsimile receiver

潜越　passing underneath　05.0074

潜在缺陷　latent defect　11.0342

潜坐海底　resting on seabed　05.0072

潜坐液体海底　resting on liquid seabed　05.0073

浅浪登陆　landing through surf　08.0415

浅水效应　shallow water effect　09.0138

浅水与窄航道航行工况管理　shallow and narrow channel navigation operating mode management 15.0927

*嵌环　thimble　08.0260

欠频　under-frequency　15.1146

欠压　under-voltage　15.1145

欠压试验　under-voltage test　15.1119

欠折射　sub-refraction　06.0323

强化群呼　enhanced group call, EGC　14.0119

强热带风暴　severe tropical storm　07.0095

强酸值　strong acid number, SAN　15.0863

强胸横梁　panting beam　08.0238

强制打捞　compulsory removal of wreck　13.0180

强制循环锅炉　forced circulation boiler　15.0353

强制引航　mandatory pilotage, compulsory pilotage 13.0290

抢风　close haul　09.0188

敲缸　diesel knock　15.0155

桥规　bridge gauge　15.0199

桥规值　bridge gauge value　15.0181

桥涵标　bridge opening mark　10.0039

*桥楼　bridge　08.0022

切变线　shear line　07.0075

切除残损物　cutting away wreck　13.0232

切割　cutting　08.0497

倾差仪　heeling error instrument, heeling adjustor 06.0036

倾倒污染　damping pollution　13.0393

倾点　pour point　15.0854

倾斜试验　inclining test　13.0274

倾斜自差　heeling error, heeling deviation　06.0031

清除水雷船　vessel engaged in mineclearance - operation　09.0167

清洁提单　clean bill of lading　13.0055

清洁压载泵　clean ballast pump, permanent water ballast pump　15.0406

清洁压载舱　clean ballast tank, CBT　11.0165

清解锚链　clearing hawse　09.0084

清净分散剂　detergent/dispersant additive 15.0871

晴天工作日　weather working day, WWD 11.0138

秋分点　autumnal equinox　03.0061

球鼻[型]艏　bulbous bow　08.0231

球阀　globe valve　15.0817

趋势分析　trend analysis　15.0946

区号　zone letter　06.0272

区配电板　section board　15.1132

区时　zone time, ZT　03.0102

区域覆盖　local-mode coverage　14.0304

区域码　area code　14.0157

区域再加热空气调节系统　zone reheat air conditio- ning system　15.0671

曲径式密封　labyrinth gland　15.0243

曲折机动　zigzag manoeuvre　05.0013

曲轴　crankshaft　15.0080

曲轴红套滑移　crankshaft shrinkage slip-off 15.0175

曲轴疲劳断裂　crankshaft fatigue fracture 15.0174

曲轴平衡重　crankshaft counterweight　15.0112

曲轴箱　crankcase　15.0088

曲轴箱爆炸　crankcase explosion　15.0157

曲轴箱防爆门　crankcase explosion relief door 15.0091

驱气　gas-freeing　11.0166

驱逐舰　destroyer　08.0161

去污系统　decontamination system　15.1230

全封闭式制冷压缩机　hermetically sealed refrigera- ting compressor unit　15.0630

全潜船　underwater ship　08.0140

全球定位系统　global positioning system, GPS 06.0357

*全球定位系统船位　GPS fix　06.0381

全球覆盖　global-mode coverage　14.0305

全球海上遇险安全系统　global maritime distress and safety system, GMDSS　14.0236

全球航行警告业务　world wide navigational warning service, WWNWS　14.0067

全日潮　diurnal tide　07.0185

全损 total loss 13.0378

全向推进器 all direction propeller, Z propeller 09.0047

全向无线电信标 omnidirectional radio beacon 06.0206

全载波发射 full carrier emission 14.0278

群波 group of waves 07.0170

群岛水域 archipelagic sea area 13.0023

群岛通过权 right of passage between archipelagoes 13.0009

群呼广播业务 group call broadcast service 14.0080

R

燃点 ignition point 11.0149

燃耗 burn-up 15.1200

燃耗深度 burn-up level 15.1201

燃料包壳 fuel cladding 15.1211

燃料烧毁 burn-out 15.1205

燃料元件 fuel element 15.1212

燃气发生器 gas generator 15.0307

燃气轮机船 gas turbine ship 08.0074

燃气稳压箱 gas collector 15.0315

燃烧不完全 incomplete combustion 15.0179

燃烧器 oil burning unit, burner 15.0372

燃烧室 combustion chamber 15.0368

燃烧室热容强度 specific combustion intensity 15.0326

燃烧室外壳 combustor outer casing 15.0322

燃烧效率 combustion efficiency 15.0327

燃烧自动控制 automatic combustion control 15.0995

燃油加热器 fuel oil heater 15.0371

燃油输送泵 fuel oil transfer pump 15.0418

燃油消耗量 fuel consumption 15.0038

燃油注入管 fuel oil filling pipe 15.0761

让路船 give-way vessel 09.0205

绕航 deviation 13.0071

绕航变更报告 deviation report 13.0316

热带低压 tropical depression 07.0093

热带风暴 tropical storm 07.0094

热带辐合带 intertropical convergence zone, ITCZ 07.0102

热带气旋 tropical cyclone 07.0091

热带扰动 tropical disturbance 07.0092

热电式空气调节器 thermalelectric type air conditioner, semiconductor air conditioner 15.0676

热力膨胀阀 thermostatic expansion valve 15.0648

热疲劳裂纹 heat fatigue cracking 15.0176

热平衡 heat balance 15.0053

热屏蔽 thermal shielding 15.1242

热气融霜 hot gas defrost 15.0655

热湿比 heat-humidity ratio 15.0691

热水供暖系统 hot water heating system 15.0737

热水柜 hot water tank 15.0744

热水井 hot well 15.0398

热水循环泵 hot water circulating pump 15.0414

热态起动 hot starting 15.0281

热停堆 hot shut-down 15.1250

热盐水融霜 hot brine defrost 15.0657

人工岛 artificial island 12.0141

人工航槽 dredged channel 07.0348

人工用户电报业务 manual telex service 14.0075

人－机通信系统 man-machine communication system 15.1032

人命救助 life salvage 13.0170

人身伤亡赔款限额 limit of liability for personal injury 11.0359

人员定位标 personel locator beacon, PLB 12.0019

人员落水 man overboard 09.0146

人字队 v-shaped formation 05.0024

任务控制中心 mission control center, MCC 14.0257

认星 star identification 03.0006

日标 day mark 07.0250

日差 daily rate, chronometer rate 03.0111

日常例行维修 routine maintenance 15.0942

日常优先等级 routine priority 14.0170

日出 sun rise 03.0118

日界线 date line, calendar line 03.0108

日没　sun set　03.0120
日用柜　daily tank, service tank　15.0124
日晷投影　gnomonic projection　07.0311
融霜贮液器　defrost receiver　15.0658
容积泵　positive displacement pump　15.0449
容积吨　measurement ton　11.0117
容积货物　measurement cargo　11.0119
容积效率　volumetric efficiency　15.0474
容许误差　tolerance error, admissible error　02.0198
柔性支持板　flexible stay plate　15.0238
柔性转子　flexible rotor　15.0249
入级检验　classification survey　13.0236
人孔　manhole　08.0202
软铁球　soft-iron sphere　06.0021
润滑系统　lubrication system　15.0118
润滑脂　lubricating grease　15.0845
弱弹簧示功图　weak spring diagram　15.0192

S

三岛型船　three island vessel　08.0064
三副　third officer, third mate　13.0356
三杆分度器　station pointer, three-arm protractor　06.0058
三管轮　fourth engineer　13.0361
三角测量　triangulation　12.0125
三角洲　delta　07.0343
三七位［航行］　steering 3-tenths to port (starboard) of fairway　10.0082
三绕组变压器　three-winding transformer　15.1117
三位四通换向阀　three-position four way directional control valve　15.0592
三胀式蒸汽机　triple expansion steam engine　15.0336
三字点　intermediate point, false point　02.0077
三字母信号码　three letter singal code　14.0016
散货船　bulk-cargo ship, bulk carrier　08.0090
散装谷物捆包　bundle of bulk grain　11.0182
散装货条款　bulk cargo clause　13.0097
散装容积　bulk capacity, grain capacity　11.0122
散装时危险物质　materials hazardous in bulk　11.0264
扫舱泵　stripping pump　15.0436
扫海　sweeping　12.0112
扫海测量　wire drag survey　12.0118
扫雷队形　mine-sweeping formation　05.0061
扫雷航海勤务　mine-sweeping navigation service　05.0058
扫气　purge　11.0169
扫气口　scavenging air port　15.0067
扫气箱　scavenging air manifold　15.0100

扫气箱着火　scavenging box fire　15.0158
扫线　hose sweeping　12.0190
扫线球　hose sweeping ball　12.0191
沙包　movable sand heap　10.0028
闪发室　flash chamber　15.0709
闪发蒸发　flash evaporation　15.0701
闪光灯　flashing light　09.0216
闪光复位　flicker reset　15.1047
＊扇区无线电指向标　Consol　06.0208
扇形搜寻　sector search　12.0023
商船　merchant ship　08.0078
商船旗　merchant ship flag　14.0043
上层建筑　superstructure　08.0020
上层建筑甲板　superstructure deck　08.0039
上风船　vessel to windward　09.0186
上纲　head line　12.0054
上甲板　upper deck　08.0034
上浪　shipping sea　09.0125
上升风　anabatic　07.0110
上升流　upwelling　07.0239
上弦　first quarter　03.0081
上行　bound to　10.0075
上行船　up-bound vessel　09.0192
上游　upper reach　10.0015
上游锚　upstream anchor　09.0081
上止点　top dead center, TDC　15.0017
上中天　upper transit, upper meridian passage　03.0048
烧毁热负荷　burn-out heat flux　15.1206
射电六分仪　radio sextant　06.0048
设备交接单　equipment receipt　11.0236

设计纬度　designed latitude　06.0106

伸缩接头　expansion joint　15.0816

伸缩式减摇鳍装置　retractable fin stabilizer　15.0548

深层流　deep current　07.0236

深度记录器　depth recorder　06.0151

深度指示器　depth indicator　06.0150

深度自动操舵仪　depth autopilot　06.0184

深水航路　deep water way　07.0385

深水拖网　deep water trawl　12.0051

＊神仙葫芦　differential block, chain block, mechanical purchase　08.0268

甚低频通信　VLF communication　14.0186

甚高频紧急无线电示位标　VHF emergency position-indicating radiobeacon　14.0226

甚高频通信　VHF communication　14.0189

甚高频无线电测向仪　very high frequency radio direction finder, VHF RDF　04.0021

甚高频无线电话设备　VHF radiotelephone installation　14.0209

甚高频无线电设备　VHF radio installation　14.0222

渗漏试验　leakage test　11.0285

渗透率　permeability　11.0074

声道　sound channel　07.0156

声号通信　sound signalling　14.0006

声力电话　sound powered telephone　15.1192

声呐　sonar　06.0178

声速误差　sound velocity error　06.0161

声速校准　sound velocity calibration　06.0177

声相关计程仪　acoustic correlation log　06.0174

声响信号　sound signal　09.0232

生活污水标准排放接头　sewage standard discharge connection　15.0766

生活污水处理装置　sewage treatment unit　15.0756

生活污水柜　sewage tank　15.0757

生活污水排泄系统　sewage piping system　15.0758

生活用水系统　domestic water system　15.0738

生物屏蔽　biological shielding　15.1243

生物资源　living resources　13.0397

牲畜运输船　livestock carrier　08.0089

升船机　ship lift, ship elevator　10.0029

升高肋板　raised floor　08.0237

升降系统　jacking system　12.0154

升交点　ascending node　03.0067

升压泵　booster pump, boosting pump　15.0415

绳　rope　08.0246

绳结　bends and hitches　08.0276

绳头插接　backsplice　08.0299

绳头结　crown knot　08.0298

绳头卸扣　wire clip, bulldog grip　08.0264

绳锥结　marline spike hitch　08.0293

＊省煤器　economizer　15.0376

盛行风　prevailing wind　07.0112

剩余动稳性　residual dynamical stability　11.0176

剩余自差　residual deviation, remaining deviation　06.0033

失火警报　fire alarm　08.0439

失火自动报警系统　automatic fire alarm system　08.0436

失控船　vessel not under command　09.0165

失水事故　loss of coolant accident　15.1259

施放烟幕机动　smoke screen laying manoeuvre　05.0014

湿度表　hygrometer　06.0067

湿度计　hygrograph　06.0066

十六烷值　cetane number　15.0847

十字头　crosshead　15.0077

十字头式柴油机　crosshead type diesel engine　15.0003

时差　equation of time, ET　03.0095

时号　time signal　14.0149

时间差　time difference, TD　06.0232

时间分隔制　time division system　04.0016

时间精度因子　time dilution of precision, TDOP　04.0013

时角　hour angle, HA　03.0025

时区号　zone description, ZD　03.0103

时区图　time zone chart　03.0104

时圈　hour circle　03.0023

时效　time bar, time limitation　13.0095

蚀耗极限　corroded limit　08.0491

实际承运人　actual carrier　13.0109

实际航迹向　actual track, course over ground　02.0058

实际航速　speed over ground　02.0091

实际全损　actual total loss　13.0202

实习船　training ship　08.0136

实习生　cadet　13.0351

识别　identify　14.0026

识别信号　identity signal　09.0246

矢量显示　vector display　06.0333

使用赔偿条款　employment and indemnity clause　13.0148

驶风　boat sailing　08.0417

始发港　port of sailing, port of origin　02.0111

始航向　initial course　02.0052

示功阀　indicator valve　15.0065

示功器　power level indicator　15.0189

p－φ示功图　p-φ indicated diagram　15.0191

p－v示功图　p-v indicated diagram　15.0190

示位标　position indicating mark　10.0037

世界时　universal time, GMT　03.0101

世界油轮运价指数　world scale　11.0170

事故修理　damage repair　08.0472

适航　seaworthiness　13.0101

适航吃水差　seaworthy trim　13.0125

适货　cargo worthiness　13.0102

适拖　tow worthiness　13.0184

适淹礁　rock awash　07.0337

适用航速　operating ship speed　06.0130

适用纬度　operating latitude　06.0129

适运水分限　transportable moisture limit　11.0189

视差　parallax　03.0140

视出没　apparent rise and set　03.0053

视风　apparent wind, relative wind　07.0115

视高度　apparent altitude　03.0133

视功率　apparent power　15.1126

视觉通信　visual signalling　14.0002

视密度　observed density　11.0155

视情维修　on-condition maintenance　15.0944

视太阳　apparent sun　03.0092

视[太阳]时　apparent [solar] time　03.0090

视位置　apparent position　03.0071

试车　engine trial　13.0266

试舵　test the steering gear　08.0355

*试航　sea trial　13.0265

试航条件　sea trial condition　15.0202

试验负荷　proof load, PL　08.0309

收报局　office of destination, O/D　14.0137

收报人　addressee　14.0128

收报人名址　address　14.0129

收报台　station of destination　14.0138

收发开关　T-R switch　06.0307

收货　take delivery　11.0080

收货待运提单　received for shipment bill of lading　13.0051

收货单　mate's receipt　11.0292

收货人　consignee　13.0077

收妥　acknowledge　14.0027

收鱼船　fish buying boat　08.0155

手持火焰信号　hand flare　08.0405

手钓　hand line　12.0088

手动膨胀阀　hand expansion valve　15.0646

手纲　sweep line　12.0058

手旗通信　signalling by hand flags, semaphore signalling　14.0005

首尾导标　head and stern mark　10.0035

首要条款　paramount clause　13.0087

艏　bow　08.0002

艏标志　heading marker　06.0325

艏灯　head light　09.0218

艏尖舱　fore peak tank　08.0023

艏缆　head line　08.0359

艏离　leaving bow first　09.0108

艏楼　forecastle　08.0018

艏楼甲板　forecastle deck　08.0037

艏锚　bow anchor, bower　08.0316

艏门跳板　bow ramp　11.0245

艏舷　bow　08.0016

艏向　heading, Hdg　02.0044

艏向上　head up　06.0347

艏摇　yawing　09.0117

艏柱　stem　08.0235

艏艉锚泊　mooring head and stern　09.0076

艏艉线　fore-and-aft line　08.0015

受风舷　windward side　09.0185

受货人　receiver　13.0078

受理点　receiving point　14.0036

受载期　laydays　13.0114

枢心　pivoting point　09.0018

输出轴 output axis 06.0134

输入轴 input axis 06.0133

疏水系统 draining system 15.0259

鼠患检查 inspection of rat evidence 13.0343

数据通信 data communication 14.0192

数字拼读法 figure of mark pronunciation 14.0018

数字旗 numeral flag 14.0040

数字无线系统 digital radio system 14.0195

数字选择呼叫 digital selective calling, DSC 14.0113

数字选择呼叫设备 digital selective calling installation 14.0225

数字有线系统 digital line system 14.0196

衰落 fading 14.0299

双半结 two half hitches 08.0278

双层底 double bottom 08.0193

*双车 twin screws, twin propellers 09.0042

双船围网 double boat purse seine 12.0079

双吊联合作业 union crane service 08.0381

双方责任碰撞 both to blame collision 13.0165

双风管空气调节系统 dual-duct air conditioning system 15.0672

双杆作业 union purchase system 08.0380

双工 duplex 14.0302

双横队 double line abreast 05.0026

双机系统 dual system 15.1039

双卷筒绞车 double drum winch 15.0535

双联滤器 duplex strainer 15.0814

双曲线导航系统 hyperbolic navigation system 06.0210

双曲线位置线 hyperbolic position line 06.0256

双燃料柴油机 dual-fuel diesel engine 15.0009

双态罗经 double-state compass 06.0082

双套结 bowline on the bight 08.0295

双体船 catamaran 08.0145

双筒望远镜 binoculars 06.0043

双凸轮换向 double cam reversing 15.0144

双推进器 twin screws, twin propellers 09.0042

双位式调节器 on-off two position regulator 15.0967

双向航路 two-way route 07.0384

双向止回阀 double check valve, double non-return valve 15.0590

双胀式蒸汽机 compound expansion steam engine 15.0335

双轴系 twin shafting 15.0897

双转子摆式罗经 twin gyro pendulous gyrocompass 06.0078

双字母信号码 two letter signal code 14.0015

双纵队 double column 05.0025

双作用油缸 double-acting cylinder 15.0575

水舱式减摇装置 anti-rolling tank stabilization system 15.0543

水舱涂料 water tank coating 08.0483

水层跟踪 water track 06.0175

水产养殖 aquaculture 12.0142

水产资源 fishery resources 12.0036

水尺检量 draught survey 11.0190

水道 channel 07.0345

*水道测量 hydrography, hydrographic survey 01.0020

水动力 hydrodynamic force 09.0036

水动力力矩 moment of hydrodynamic force 09.0038

水动力系数 hydrodynamic force coefficient 09.0037

水分 water content 15.0857

水鼓 water drum 15.0364

水管锅炉 water tube boiler 15.0355

水火成形 flame and water forming 08.0489

水击 water hammer 15.0481

水力效率 hydraulic efficiency 15.0475

水量调节阀 water regulating valve 15.0653

水密 resistant to water, watertight 11.0270

水密舱壁 bulkhead resistant to water, watertight bulkhead 11.0281

水密门 watertight door 08.0226

水密型 watertight type 15.1158

水面航行 surface navigation 02.0211

水灭火系统 water fire extinguishing system 08.0429

水平波束宽度 horizontal beam width 06.0343

水平夹角位置线 position line by horizontal angle 02.0161

水平角定位 fixing by horizontal angle 02.0170

水平精度[几何]因子 horizontal dilution of

precision，HDOP 04.0011

水平轴阻尼法 damped method of horizontal axis 06.0108

水汽压 water vapor pressure 07.0011

水润滑 water lubricating 15.0904

水上飞机 seaplane 09.0164

水上通信 marine communication 01.0032

水上运输 marine transportation, transportation by sea 01.0016

水上作业 operation at sea 01.0017

水深测量 bathymetric survey 12.0117

水深信号标 depth signal mark 10.0044

水手长 boatswain, bosun 13.0368

水下爆破切割 underwater explosive cutting 12.0107

水下储油罐 underwater oil storage tank 12.0153

水下倒车 submerged running astern 05.0071

水下航行 underwater navigation, submarine navigation 02.0212

水下阶段减压法 underwater stage decompression 12.0099

水下抛锚 submerged anchor dropping 05.0069

水下起锚 submerged anchor weighing 05.0070

水下声标 underwater sound projector 06.0181

水下系泊装置 underwater mooring device 12.0161

水下悬浮 underwater hovering 05.0075

水下旋回 underwater turning 05.0076

水下作业船 underwater operation ship 08.0121

水线 waterline 11.0002

水线漆 boot-topping paint 08.0485

水压计程仪 pitometer log 06.0170

水翼艇 hydrofoil craft 08.0143

水运经济学 shipping economics 01.0040

水准测量 leveling survey 12.0124

水准点 bench mark 07.0273

＊水砣 sounding lead 06.0146

瞬发临界事故 prompt critical accident 15.1253

瞬态 instantaneous state, transient state 15.0958

顺风 tail wind, favourable wind 09.0189

顺浪航行 running with the sea 09.0130

顺流船 downstream vessel 09.0195

顺流掉头 turning short round with the aid of current

09.0095

顺水 down stream 10.0078

顺序阀 sequence valve 15.0605

＊朔 new moon 03.0080

朔望月 synodical month, lunation, lunar month 03.0085

斯恰诺旋回法 Schrnow turn 09.0149

四冲程柴油机 four stroke diesel engine 15.0010

四点方位法 four point bearing 02.0202

四六位[航行] steering 4-tenths to port (starboard) of fairway 10.0083

伺服电动机 servo-motor 15.1161

松紧螺旋扣 rigging screw, turnbuckle 08.0263

搜查证 search warrant 13.0033

搜救程序 search and rescue procedure 12.0008

搜救雷达应答器 search and rescue radar transponder 06.0351

搜救区 search and rescue region, SRR 12.0007

搜救任务协调员 search and rescue mission coordinator, SMC 12.0006 14.0251

搜救协调通信 search and rescue coordinating communication 14.0167

搜救业务 search and rescue service, SAR service 14.0069

搜索机动 search manoeuvre 05.0015

搜寻半径 search radius 12.0018

搜寻方式 search pattern 12.0014

搜寻航线 search track 12.0015

搜寻基点 search datum 12.0013

速闭阀 quick closing valve 15.0266

速度级 velocity stage 15.0223

速度设定值 speed setting value 15.1027

速度误差 speed error 06.0115

速度误差表 speed error table 06.0123

速度误差校正器 speed error corrector 06.0122

速遣 despatch 11.0136

随动部分 phantom element 06.0086

随动控制 follow-up control 15.0962

随动速度 follow-up speed 06.0128

随动系统 follow-up system 06.0092

随动系统灵敏度 sensitivity of follow-up system 06.0127

随机误差　random error　02.0193
碎冰　brash ice　07.0125
岁差　precession　03.0069
索具　rigging　08.0258

索头环　rope socket　08.0262
索星　star finding　03.0008
索星卡　star finder, star identifier　06.0062
锁定开关　key lock switch　15.1057

T

台对　station pair　06.0220
台风　typhoon　07.0096
台风警报　typhoon warning, TW　07.0087
台风路径　typhoon track　07.0098
台风眼　typhoon eye　07.0097
台架试验　testing-bed test, shop test　15.0205
台卡　Decca　06.0215
台卡船位　Decca fix　06.0277
台卡导航仪　Decca navigator　06.0216
台卡定位精度图表　Decca period diagram　06.0279
台卡海图　Decca chart　07.0287
台卡活页资料　Decca data sheet　06.0278
台卡计　decometer　06.0268
台卡链　Decca chain　06.0275
台卡位置线　Decca position line　06.0276
台链　chain　06.0219
太阳方位表　sun's azimuth table　03.0145
太阳日　solar day　03.0089
太阳周年视运动　solar annual [apparent] motion　03.0055
弹性拖曳体　dracone　09.0230
碳环式密封　carbon ring gland　15.0244
探测　detection　06.0314
探照灯　search light　09.0217
搪水泥　cementing　08.0490
淌航　carrying way with engine stopped　09.0061
逃生通道　escape trunk　08.0031
套管式冷凝器　double-pipe condenser　15.0633
特别检验　special survey　13.0250
特别提款权　special drawing right, SDR　14.0182
特大高度　very high altitude　03.0131
特高频通信　UHF communication　14.0190
特急操纵　crash maneuvering　15.0151
特殊重复频率　specific repetition frequency　06.0230
特殊情况　special circumstances　09.0159

特性数　characteristic number, Parson's number　15.0230
特种业务　special service　14.0082
特种业务旅客　special trade passenger　11.0361
特种证书　special certificate　14.0184
梯度风　gradient wind　07.0039
梯队　echelon formation　05.0022
梯形牌　trapezoidal board　10.0047
提棒程序　control rod withdrawal sequence　15.1249
提棒事故　control rod withdrawal accident　15.1255
提单　bill of lading, B/L　13.0048
提单背书　endorsement of bill of lading　13.0082
提单持有人　holder of bill of lading　13.0079
提单转让　transfer of bill of lading　13.0085
提货单　delivery order　11.0299
体积温度系数　volume-temperature correction coefficient　11.0156
体积系数　volume conversion coefficient　11.0158
天波　sky wave　06.0250
[天波]分裂　splitting　06.0261
天波改正量　sky wave correction　06.0252
天波延迟　sky wave delay　06.0251
天波延迟曲线　sky wave delay curves　06.0254
天赤道　celestial equator　03.0013
天底　nadir　03.0016
天顶　zenith　03.0015
天顶距　zenith distance　03.0039
天极　celestial pole　03.0012
天空状况　sky condition　07.0030
天幕　awning　08.0274
天气　weather　07.0042
天气报告　weather report　07.0081
天气符号　weather symbol　07.0064
天气公报　weather bulletin　07.0082

天气过程　synoptic process　07.0063
天气图　synoptic chart　07.0065
天气现象　weather phenomena　07.0025
天气形势　synoptic situation　07.0062
天气预报　weather forecast　07.0079
天球　celestial sphere　03.0010
天体　celestial body　03.0001
天体出没　rise and set of celestial body　03.0052
[天体]方位角　azimuth　03.0037
[天体]高度　celestial altitude　03.0038
天体视运动　celestial body apparent motion　03.0045
天文船位　astronomical fix, AF, celestial fix　02.0177
天文定位　celestial fixing　02.0173
天文观测　celestial observation　03.0002
天文航海　celestial navigation　01.0004
天文经度　astronomical longitude　02.0024
天文三角形　astronomical triangle　03.0040
天文纬度　astronomical latitude　02.0023
天文钟　chronometer　06.0059
天文钟误差　chronometer error, CE　03.0109
天文坐标　astronomical coordinate　02.0022
天线开关　antenna switch　14.0297
天线调谐　antenna tuning　14.0308
天线效应　antenna effect　04.0028
天象纪要　phenomena　03.0114
天轴　celestial axis　03.0011
添注漏斗　feeder　11.0178
调节棒　regulating rod　15.1216
调节级　governing stage　15.0261
＊调距桨　controllable pitch propeller, CPP　09.0044
调距桨传动　controllable pitch propeller transmission　15.0883
调速阀　speed regulating valve　15.0609
调速特性　speed regulating characteristic　15.0047
＊跳板结　plank stage hitch　08.0288
贴图　block　07.0408
铁梨木轴承　lignum vitae bearing　15.0891
停泊泵　port pump, harbor pump　15.0434
停泊值班　harbor watch　13.0348
停潮　water stand　07.0198

停车冲程　inertial stopping distance　09.0022
停船性能　stopping ability　09.0019
停船性能试验　stopping test　09.0020
停堆深度　shut-down depth　15.1245
停租　off-hire　13.0146
艇筏乘员定额　carrying capacity of craft　08.0412
艇筏配员　manning of lifecraft　08.0409
通报表　traffic list　14.0111
通播发射台　collective broadcast sending station, CBSS　14.0230
通播接收台　collective broadcast receiving station, CBRS　14.0232
通风帽　ventilating cowl　15.0752
通风筒　ventilator　15.0751
通海阀　sea valve　15.0827
通海阀箱　sea chest　15.0828
通海接头　sea connection　15.0826
通航分道　traffic lane　07.0378
通航密集区　dense traffic zone　13.0288
通航桥孔　navigable bridge-opening　10.0091
通航水域　navigable waters　13.0070
通气箱　air container　11.0210
通商航海条约　treaty of commerce and navigation　13.0041
通信记录　communication log　14.0163
通信闪光灯　flashing light for signalling　14.0053
通信询问　traffic enquiry　14.0122
通行权　right of passage　13.0008
通行信号　traffic signal mark　07.0274
通行信号标　traffic mark　10.0041
通用泵　general service pump　15.0410
通用证书　general certificate　14.0183
通知方　notify party　13.0080
同步发电机　synchronous generator　15.1077
同步合闸　synchroswitching-in　15.1085
同步卫星　synchronous satellite　14.0253
同步指示灯　synchro light　15.1099
同步指示器　synchroscope, synchrometer　15.1098
同步阻抗　synchronous impedance　15.1137
同潮时线　concurrent line　07.0214
同文电报　common text message　14.0098
同心圆[转向]法　method of altering course with a concentric circle　05.0054

同一航程　common maritime adventure　13.0226

同一责任制　uniform liability system　13.0158

筒形活塞式柴油机　trunk piston type diesel engine　15.0004

统长甲板　continuous deck　08.0043

偷渡　stowaway　11.0368

*头缆　head line　08.0359

透气管　vent pipe　15.0764

凸轮　cam　15.0093

凸轮控制器　cam controller　15.1184

凸轮轴　camshaft　15.0092

突堤　mole　07.0375

突码头　jetty　07.0391

图号　chart number　07.0289

涂料　paint, coating　08.0480

涂煤油试验　kerosine test　13.0261

涂漆　painting　08.0481

推船　pusher, pushboat　10.0048

推定全损　constructive total loss　13.0203

推荐航线　recommended route　02.0109

推进器　propeller　09.0039

推进特性　propulsion characteristic　15.0045

推进装置　propulsion device　15.0912

推力轴　thrust shaft　15.0885

推力轴承　thrust bearing　15.0083

*推轮　pusher, pushboat　10.0048

推算船位　estimated position, EP　02.0140

推算航程　distance made good　02.0082

推算航迹向　estimated course　02.0057

推算航速　speed made good　02.0090

推算经度　estimated longitude　02.0150

推算始点　departure point　02.0137

推算纬度　estimated latitude　02.0149

推算终点　arrival point　02.0138

退关　shut out　13.0336

拖材结　timber and half hitch　08.0283

拖船　tug, towing vessel　08.0108

拖带　towing　09.0068

拖带长度　length of tow　09.0229

拖带灯　towing light　09.0214

拖带责任　liability of towage　13.0185

拖动电动机　drive motor　15.1162

拖钩　towing hook　10.0070

拖航合同　towage contract　13.0183

拖缆　towing line　08.0365

拖缆承架　towing beam　08.0367

拖缆机　towing winch　15.0528

拖缆桩　towing bitt　10.0071

拖锚　dragging anchor　09.0064

拖网　trawl　12.0048

拖网渔船　trawler　08.0149

拖网作业　trawl fishing, trawling　12.0073

拖曳船队　towing train　10.0051

拖曳设备　towing gear　10.0068

拖曳作业工况管理　towing operating mode mana"gement　15.0928

托盘　pellet　11.0194

托盘货　pelletized cargo　11.0109

托运人　shipper　13.0076

*脱钩　movable relieving hook　10.0069

脱钩链段　senhouse slip shot　08.0338

脱扣线圈　tripping coil　15.1133

脱扣装置　trip device　15.1112

陀螺磁罗经　gyro-magnetic compass　06.0008

陀螺六分仪　gyro sextant　06.0046

陀螺罗经　gyrocompass　06.0075

陀螺漂移　gyro drift　06.0194

陀螺球　gyrosphere　06.0085

陀螺式减摇装置　gyro[scopic] stabilizer　15.0542

陀螺仪　gyroscope, gyro　06.0097

陀罗北　gyrocompass north　02.0033

陀罗差　gyrocompass error　02.0041

陀罗方位　gyrocompass bearing, GB　02.0064

陀罗航向　gyrocompass course, GC　02.0048

椭圆配汽图　oval steam distribution diagram　15.0349

椭圆[型]艉　elliptical stern　08.0232

W

挖泥船 dredger 08.0111
外板展开图 shell expansion plan 08.0191
外补偿法 method of outer compensation 06.0120
外海渔业 off-sea fishery 12.0034
外进汽 outside admission 15.0341
外围设备 peripheral equipment 15.1035
网档间距 distance between twin trawl 12.0082
网位仪 net monitor 06.0166
网衣 netting 12.0069
网状责任制 network liability system 13.0159
往复泵 reciprocating pump 15.0450
往复流 alternating current, rectilinear current
    07.0232
往复式制冷压缩机 reciprocating refrigeration
    compressor 15.0625
往复式转舵机构 reciprocating type steering gear
    15.0498
＊望 full moon 03.0082
望远镜方位仪 telescopic alidade 06.0042
威廉逊旋回法 Williamson turn 09.0148
微波测距系统 microwave ranging system 06.0386
微处理器 micro processor 15.1031
微分调节器 differential regulator, derivative
    regulator 15.0970
微机 microcomputer 15.1030
微机控制系统 microcomputer control system
    15.1038
微机控制主机遥控系统 microcomputer remote
    control system for main engine 15.0989
危险半圆 dangerous semicircle 07.0100
危险标志 dangerous mark 11.0127
危险货 dangerous cargo 11.0111
危险货物锚地 dangerous cargo anchorage
    07.0364
危险品清单 dangerous cargo list 11.0296
危险天气通报 hazardous weather message
    07.0083
危险物 danger 07.0373
危险象限 dangerous quadrant 07.0099

违禁物品 prohibited articles 11.0365
桅 mast 08.0372
桅灯 masthead light 09.0211
＊桅横杆 yard 08.0373
围井 trunk 11.0179
围裙救生圈 breech buoy 08.0399
围网 purse seine 12.0062
围网渔船 purse seiner 08.0150
围网作业 surrounding fishing 12.0074
围油栏 oil fence, oil boom 13.0390
委付 abandonment 13.0191
伪距 pseudo range 06.0369
尾部接近法 astern approaching method 12.0178
尾迹 back track 09.0263
尾随行驶 following at a distance 09.0182
艉 stern 08.0003
艉灯 sternlight 09.0213
艉风 wind aft 09.0191
艉航灯 aft side light 09.0220
艉机型船 stern engined ship 08.0068
艉尖舱 aft peak tank 08.0024
艉缆 stern line 08.0360
艉离 leaving stern first 09.0109
艉楼 poop 08.0019
艉楼甲板 poop deck 08.0038
艉锚 poop anchor, stern anchor 08.0318
艉门跳板 stern ramp 11.0247
艉升高甲板船 raised quarter-deck vessel 08.0065
艉舷 quarter 08.0017
艉斜跳板 quarter ramp 11.0248
艉淹 pooping 09.0127
艉轴 stern shaft, tail shaft 15.0887
艉轴承 stern bearing 15.0890
艉轴管 stern tube 15.0888
艉轴管填料函 stern tube stuffing box 15.0894
艉轴管油 stern tube lubricating oil 15.0841
艉轴管轴封泵 stern tube sealing oil pump
    15.0444
艉轴架 shaft bracket 08.0245

艉柱　stern post　08.0240
纬差　difference of latitude　02.0020
纬度改正量　latitude correction　02.0154
纬度渐长率　meridianal parts, MP　07.0279
纬度渐长率差　difference of meridianal parts, DMP　07.0280
*纬[度]圈　parallel of latitude　02.0016
纬度误差　latitude error　06.0114
纬度误差校正器　latitudeerror corrector　06.0121
纬度效应　latitude effect　06.0288
纬线　parallel of latitude　02.0016
位变率　rate of bearing variation　05.0005
位势高度　geopotential height　07.0032
位势米　geopotential meter　07.0033
位置精度[几何]因子　position dilution of precision, PDOP　04.0010
位置线　line of position, LOP　02.0157
位置线标准差　position line standard error　02.0184
*位置线均方误差　position line standard error　02.0184
位置线梯度　gradient of position line　02.0183
位置线移线误差　error of transferring　02.0190
位置信号码　position signal code　14.0013
卫生泵　sanitary pump　15.0407
卫生水系统　sanitary system　15.0741
卫生水压力柜　sanitary pressure tank　15.0745
卫星船位　satellite fix　06.0380
卫星导航系统　satellite navigation system　06.0354
卫星导航仪　satellite navigator　06.0358
卫星电文　satellite message　06.0365
卫星多普勒定位　satellite Doppler positioning　06.0376
卫星覆盖区　satellite coverage　06.0364
卫星轨道　satellite orbit　06.0361
卫星海上移动业务　maritime mobile satellite service　14.0066
卫星紧急无线电示位标　satellite emergency position-indicating radio beacon　14.0255
[卫星]历书　[satellite] almanac　06.0359
卫星摄动轨道　satellite disturbed orbit　06.0362
卫星通信　satellite communication　14.0191
[卫星]星历　[satellite] ephemeris　06.0360
卫星云图　satellite cloud picture　07.0029

温带气旋　extratropical cyclone　07.0047
温度调节器　thermoregulator　15.0972
温度继电器　temperature switch, thermostat　15.0651
温控系统　temperature controlling system　06.0094
稳定回路　stabilized loop　06.0144
稳定时间　settling time　06.0126
稳定位置　settling position　06.0113
稳索　guy　08.0376
稳态　steady [state]　15.0957
稳心　metacenter　11.0020
稳性　stability　08.0057
稳性衡准数　stability criterion numeral　11.0065
稳性力臂　stability lever　11.0043
稳性力矩　stability moment　11.0042
稳性消失角　vanishing angle of stability　11.0061
涡流阻力　eddy making resistance　09.0028
涡轮增压器　turbocharger, turboblower　15.0101
握索结　manrope knot　08.0300
污底　fouling　08.0460
污底阻力　fouling resistance　09.0031
污泥柜　sludge tank　15.0128
污染指数　contamination index　15.0868
污水　bilge water　15.0727
*污水泵　bilge pump　15.0404
污水柜　bilge tank　15.0733
污水井　bilge well　15.0730
污水系统　bilge system　15.0728
污水自动排除装置　bilge automatic discharging device　15.0732
污油泵　sludge pump　15.0439
污油水　slop　11.0167
污油水舱　slop tank　13.0388
无冰区　ice free　07.0136
无潮点　amphidromic point　07.0213
*无档锚　stockless anchor　08.0315
无杆锚　stockless anchor　08.0315
无功负荷　wattless load　15.1088
无功功率　reactive power, wattless power　15.1128
无功功率自动分配装置　automatic distributor of reactive power　15.1090
无害通过权　right of innocent passage　13.0001
无级调速　stepless speed regulation　15.1169

无缆系结　non-line connection　10.0057

无人机舱　unmanned machinery space, unattended machinery space　15.0985

无刷交流发电机　brushless AC generator　15.1079

无线电报设备　radiotelegraph installation　14.0207

无线电报员　radio officer　13.0364

无线电报自动报警器　radiotelegraph auto-alarm　14.0218

无线电测向　radio direction finding　04.0020

无线电测向仪自差　radio direction finder deviation　06.0199

无线电大圆方位　radio great circle bearing　06.0204

无线电导航　radionavigation　04.0001

无线电方位位置线　radio bearing position line　06.0198

无线电规则　radio regulation　14.0054

无线电航海警告　radionavigational warning　07.0405

无线电话报警信号发生器　radiotelephone alarm signal generator　14.0220

无线电话设备　radiotelephone installation　14.0208

无线电话业务　radiotelephone service　14.0077

无线电话遇险频率　radiotelephone distress frequency　14.0221

无线电话员　radiotelephone officer　13.0365

无线电经纬仪　radio theodolite　06.0057

＊无线电六分仪　radio sextant　06.0048

无线电免检电报　radio pratique message　14.0159

无线电气象业务　radio weather service　14.0084

无线电时号　radio time signal　03.0110

无线电台　radio station　14.0206

无线电舷角　relative bearing of radio　02.0069

无线电信标　radio beacon　06.0205

无线电信号表　list of radio signals　07.0394

无线电业务　radio service　14.0064

无线电用户电报　telex over radio, TOR　14.0093

无线电用户电报书信　radio telex letter　14.0100

无线电用户电报业务　radio telex service　14.0074

无线电真方位　radio true bearing, RTB　02.0067

无线接力系统　radio relay system　14.0194

无线线路　radio link　14.0193

无效果－无报酬　no cure-no pay　13.0177

无用发射　unwanted emission　14.0273

午圈　upper branch of meridian　03.0018

坞内检验　docking survey　13.0249

坞修　dock repair　08.0473

雾泊　anchoring in fog　10.0080

雾号　fog signal　07.0372

雾化器　atomizer　15.0387

雾警报　fog warning　07.0089

雾中航行　navigating in fog　02.0209

物标地理能见距离　geographical range of an object　02.0104

物标能见地平距离　range of object, distance to the horizon from object　02.0103

物理起动　physical start-up　15.1246

误差理论　theory of errors　02.0191

X

舾装数　equipment number　08.0340

吸泥器　mud pump, air lift　12.0110

吸入流　suction current　09.0052

吸入压头　suction head　15.0469

吸收剂　absorbent material, absorption agent　15.0622

吸收制冷　absorption refrigeration　15.0616

吸扬式挖泥船　pump dredger, suction dredger　08.0113

吸油口加热盘管　cargo oil suction heating coil　15.0790

稀疏流冰　open pack ice　07.0131

习惯装卸速度　customary quick despatch, CQD　11.0137

喜玛拉雅条款　Himalaya clause　13.0088

洗舱泵　butterworth pump, tank cleaning pump　15.0435

洗舱机　tank washing machine　15.0785

洗舱口　tank washing opening　15.0805

洗涤塔　scrubber　15.0809

系泊　berthing　09.0099

系泊工况管理　mooring operating mode management

15.0929

系泊绞车　mooring winch　15.0526

系泊绞盘　mooring capstan　15.0524

系泊试验　mooring trial　13.0264

系船浮[筒]　mooring buoy　09.0105

系浮筒　securing to buoy　09.0106

系缆　mooring line　08.0358

系缆活结　slip racking　08.0292

系艇杆　boat boom　08.0393

系统故障　system fail　15.1051

系统观察　systematic observation　09.0258

系统误差　systematic error　02.0199

系统响应　system response　15.0954

隙缝波导天线　slotted waveguide antenna
06.0304

狭水道　narrow channel　09.0178

狭水道操纵　maneuvering in narrow channel
09.0135

狭水道航行　navigating in narrow channel　02.0206

下半旗　flag at halfmast　14.0048

下风船　vessel to leeward　09.0187

下纲　foot line　12.0055

下降风　katabatic　07.0111

下降流　downwelling　07.0240

下弦　last quarter　03.0083

下行　bound from　10.0076

下行船　down-bound vessel　09.0193

下游　lower reach　10.0017

下止点　bottom dead center, BDC　15.0018

下中天　lower transit, lower meridian passage
03.0049

夏令时　summer time, daylight saving time
03.0107

夏至点　summer solstice　03.0060

先导式溢流阀　pilot operated compound-relief valve
15.0602

纤维绳　fiber rope　08.0248

＊纤维索　fiber rope　08.0248

舷边角钢　stringer angle　08.0211

舷侧板　side plate　08.0206

舷侧纵桁　side stringer　08.0210

舷灯　sidelight　09.0212

舷灯遮板　screen of sidelight　09.0255

舷顶列板　sheer strake　08.0207

舷弧　sheer　08.0223

舷角　relative bearing　02.0068

舷门跳板　side ramp　11.0246

舷墙　bulwark　08.0212

舷梯　accommodation ladder, gangway　08.0045

舷梯绞车　accommodation ladder winch　15.0538

舷梯强度试验　proof test for accommodation ladder
13.0276

舷外吊杆　yard boom, outboard boom　08.0384

舷外排出阀　overboard discharge valve　15.0830

舷外排水孔　overboard scupper　15.0829

舷外作业　outboard work　08.0465

闲置船　lay up　08.0183

显示方式　display mode　06.0345

险恶地　foul ground　07.0334

现场记录　record on spot　11.0304

现场通信　on-scene communication　14.0166

现场校正　straightened up in place　08.0501

现场指挥　on-scene commander, OSC　12.0002

限界线　margin line　08.0451

限量危险品　dangerous goods in limited quantity
11.0250

限速　limiting speed　13.0307

限于吃水船　vessel constrained by her draught
09.0168

限制特性　limited characteristic　15.0046

限制纬度　limiting latitude　02.0126

相对计程仪　relative log　06.0168

相对免赔额　franchise　13.0193

相对湿度　relative humidity　07.0012

相对运动雷达　relative motion radar, RM radar
06.0299

相对[运动]显示　relative motion display　06.0329

相容性　compatibility　15.0859

相位编码　phase coding　06.0235

相位差　phase difference　06.0233

相位日变化　diurnal phase change　06.0284

相位突然异常　sudden phase anomaly, SPA
06.0285

相序　phase sequence　15.1093

相移键控　phase shift keying, PSK　14.0284

箱序号　container serial number　11.0227

箱主代号　container owner code　11.0225

巷　lane　06.0270

巷号　lane letter　06.0273

巷宽　lanewidth　06.0271

巷设定　lane set　06.0294

巷识别　lane identification, LI　06.0269

巷识别计　lane identification meter　06.0267

橡胶轴承　rubber bearing　15.0892

向后　astern　08.0014

向前　ahead　08.0011

向位换算　conversion of directions　02.0071

象限自差　quadrantal deviation　06.0030

消磁按钮开关　degauss push button switch　15.1056

消磁场　degaussing range　07.0389

消防泵　fire pump　15.0408

消防部署　fire fighting station　08.0422

消防船　fire boat　08.0130

＊消防警报　fire alarm　08.0439

消防控制站　fire control station　08.0421

消防巡逻制度　fire patrol system　08.0425

消防演习　fire fighting drill　08.0424

消防员装备　fireman's outfit　08.0437

消泡剂　anti-foam additive　15.0876

小潮　neap tide　07.0189

小潮升　neap rise, NR　07.0205

小改正　small correction　07.0297

小锚　kedge anchor　08.0320

小艇结　slippery hitch　08.0287

校直　tabling　08.0495

＊楔形队　v-shaped formation　05.0024

协调世界时　coordinated universal time, UTC　03.0097

协定航线　[shipping] route　02.0127

协作横移线搜寻　coordinated creep line search　12.0021

斜浪航行　steaming with the sea on the bow or quarter　09.0131

谐波发射　harmonic emission　14.0274

谐摇　synchronous rolling, synchronism　09.0124

卸荷阀　unloading valve　15.0603

卸货报告　outturn report　11.0302

卸扣　shackle　08.0261

卸压阀　relief valve　15.0601

卸载　discharge, unloading　11.0084

新版图　new edition chart　07.0284

新风　outside air, fresh air　15.0685

新杰森条款　New Jason clause　13.0135

新危险物标志　new danger mark　07.0263

新月　new moon　03.0080

心环　thimble　08.0260

心形[方向]特性图　cardioid polar diagram　04.0027

信道存储　channel storage　14.0310

信道申请　channel request　14.0146

信风　trade wind　07.0107

信号标志　signal mark　10.0040

信号弹　signal shell　09.0252

信号控制　signal control　13.0311

信号码组符号　international code symbol, INTERCO　14.0010

信号设备　signalling appliance　14.0052

信号桅　signal mast　14.0051

信文标志　message marker　14.0037

信息处理　information processing　15.1036

信息流　information flow　14.0313

信用证　letter of credit, L/C　11.0313

星表　star catalogue　03.0126

星等　magnitude　03.0005

星号　star number　03.0009

星基导航系统　satellite based navigational system　04.0006

星球仪　star globe　06.0061

星－三角起动　star-delta starting　15.1177

星座　constellation　03.0007

兴波阻力　wave making resistance　09.0027

Z型传动　Z transmission, Z drive　15.0884

型宽　molded breadth　08.0050

MP型链　multi-pulse mode chain, MP mode chain　06.0266

V型链　V-mode chain　06.0265

型深　molded depth　08.0052

Z形试验　standard maneuvering test　09.0006

形状稳性力臂　lever of form stability　11.0044

行程缸径比　stroke-bore ratio, S/B　15.0016

行李　luggage　11.0358

行李损坏赔款限额　limit of liability for loss of or damage to luggage　11.0360

＊行位　bay　11.0216

行星视运动　planet apparent motion　03.0086

汹涛阻力　rough sea resistance　09.0032

休渔期　[fishing] season off　12.0038

休止角　angle of repose　11.0187

修理单　repair list　08.0467

修正回路　corrective loop　06.0145

溴化锂吸收式制冷装置　lithium bromide water absorption refrigerating plant　15.0661

许可舱长　permissible length of compartment　11.0076

蓄电池　accumulator battery, storage battery　15.1078

续航力　cruising radius, endurance　08.0062

宣港　declaration of port　13.0117

宣载　declaration of dead weight tonnage of cargo　13.0118

悬链锚腿系泊　catenary anchor leg mooring　12.0158

漩水　eddy　10.0025

旋回初径　tactical diameter　09.0015

旋回圈　turning circle　09.0010

旋回试验　turning circle trial　13.0268

旋回性　turning ability　09.0002

旋回性指数　turning indices　09.0003

旋回直径　final diameter　09.0016

旋回周期　turning period　09.0017

旋进性　gyroscopic precession　06.0104

旋流器　swirler　15.0323

旋涡泵　peripheral pump, helical flow pump　15.0460

旋圆双半结　round turn and two half hitches 08.0280

旋转磁场　rotating magnetic field　15.1188

＊旋转点　pivoting point　09.0018

旋转法　method of altering course along tangents　05.0052

旋转环形天线　rotary loop antenna　04.0024

旋转角速度　turning rate　09.0063

旋转失速　rotating stall　15.0325

选港货　optional cargo　11.0095

选择船位　assumed position　03.0147

选择呼叫　selective calling　14.0112

选择经度　assumed longitude　03.0149

选择可用性　selective availability, SA　04.0014

选择纬度　assumed latitude　03.0148

选择性保护　selectivity protection　15.1139

选择性广播发射台　selective broadcast sending station, SBSS　14.0231

选择性广播接收台　selective broadcast receiving station, SBRS　14.0233

＊穴蚀　cavitation erosion　15.0165

雪盖冰　snow-covered ice　07.0124

薰舱　fumigation　13.0341

循环柜　circulating tank　15.0127

循环检验　continuous survey　13.0251

循环水倍率　circulating water ratio　15.0717

寻位　locating　14.0168

巡航工况管理　cruising operating mode management　15.0933

巡回监测器　circular monitor　15.1041

巡逻船　patrol boat　08.0126

巡逻艇信号　patrol boat signal　09.0221

巡洋舰　cruiser　08.0160

巡洋舰[型]艉　cruiser stern　08.0233

Y

压电效应　piezoelectric effect　06.0154

压舵　counter rudder　08.0352

压扩　companding　14.0303

压力调节器　pressure regulator　15.0974

压力级　pressure stage　15.0224

压力壳　pressure vessel　15.1207

压力控制阀　pressure-control valve　15.0599

压力水柜　water pressure tank, elevated tank　15.0743

压力真空切断阀　pressure and vacuum breaker　15.0781

压气机喘振试验　compressor surging test　15.0332

压气排水打捞　raising by dewatering with compressed air　12.0092

压汽式蒸馏装置　vapor compression distillation plant　15.0699

压水试验　water head test　13.0258

压缩比　compression ratio　15.0021

压缩环　compression ring　15.0071

压缩机油　compressor oil　15.0843

压缩空气起动系统　compression air starting system　15.0130

压缩气体　compressed gas　11.0251

压缩室容积　compression chamber volume　15.0019

压缩压力　compression pressure　15.0050

压载泵　ballast pump　15.0405

压载舱　ballast tank　08.0026

压载水　ballast water　15.0734

压载水系统　ballast system　15.0735

哑点　null point　06.0201

哑控　muting　14.0262

哑罗经　pelorus, dumb card compass　06.0013

烟囱漆　funnel paint　08.0482

烟迹式烟度计　Bosch filter paper smoke meter　15.0195

盐度计　salinometer　15.0718

盐水泵　brine pump　15.0432

延迟交货　delay in delivery　13.0072

延伸报警　extension alarm　15.1050

延伸海事声明　extended protest　13.0376

*延伸轴　extension shaft　15.0318

延绳钓　long line　12.0084

沿岸标　alongshore mark　10.0033

沿岸测量　coastwise survey　12.0114

沿岸地形　coastal feature　07.0318

沿岸航行　coastal navigation　02.0205

沿岸流　coastal current, littoral current　07.0241

沿岸通航带　inshore traffic zone　07.0382

沿岸图　coastal chart　07.0301

沿海船　coaster　08.0173

沿海国　coastal state　13.0027

眼高　height of eye　03.0138

眼高差　dip　03.0139

眼环[插]接　eye splice　08.0306

演习区　exercise area, practice area　07.0369

验船师　surveyer　13.0245

扬帆结　topsail halyard bend　08.0286

扬声器通信　loud speaker signalling　14.0007

洋流图　ocean current chart　07.0306

洋区码　ocean region code　14.0158

氧化安定性　oxidation stability　15.0865

氧化剂　oxidizing substance　11.0258

仰极　elevated pole　03.0020

摇摆误差　rolling error　06.0117

遥控扫雷航海勤务　remote control mine-sweeping navigation service　05.0059

遥控异常报警　remote control abnormal alarm　15.1013

咬缸　piston seizure, cylinder sticking　15.0153

药剂泵　compound pump　15.0447

业务代码　service code　14.0154

业务公电　service advice　14.0097

业务衡准数　criterion of service numeral　11.0078

业务信号　service signal　14.0148

叶片泵　vane pump, rotary vane pump　15.0456

曳纲　warp　12.0059

曳开桥　draw bridge　07.0330

曳绳钓　troll line　12.0085

夜航命令簿　night order book　07.0404

夜间效应　night effect　06.0202

夜视六分仪　night vision sextant　06.0047

液舱鉴定　inspection of tank　11.0334

液浮陀螺仪　liquid floated gyroscope　06.0101

液化气船　liquefied gas carrier　08.0098

液化气体　liquefied gas · 11.0252

液化石油气　liquefied petroleum gas, LPG　11.0191

液化石油气船　liquefied petroleum gas carrier　08.0100

液化天然气　liquefied natural gas, LNG　11.0192

液化天然气船　liquefied natural gas carrier　08.0099

液货泵　liquid pump　15.0440

液货船　liquid cargo ship, tanker　08.0092

液货船管系　tanker piping system　15.0771

液控单向阀　hydraulic control non-return valve　15.0591

液密　resistant to liquid, liquid-tight　11.0272

液体化学品船　liquid chemical tanker　08.0097

液体罗经　liquid compass　06.0011

液体散货　liquid bulk cargo　11.0106

液体阻尼器　liquid damping vessel　06.0109

液压泵　hydraulic pump　15.0559

液压变矩器　hydraulic moment variator, hydraulic moment converter　15.0561

液压变速[传动]装置　hydraulic variable speed driver　15.0558

液压舱盖　hydraulic hatch cover　15.0586

液压操纵阀　hydraulic operated valve　15.0583

液压操纵货油阀　hydraulic operated cargo valve　15.0611

液压传动　hydraulic transmission[drive]　15.0553

液压传动装置　hydraulic[transmission]gear　15.0554

液压舵机　hydraulic steering engine　15.0496

液压发送器　hydraulic transmitter　15.0572

液压放大器　hydraulic amplifier　15.0565

液压缸　hydrocylinder　15.0563

液压缓冲器　hydraulic buffer　15.0568

液压换向阀　hydraulic directional control valve　15.0595

液压减速[传动]装置　hydraulic reduction gear　15.0557

液压接头　hydraulic joint　15.0584

液压控制阀　hydraulic control valve　15.0587

液压离合器　hydraulic[friction]clutch　15.0585

液压起货机　hydraulic cargo winch　15.0512

液压升压器　hydraulic booster　15.0566

液压式调速器　hydraulic governor　15.0107

液压式排气阀传动机构　hydraulically actuated exhaust valve mechanism　15.0094

液压试验　hydraulic pressure test　11.0286

液压伺服阀　hydraulic servo valve　15.0597

液压伺服马达　hydraulic servo-motor　15.0562

液压锁　hydraulic lock　15.0571

液压锁闭装置　hydraulic blocking device　15.0570

液压系统　hydraulic system　15.0555

液压蓄能器　hydraulic accumulator　15.0564

液压遥控传动装置　hydraulic telemotor　15.0556

液压油　hydraulic oil　15.0844

液压油柜　hydraulic oil tank　15.0573

液压[油]马达　oil motor, fluid motor, hydraulic motor　15.0560

液压执行机构　hydraulic actuating gear, hydraulic actuator　15.0569

液压制动器　hydraulic brake　15.0567

一般照明　general lighting　15.1153

一次场　primary field　04.0032

一次屏蔽水系统　primary shield water system　15.1227

一点锚　riding one point anchors　09.0077

一挂　a hoist　14.0049

一回路　primary loop　15.1222

一级水手　able-bodied seaman, AB　13.0370

一字锚泊　mooring to two anchors, moor　09.0074

医疗援助　medical assistance　14.0161

医疗指导　medical advice　14.0160

移泊　shifting　09.0101

＊移船锚　kedge anchor　08.0320

移动电台　mobile station　14.0197

移动罐柜　portable tank　11.0211

移动重量式减摇装置　moving-weight stabilizer　15.0541

移线船位　running fix, RF　02.0178

移线定位　running fixing　02.0172

移载法　shifting weight method　08.0449

疑存　existence doubtful, ED　07.0352

疑位　position doubtful, PD　07.0351

已装船提单　shipped bill of lading, on board bill of lading　13.0050

抑制偏摆试验　yaw checking test　09.0009

抑制载波发射　suppressed carrier emission　14.0280

易流态化物质　material which may liquefy　11.0183

易燃固体　flammable solid　11.0255

易燃液体　flammable liquid　11.0254

易自燃固体　flammable solid liable to spontaneous combustion　11.0256

溢流阀　overflow valve　15.0600

溢流管　overflow pipe　15.0763

溢卸　over-landed, over-delivery　11.0133

溢油柜　overflow tank　15.0129

异常磁区　magnetic anomaly, local magnetic disturbance 02.0036

异常喷射 abnormal injection 15.0170

异顶差 altitude correction of zenith difference 03.0144

阴影扇形 shadow sector 06.0335

饮水泵 drinking water pump 15.0413

饮用水臭氧消毒器 drinking water ozone disinfector 15.0747

饮用水系统 drinking water system 15.0740

引潮力 tide-generating force 07.0183

引导滑车 leading block 08.0270

引导气流 steering current 07.0038

引航 piloting 09.0098

引航船 pilot vessel 08.0134

引航锚地 pilot anchorage 07.0363

引航签证单 pilotage form 13.0333

引缆 messenger 08.0255

应变部署表 station bill, muster list 08.0389

应答信号 acknowledge signal 15.1062

应舵时间 delay of turning response 09.0062

应急操舵装置 emergency steering gear 15.0508

应急操纵 emergency maneuvering 15.1026

应急电气设备 emergency electric equipment 15.1072

应急电源 emergency power source 15.1068

应急电站 emergency power station 15.1067

应急发电机 emergency generator 15.1071

应急鼓风机 emergency blower 15.0487

应急空气压缩机 emergency air compressor 15.0937

应急罗经 emergency compass 06.0009

应急起动 emergency starting 15.0282

应急天线 emergency antenna 14.0296

应急停车 emergency stop 15.1025

应急停车装置 emergency shut-down device 15.0275

应急消防泵 emergency fire pump 15.0409

应急照明 emergency lighting 15.1154

应急照明系统 emergency lighting system 15.1155

营救器电台 survival craft station 14.0205

涌级 swell scale 07.0178

涌浪 swell 07.0163

永久船磁 ship permanent magnetism 06.0024

用户电报电话 telex telephony, TEXTEL 14.0101

用户电报书信业务 telex letter service 14.0076

用户电报业务 telex service 14.0073

用户码 subscriber number 14.0156

邮船 mail ship 08.0080

邮箱业务 mailbox service 14.0083

油舱涂料 oil tank coating 08.0484

油船 oil tanker 08.0093

油船锚地 [oil] tanker anchorage 07.0365

油底壳 oil sump 15.0087

油分离器 oil separator 15.0642

油密 resistant to oil, oil-tight 11.0271

油润滑 oil lubricating 15.0905

油水分离器 oily water separator 15.0729

油水界面探测仪 oil water interface detector 15.0807

油污染 oil pollution 13.0392

油污水处理船 oily water disposal boat 08.0133

油污损害 damage from oil pollution 13.0389

油雾浓度探测器 oil mist detector 15.0978

油性极压剂 oilness extreme-pressure additive 15.0872

油压压差控制器 oil pressure differential controller 15.0654

游览船 excursion boat 08.0083

游艇 yacht 08.0181

有毒物质 poisonous substance 11.0260

有杆锚 stock anchor 08.0314

有功负荷 power load 15.1087

有功功率 active power, KW power 15.1127

有功功率自动分配装置 automatic distributor of active power 15.1089

有害货 noxious cargo, harmful cargo 11.0112

有害物质 harmful substance 13.0399

有机过氧化物 organic peroxide 11.0259

有效波高 significant wave height 07.0166

有效辐射功率 effective radiated power 14.0289

有效功率 effective power 15.0026

[有效]燃油消耗率 [effective] specific fuel consumption 15.0031

有效声号 efficient sound signal 09.0240

有效效率　effective efficiency　15.0030

*有效压头　effective head　15.0471

有意搁浅　voluntary stranding　13.0213

右邻舰　next ship on the right　05.0035

右舷　starboard, starboard side　08.0006

右旋柴油机　right-hand rotation diesel engine　15.0005

右翼舰　right flank ship　05.0037

诱导比　induction ratio　15.0692

诱导器　induction unit　15.0690

淤锚　anchor embedded　09.0087

余流　residual current　07.0248

余面　lap　15.0343

鱼贯转[向]法　method of altering course in single file　05.0050

鱼类回游　[fishing] mass migration　12.0040

鱼探仪　fish finder　06.0165

渔场　fishing ground　12.0042

渔场图　fishing chart　12.0044

渔船　fishing vessel　08.0146

渔港　fishing harbor　12.0029

渔港规章　regulations of fishery harbor　12.0031

渔监　fishing supervision　12.0030

渔礁　fish reef　07.0326

渔具　fishing gear　12.0047

渔区　fishing area, fishing zone　12.0043

渔群指示标　fish group indicating buoy　12.0071

*渔人结　fisherman's bend　08.0281

渔汛　catching season, fishing season　12.0037

渔业调查船　fishery research vessel　08.0147

渔业法规　fishery rules and regulations　12.0026

渔业协定　fishery agreement　12.0028

渔栅　fishing stake　07.0325

渔政　fishery administration　12.0032

渔政船　fishery administration vessel　08.0148

隅点　intercardinal point　02.0076

雨量　rainfall　07.0026

雨雪干扰抑制　anti-clutter rain　06.0309

语音/数据群呼　voice/data group call　14.0121

遇水易燃固体　flammable solid when wet　11.0257

遇险　distress　14.0031

遇险报告　distress message　14.0109

遇险报警　distress alerting　14.0165

遇险电传呼叫　distress telex call　14.0116

遇险电话呼叫　distress telephone call　14.0115

遇险呼叫　distress call　14.0114

遇险呼叫程序　distress call procedure　14.0020

遇险阶段　distress phase　12.0012

遇险信号　distress signal　09.0249

遇险优先等级　distress priority　14.0173

遇险者　person in distress　12.0024

阈限值　threshold limit value　11.0150

预备航次　preliminary voyage　13.0130

预测危险区　predicted area of danger, PAD　09.0267

预防接种证书　vaccination certificate　13.0340

预付运费　advanced freight　11.0316

预告　preliminary notice　07.0407

预借提单　advanced bill of lading　13.0061

元件破损事故　element breakdown accident　15.1258

元件烧毁事故　element burnout accident　15.1257

原动机自动起动装置　prime mover automatic starter　15.1080

原油洗舱　crude oil washing, COW　11.0162

原子时　atomic time, AT　03.0096

圆材结　timber hitch　08.0282

圆度　circularity, roundness　15.0187

圆–圆导航系统　rho-rho navigation system, range-range navigation system　06.0296

圆周法　three-figure method　02.0072

圆柱度　cylindricity　15.0188

圆柱投影　cylindrical projection　07.0312

圆锥投影　conical projection　07.0313

远地点　apogee　03.0077

远海测量　pelagic survey　12.0116

远距离水位指示计　remote water level indicator　15.0384

远离　away from　11.0277

远日点　aphelion　03.0058

远洋船　ocean trader, oceangoing vessel　08.0171

远洋渔业　distant fishery　12.0035

越冬场　living ground in winter　12.0046

跃层　spring layer　07.0155

月出　moon rise　03.0119

月龄　moon's age　03.0079

月没　moon set　03.0121

月球视运动　moon's apparent motion　03.0075

月相　lunar phases, phases of the moon　03.0078

云高　cloud height　07.0016

云量　cloud amount　07.0015

云图　cloud atlas　07.0018

云状　cloud form　07.0017

运费　freight　11.0314

运费保险　freight insurance　13.0205

运费清单　freight manifest　11.0295

运河操纵　maneuvering in canal　09.0134

运河灯　canal light　09.0223

运河吨位　canal tonnage　11.0016

运河航标　navigation aids on canal　07.0276

运载体　vehicle　04.0015

Z

杂货　general cargo　11.0103

杂货船　general cargo ship　08.0086

杂类危险物质　miscellaneous dangerous substance
11.0265

杂散发射　spurious emission　14.0272

载波功率　carrier power　14.0288

载波频率　carrier frequency　14.0265

载驳船　lighter aboard ship, LASH　08.0103

载货清单　manifest　11.0294

载冷剂　coolant, cooling medium　15.0621

载损鉴定　inspection on hatch and/or cargo
11.0338

载重线　load line　11.0004

载重线标志　load line mark, Plimsoll mark
11.0006

载重线区域　load line area　11.0005

再热器　reheater　15.0375

再热式汽轮机　reheat steam turbine　15.0215

再生制动　supersynchronous braking, regenerative
braking　15.1181

在航　underway　09.0169

遭遇周期　period of encounter　09.0121

责任限制　limitation of liability　13.0074

增强群呼接收机　enhanced group calling receiver
14.0235

增压　supercharge　15.0061

增压器喘振　turbocharger surge　15.0156

增压系统辅助鼓风机　turbocharging auxilliary
blower　15.0104

增压系统应急鼓风机　turbocharging emergency
blower　15.0105

增粘剂　viscosity index improver　15.0873

扎绳头　whipping　08.0301

*扎雾　anchoring in fog　10.0080

闸阀　gate valve　15.0819

窄带直接印字电报设备　narrow-band direct-printing
telegraph equipment, NBDP　14.0227

展期检验　extension survey　13.0253

占领阵位机动　station-taking manoeuvre　05.0010

占用带宽　occupied bandwidth　14.0269

站到站　container freight station to container freight
station, CFS to CFS　11.0233

战斗工况管理　combat operating mode management
15.0934

战斗航海勤务　combating navigation service
05.0056

战列舰　battle ship　08.0159

*战术直径　tactical diameter　09.0015

战争条款　war risk clause　13.0138

章动　nutation　03.0070

张网　swing net　12.0070

涨潮　flood [tide]　07.0196

涨潮流　flood stream, flood current　07.0227

账务机构识别码　accounting authority identification
code, AAIC　14.0181

障碍物探测　obstruction sounding　12.0119

招引注意信号　signal to attract attention　09.0247

遮蔽光弧　obscured sector　07.0332

遮蔽甲板　shelter deck　08.0035

遮蔽甲板船　sheltered deck vessel　08.0066

折叠式减摇鳍装置　folding fin stabilizer　15.0549

*折光差　refraction　03.0137

真北　true north　02.0030

真出没　true rise and set　03.0054

真地平　true horizon　02.0099

真地平圈　celestial horizon　03.0033

真方位　true bearing, TB　02.0061

真风　true wind　07.0114

真高度　true altitude　03.0134

真航向　true course, TC　02.0045

真空泵　evacuation pump, vacuum pump　15.0445

真太阳　true sun　03.0091

真误差　true error　02.0192

真运动雷达　true motion radar, TM radar　06.0298

真[运动]显示　true motion display　06.0330

真蒸汽压力　true vapor pressure　11.0147

镇浪油　wave quelling oil　08.0414

阵风　gust　07.0024

蒸发管束　evaporator tube bank　15.0365

蒸发盘管　evaporating coil　15.0636

蒸发压力调节阀　evaporator pressure regulator, back pressure regulator　15.0652

蒸发压缩制冷　vapor compression refrigeration　15.0615

蒸馏法　distillation method　15.0696

蒸馏器　distiller　15.0698

蒸馏装置　distillation plant　15.0697

蒸汽舵机　steam steering engine　15.0494

蒸汽供暖系统　steam heating system　15.0736

蒸汽机船　steam ship, steamer, SS　08.0070

蒸汽机－废汽汽轮机联合装置　combined steam engine and exhaust turbine installation　15.0338

蒸汽截止阀　steam stop valve　15.0379

蒸汽喷射油气抽除装置　steam ejector gas-freeing system　15.0787

蒸汽喷射制冷　steam jet refrigeration　15.0617

蒸汽起货机　steam cargo winch　15.0510

蒸汽熏舱管系　tank steaming-out piping system　15.0788

蒸汽直接作用泵　direct acting steam pump　15.0453

整车货　full truck load, FTL　11.0221

整流叶片　straightening vane　15.0320

整箱货　full container load, FCL　11.0219

正常起动程序　normal starting sequence　15.1018

正车　ahead　15.0140

正车操纵阀　ahead manoeuvring valve　15.0267

正车汽轮机　ahead steam turbine　15.0216

正车燃气轮机　ahead gas turbine　15.0292

正庚烷不溶物　n-heptane insoluble　15.0866

正横　abeam　02.0070

正横接近法　abeam approaching method　12.0177

正横距离　distance abeam　02.0105

*正移量　transfer　09.0012

正蒸汽分配　positive steam distribution　15.0345

政委　political officer　13.0363

政务电报　government telegram　14.0096

支撑　shoring　08.0450

支承液体　supporting liquid　06.0088

支流　tributary, side stream　10.0019

支柱　pillar　08.0221

直达货　direct cargo, through cargo　11.0092

直达提单　direct bill of lading　13.0052

直航船　stand-on vessel　09.0206

直接传动　direct transmission　15.0881

直接换装　direct transhipment　11.0350

直接蒸发式空气冷却器　direct evaporating air cooler　15.0682

直接装注油管　direct loading pipe line, direct filling line　15.0777

直立[型]艏　straight stem, vertical bow　08.0227

直流电站　DC power station　15.1065

直流扫气　uniflow scavenging　15.0120

直升机救生套　helicopter rescue strop　12.0187

直升机援助　assistant by helicopter　12.0025

直叶片　straight blade　15.0252

植物纤维绳　natural fiber rope　08.0249

执行器　actuator　15.0952

指标差　index error　03.0135

指挥舰　commanding ship　05.0028

指配频带　assigned frequency band　14.0263

指配频率　assigned frequency　14.0264

指示功率　indicated power　15.0022

指示燃油消耗率　indicated specific fuel oil consumption　15.0024

指示热效率　indicated thermal efficiency　15.0025

指示提单　order bill of lading　13.0059

指向力　directive force　06.0039

指向力矩　meridian-seeking moment, meridian-seeking torque　06.0125

止荡锚 yaw checking anchor 09.0082
止移板 shifting board 11.0181
制荡舱壁 swash bulkhead 08.0239
制冷吨 refrigerating ton 15.0624
制冷剂 refrigerant, refrigeration agent 15.0620
制冷量 refrigerating capacity 15.0623
制冷系数 coefficient of refrigerating performance 15.0667
制冷系统 refrigeration system 15.0613
制冷循环 refrigeration cycle 15.0614
制链器 chain stopper 08.0336
制索 stopper 08.0368
制索结 stopper hitch 08.0291
质询条款 interpellation clause 13.0126
滞航 heave to 09.0132
滞期 demurrage 11.0135
滞期时间非连续计算 per like day 13.0123
滞期时间连续计算 once on demurrage always on demurrage 13.0122
滞止蒸汽参数 stagnation steam parameter 15.0226
窒息法 smothering method 08.0427
中层拖网 mid-water trawl 12.0050
中垂 sagging 11.0073
中断服务程序 interrupt service routine 15.1037
中断系统 interrupt system 15.1034
中分纬度 middle latitude 02.0147
中分纬度算法 mid-latitude sailing 02.0124
中/高频无线电设备 MF/HF radio installation 14.0224
中拱 hogging 11.0072
中机型船 amidships engined ship 08.0067
中间壳体 intermediate casing 15.0313
中间燃料油 intermediate fuel oil 15.0833
中间轴 intermediate shaft 15.0886
中间轴承 intermediate bearing 15.0889
中介轴 extension shaft 15.0318
中锚 stream anchor 08.0319
中频通信 MF communication 14.0187
中频无线电设备 MF radio installation 14.0223
中剖面模数 modulus of midship section 11.0071
中天 transit, meridian passage 03.0047
中天高度 meridian altitude 03.0051

中心扩大显示 center-expand display 06.0332
中心线 center line 06.0225
中性点 neutral point 15.1142
中性流 neutral current 07.0247
中央冷却系统 central cooling system 15.0119
中游 middle reach 10.0016
中子功率表 neutron power meter 15.1240
中桁材 center girder, keelson 08.0196
舯 midship 08.0004
终航向 final course 02.0053
终结信号 finishing signal 14.0024
重大件条款 heavy lifts and awkward clause 13.0100
重大件运输船 heavy and lengthy cargo carrier 08.0087
重吊杆 heavy derrick, jumbo boom 08.0386
重吊起货机 heavy lift derrick cargo winch 15.0513
重力柜 gravity tank 15.0125
重力异常图 gravity anomaly chart 12.0133
重量鉴定 inspection of weight 11.0332
重量稳性力臂 lever of weight stability 11.0045
重心 center of gravity 11.0018
重心高度 height of center of gravity 11.0023
重心距中距离 longitudinal distance of center of gravity from midship 11.0025
重要负载 important load 15.1123
仲裁条款 arbitration clause 13.0140
周波重合 cycle matching 06.0239
周年光行差 annual aberration 03.0072
周期测量系统 period measurement system 15.1241
周日视运动 diurnal [apparent] motion 03.0046
轴承间隙 bearing clearance 15.0057
轴带发电机 shaft-driven generator 15.1073
轴功率 shaft power 15.0027
轴流泵 axial-flow pump 15.0459
轴流式涡轮 axial-flow turbine 15.0305
轴流式压气机 axial-flow compressor 15.0300
轴隧 shaft tunnel 08.0242
轴瓦擦伤 bush scrape 15.0168
轴瓦龟裂 bush mosaic cracking 15.0167
轴瓦烧熔 bush burning-out 15.0169

轴系校中　shafting alignment　15.0906

轴系制动器　shafting brake　15.0901

轴向减振器　longitudinal vibration damper　15.0111

轴向位移保护装置　axial displacement protective device　15.0272

轴向柱塞式液压马达　axial-piston hydraulic motor　15.0580

轴毂　shaft bossing　08.0244

竹排　bamboo raft　10.0073

主标志　main mark　11.0124

主[潮]港　standard port　07.0216

主车钟　main engine telegraph　15.1000

主动水舱式减摇装置　activated anti-rolling tank stabilization system　15.0545

主钢缆　jackstay　12.0184

主锅炉　main boiler　15.0356

主航道　main channel　07.0354

主机工况监测器　condition monitor of main engine　15.1042

主机故障应急处理　main engine fault emergency manoeuvre　15.0935

主机航程　distance by engine's RPM　02.0086

主机航速　speed by RPM, engine speed　02.0094

主机遥控屏　main engine remote control panel　15.1006

主机转速表　main engine revolution speedo meter　09.0057

主甲板　main deck　08.0033

主冷凝器循环泵　main condenser circulating pump　15.0423

主冷却剂系统　main coolant system　15.1223

主令控制器　master controller　15.1183

主流　main stream　10.0021

主配电板　main switchboard　15.1081

主起动阀　main starting valve　15.0131

主汽轮机　main steam turbine　15.0207

主燃气轮机　main gas turbine　15.0291

主台　master station　06.0221

主台信号　master signal　06.0245

主台座　master pedestal　06.0247

主拖缆　main towing line　10.0060

主陀螺　meridian gyro　06.0140

主用发信机　main transmitter　14.0215

主用收信机　main receiver　14.0213

主用天线　main antenna　14.0294

主轴承　main bearing　15.0082

主转子　main rotor　15.0317

柱塞泵　plunger pump　15.0452

助航标志　aids to navigation　01.0011

贮液缸　liquid container　06.0087

贮液器　receiver　15.0643

注入管　filling pipe, filling line　15.0759

注销登记　registration of withdrawal　13.0244

注意标志　notice mark　11.0126

驻波　standing wave　07.0167

专属经济区　exclusive economic zone　13.0019

专属渔区　exclusive fishery zone　12.0027

专业救助　specialized salvage service　13.0175

专用标志　special mark　07.0262

专用航道　special purpose channel　07.0347

专用压载舱　segregated ballast tank, SBT　15.0799

专用压载系统　segregated ballast system　15.0800

转车机　turning gear　15.0114

转船货　transhipment cargo　11.0093

转船提单　transhipment bill of lading　13.0053

转船条款　transhipment clause　13.0098

转舵时间　time of rudder movement　15.0507

转环　swivel　08.0327

转换阀　change-over valve　15.0823

p－v 转角示功图　out-of-phase diagram　15.0193

转流　turn of tidal current　07.0229

转速禁区　barred-speed range　15.0060

转塔式系泊系统　turret mooring system　12.0160

转向　alter course　02.0054

转向点　turning point　02.0130

转向工况管理　turning operating mode management　15.0931

转叶式转舵机构　rotary vane steering gear　15.0499

转移位置线　position line transferred　02.0164

转子相对位移　relative rotor displacement　15.0279

转租 subletting, subchartering 13.0147

转鳍机构 fin-tilting gear 15.0550

装货单 shipping order 11.0291

装货清单 loading list, cargo list 11.0293

装卸工 stevedore 11.0142

装卸期限 laytime 13.0116

装卸时间事实记录 laytime statement of fact 13.0119

装卸长 foreman 11.0143

装载 loading 11.0083

装载和污底工况管理 load and fouling hull operating modemanagement 15.0925

装置式断路器 molded case circuit breaker 15.1109

状态询问 status enquiry 14.0123

追越 overtaking 09.0198

追越船 overtaking vessel 09.0199

追越声号 overtaking sound signal 09.0245

坠落试验 drop test 11.0284

准备就绪通知书 notice of readiness 11.0131

浊点 cloud point 15.0853

资费表 tariff 14.0057

姿态角 attitude angle 06.0143

* 子母船 lighter aboard ship, LASH 08.0103

子母钟 primary-secondary clocks 06.0060

子圈 lower branch of meridian 03.0019

* 子午陀螺 meridian gyro 06.0140

子午线 meridian 02.0015

* 子午仪系统 Navy Navigation Satellite System, NNSS, Transit system 06.0356

自差 deviation 06.0026

自差表 deviation table 06.0037

自差补偿装置 deviation compensation device 04.0035

自差曲线 deviation curve 06.0038

自差系数 coefficient of deviation 06.0027

自差校正场 swinging ground, swinging area 07.0371

自带行李 cabin luggage 11.0357

自动报警 auto-alarm 15.1052

自动避碰系统 collision avoiding system, CAS 09.0266

自动并联运行 automatic parallel operation 15.1082

自动拨号双向电话 automatic dial-up two-way telephony 14.0078

自动操舵仪 autopilot, gyropilot 06.0182

自动测向仪 automatic direction finder, ADF 04.0022

自动电压调节器 automatic voltage regulator, AVR 15.1103

自动负荷控制 automatic load control, ALC 15.0992

自动航海通告系统 automatic notice to mariners system, ANMS 14.0059

自动呼叫 automatic call 14.0117

自动减速 automatic slow down 15.1022

自动校平装置 autolevelling assembly 06.0096

自动解列 automatic parallel off 15.1086

自动空气断路器 automatic air circuit breaker 15.1108

自动雷达标绘仪 automatic radar plotting aids, ARPA 06.0301

自动拍发器 automatic keying device 14.0219

自动盘车 auto-barring 15.0278

自动膨胀阀 automatic expansion valve 15.0647

自动起动空气压缩机 auto-starting air compressor 15.0491

自动清洗滤器 auto-clean strainer 15.0815

自动请求重发方式 automatic repetition request mode, ARQ 14.0228

自动洒水探火系统 automatic sprinkler fire detection system 08.0435

自动扫描 auto scanning 14.0311

自动停车 auto-stop 15.0178

自动同步装置 automatic synchronizing device 15.1084

自动调谐 automatic tuning 14.0309

自动系泊绞车 automatic mooring winch 15.0527

自动验潮仪 automatic tide gauge 07.0225

自动业务 automatic service 14.0081

自动用户电报试验 automatic telex test 14.0261

自检功能 self-checking function 15.1033

自励交流发电机 self-excited AC generator

15.1076

自耦变压器起动 auto-transformer starting
15.1178

自亮浮灯 self-igniting light 08.0401

自清洗分油机 self-cleaning separator 15.0722

自然地貌 natural feature 07.0319

自然减量 tolerance 11.0130

自然磨损 ordinary wear and tear 13.0154

自然循环锅炉 natural circulation boiler 15.0352

自扫舱装置 self stripping unit 15.0804

自身标识 self-identification 14.0319

自身过失 contributory fault 11.0367

自适应操舵仪 adaptive autopilot 06.0185

自适应控制 adaptive control 15.0960

自吸式离心泵 self-priming centrifugal pump
15.0458

自修 self repair 08.0468

自由活塞燃气轮机 free piston gas turbine
15.0296

自由绕航条款 liberty to deviate clause 13.0124

自由陀螺仪 free gyroscope 06.0099

自由液面 free surface 11.0032

自由液面修正值 free surface correction 11.0033

自主式导航设备 self-contained navigational aids
04.0004

8 字结 figure of eight knot, flemish knot 08.0290

字母拼读法 letter pronunciation 14.0017

字母旗 alphabetical flag 14.0039

8 字形[方向]特性 figure of eight polar diagram
04.0026

总长 length overall, LOA 08.0046

总吨位 gross tonnage, GT 11.0014

总付运费 lumpsum freight 11.0317

总碱值 total base number, TBN 15.0861

总酸值 total acid number, TAN 15.0862

总图 general chart 07.0304

总效率 total efficiency 15.0476

总压头 total head 15.0468

总载重量 dead weight, DW 11.0011

总阻力 total resistance 09.0025

纵荡 surging 09.0119

纵帆 fore-and-aft sail 09.0196

纵骨架式 longitudinal frame system 08.0185

纵距 advance 09.0011

纵剖面图 longitudinal section plan 08.0187

纵强度 longitudinal strength 11.0069

纵倾角 trimming angle 11.0035

纵倾力距 trimming moment 11.0038

纵稳心 longitudinal metacenter 11.0034

纵稳心半径 longitudinal metacentric radius
11.0036

纵稳心高度 longitudinal metacentric height above
baseline 11.0040

纵稳性高度 longitudinal metacentric height
11.0037

纵稳性力臂 longitudinal stability lever 11.0039

纵向补给装置 astern replenishing rig 12.0183

纵向磁棒 fore-and-aft magnet 06.0018

纵摇 pitching 09.0116

纵摇周期 pitching period 09.0123

*纵重稳距 longitudinal metacentric height
11.0037

走锚 dragging anchor 09.0090

租金支付 payment of hire 13.0145

租期 period of hire 13.0144

阻尼系数 damping factor 06.0112

阻尼重物 damping weight 06.0111

阻汽器 steam trap 15.0824

阻塞 choking 15.0324

组合报警 group alarm 15.1055

组合导航系统 integrated navigation system
06.0382

组合模式 integrated mode 06.0384

组合式锅炉 composite boiler 15.0359

组合式密封 combined labyrinth and carbon gland
15.0245

组合体 composite unit 09.0228

组重复周期 group repetition interval, GRI
06.0231

钻井平台 drilling platform 12.0148

钻探船 drilling vessel 08.0114

最大测量深度 maximum measuring depth
06.0158

最大持续功率 maximum continuous rating
15.0033

最大舵角 hard-over angle 15.0504

最大高度　maximum height　08.0054

最大宽度　maximum breadth　08.0049

最大起升高度　maximum height of lift　15.0519

最大容许稳定运行功率　maximum permissible stable operation power　15.1244

最大稳性力臂　maximum stability lever　11.0059

最大稳性力臂角　angle of maximum stability lever　11.0060

最低安全配员　minimum safe manning　13.0324

最低起动压力　minimum starting pressure　15.0283

最低稳定转速　minimum stable engine speed, minimum steady speed　15.0036

最低运费　minimum freight　11.0322

最低运费吨　minimum freight ton　13.0160

最低运费提单　minimum freight bill of lading　13.0067

最高爆发压力　maximum explosive pressure　15.0049

最概率船位　most probable position, MPP　02.0180

最高爆发压力表　maximum explosion pressure gauge　15.0196

最后不合法航次　illegitimate last vayage　13.0153

最后合法航次　legitimate last vayage　13.0152

最惠国待遇　most favored nation treatment, MFNT　13.0042

最佳负荷分配　optimum load sharing　15.1091

最佳航速　optimum speed　15.0921

最佳航线　optimum route　02.0110

最近会遇点　closest point of approach, CPA　09.0259

最近会遇距离　distance to closest point of approach, DCPA　09.0261

最近会遇时间　time to closest point of approach, TCPA　09.0260

最近距离　minimum distance　02.0106

最小测量深度　minimum measuring depth　06.0159

最优控制　optimum control, optimal control　15.0959

最终报告　final report　13.0317

左邻舰　next ship on the left　05.0034

左舷　port, port side　08.0005

左旋柴油机　left-hand rotation diesel engine　15.0006

左翼舰　left flank ship　05.0036

左右通航标　separate channel mark　10.0036

[作业]跳板　plank stage　08.0464

坐板　bosun's chair　08.0463

坐板升降结　bosun's chair hitch　08.0289

坐标变换器　coordinate conversion device　06.0142

* 坐墩　lying on the keel block　08.0500